工程力学

主　编　刘德华　程光均

参　编　黄超　余茜

主　审　张祥东

重庆大学出版社

内 容 提 要

本书是根据国家教育部高等学校力学教育委员会力学基础课程教学分委员会关于"理工科非力学专业力学基础课程教学基本要求(2008 年版)"编写,作为高等工业学校建筑环境与设备、给排水工程、环境工程、工程管理、工程造价、房地产、建筑材料、建筑装饰、建筑学等专业的工程力学教材,适用课时数为 54～70 课时。

本书内容包括:绪论、基本知识和物体的受力分析、力系的简化、力系的平衡、杆件的内力分析与内力图、平面图形的几何性质、应力及强度计算、变形及刚度计算、应力状态与强度理论、组合变形、压杆稳定等 11 章及两个附录。

图书在版编目(CIP)数据

工程力学/刘德华等主编 . —重庆:重庆大学出
版社,2010.8(2025.1 重印)
(土木工程专业本科系列教材)
ISBN 978-7-5624-5448-9

Ⅰ.①工… Ⅱ.①刘… Ⅲ.①工程力学—高等学校—
教材 Ⅳ.①TB12

中国版本图书馆 CIP 数据核字(2010)第 100808 号

工程力学

主　编　刘德华　程光均
参　编　黄　超　余　茜
主　审　张祥东
策划编辑:鲁　黎

责任编辑:彭　宁　　版式设计:鲁　黎
责任校对:贾　梅　　责任印制:张　策

＊

重庆大学出版社出版发行
出版人:陈晓阳
社址:重庆市沙坪坝区大学城西路 21 号
邮编:401331
电话:(023)88617190　88617185(中小学)
传真:(023)88617186　88617166
网址:http://www.cqup.com.cn
邮箱:fxk@cqup.com.cn(营销中心)
全国新华书店经销
重庆正文印务有限公司印刷

＊

开本:787mm×1092mm　1/16　印张:14.5　字数:362 千
2010 年 8 月第 1 版　　2025 年 1 月第 16 次印刷
印数:26 001—27 000
ISBN 978-7-5624-5448-9　定价:35.00 元

前言

本书是根据国家教育部高等学校力学教育委员会力学基础课程教学分委员会关于"理工科非力学专业力学基础课程教学基本要求(2008年版)"编写。本书也是为满足教学第一线的需要而编写的,其内容涵盖了"理论力学"中的"静力学"和"材料力学"中的大部分内容,适用于建筑环境与设备、给排水工程、环境工程、工程管理、工程造价、房地产、建筑材料、建筑装饰、建筑学等专业的工程力学课程教学。

为了做到用有限的学时使学生既掌握最基本的经典内容,又能了解基础力学的工程应用以及最新进展,本书在以下几方面做了一些新的探索:①介绍力系的简化与平衡,从空间到平面,从一般到特殊;②将各种内力、应力与强度条件、变形与刚度条件分3章集中介绍;③精选措词,务求准确覆盖力学基本概念的内涵。

本书编写分工为:重庆大学刘德华编写第1、5、9、10章,程光均编写第2、3、4章,黄超编写第7、8、11章,余茜编写第6章及附录。由刘德华、程光均主编。

本书的编者均是处于教学第一线的教师,教材内容和教学实践联系紧密,具有很好的可操作性。全书经传阅、讨论、修改、互校后,由主编统纂修改定稿。

本书由重庆大学张祥东审阅,提出了许多宝贵意见,编者对此深表谢意。

本书为重庆大学"十一五"校级规划教材,在编写过程中重庆大学给予了大力支持和帮助。许欢欢、郑猛、赵明同志绘制所有插图,在此,一并表示衷心的感谢!

限于编者水平,本书难免存在缺点和不妥,希望各位教师和读者提出宝贵的意见,以便今后改进。

编　者
2010年3月

目录

第 **1** 章
绪 论

工程力学(engineering mechanics)是研究物体机械运动的一般规律及物体在力(系)作用下变形规律的科学。很多重要工程(如高层建筑、大跨度桥梁、海洋平台、高速列车及大型水利工程等)都是在工程力学指导下才得以实现的,同时,实际工程的发展又给工程力学提出了许多新的、需要重新思考和解决的问题。因此,工程力学不仅与力学密切相关,而且与工程实际紧密联系。

1.1　工程力学的任务

任何结构物和机械都是由一些部件或零件所组成,这些部件和零件统称为**构件**(member)。组成结构物或机械的各个构件通常都会受到各种外力的作用,工程构件在外力作用下丧失正常功能的现象称为**失效**(failure)或**破坏**。工程构件的失效形式主要分为三类:**强度失效**(failure by lost strength)、**刚度失效**(failure by lost rigidity)和**稳定失效**(failure by lost stability)。要使结构或机械正常工作,组成结构或机械的每一构件,必须满足以下 3 个方面的要求:

1)构件在荷载作用下不会发生不可恢复的塑性变形或断裂,这就要求构件必须具有足够的**强度**(strength)。所谓强度,是指构件抵抗破坏的能力。

2)构件在荷载作用下不会发生过量的变形,这就要求构件必须具有足够的**刚度**(rigidity)。所谓刚度,是指构件抵抗变形的能力。

3)构件在荷载作用下,应能保持原有形状下的平衡,即稳定的平衡,这就要求构件必须具有足够的**稳定性**(stability)。

构件的强度、刚度和稳定性均与该构件材料的力学性能有关,这些力学性能都需要通过实验测定。因此,实验研究和理论分析同样都是完成工程力学任务所必需的重要手段。

研究作用在构件上的力系的简化和力系的平衡,以及研究杆件的强度、刚度和稳定性是工程力学的主要任务。

1.2　工程力学的两种分析模型

工程构件受力后,其几何形状和几何尺寸都要发生改变,这种改变称为**变形**(deformation),这些构件都称为**变形体**(deformation body)。但如果物体的变形与其原始尺寸相比很小,而忽略这种变形后,对所研究问题结果的精确度影响甚微,且可使问题大为简化,此种情形就可以把这个物体抽象化为**刚体**(rigidity body)。所谓刚体是指在运动中和受力作用后,形状和大小都不发生改变,而且内部各点之间的距离不变的物体。刚体是从实际物体抽象得来的一种理想的力学模型,自然界并不存在。

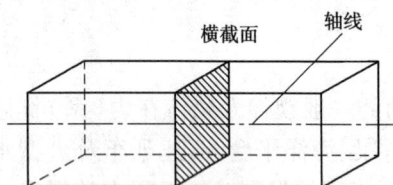

构件的几何形状是多种多样的,但根据其几何特征,可把构件分为**杆件**(bar)、**板**(plane)与**壳**(shell)、**块体**(body)3 类。所谓杆件,是指纵向尺寸远远大于另两个横向尺寸的构件,如图 1.1 所示。杆件是材料力学的主要研究对象。

图 1.1

板和壳是指一个方向的尺寸(厚度)远远小于其他两个方向尺寸的构件。板的形状扁平而无曲度,而壳体则呈曲面形状。块体则是指 3 个相互垂直方向的尺寸均属同一量级的构件。

杆件的形状可由**横截面**(normal cross section)和**轴线**(axis of the bar)两个几何特征来描述。所谓横截面就是垂直于杆件长度方向的截面;而轴线则是各个横截面形心的连线。因此,轴线垂直于横截面且通过横截面的形心。杆件的轴线是直线的称为**直杆**(straight bar),轴线是曲线的称为**曲杆**(curved bar)。沿轴线各处横截面的形状和大小完全相同的杆称为**等截面杆**(prismatic bar),否则就是**变截面杆**(variable cross-section bar),本书将着重讨论等截面直杆。

1.3　变形固体的基本假设

为了使研究的问题得到简化,常常略去材料的次要性质,根据其主要性质作出假设,将它们抽象为一种理想模型,然后进行理论分析。为此,对变形固体提出如下几个基本假设与工作假设。

1. 连续、均匀性假定

连续是指材料内部没有空隙,均匀是指材料的性质各处都相同。这一假定称为**连续均匀性假设**(continuity and homogenization assumption)。

根据这一假定,物体内因受力和变形而产生的内力和位移都将是连续的,因而可以表示为各点坐标的连续函数,从而有利于建立相应的数学模型。所得的理论结果便于应用于工程设计。

2. 各向同性假设

在所有方向上均具有相同的力学性能的材料,称为**各向同性**(isotropy)材料。大多数工程材料虽然微观上不是各向同性的,例如金属材料,其单个晶粒呈结晶各向异性,但当它们形成多晶聚集体的金属时,呈随机取向,因而在宏观上表现为各向同性。如果材料在不同方向上具有不同的力学性能,则称这类材料为**各向异性**(anisotropy)材料。如木材、胶合板、复合材料等就属于这种类型。

3. 小变形假设

小变形假定(assumption of small deformation)即假设物体在外力作用下所产生的变形与物体本身的几何尺寸相比是很小的。根据这个假设,当考察变形固体的平衡等问题时,可以不考虑物体的变形,而仍按其变形前的原始尺寸进行计算。这样做不但引起的误差很微小,而且使实际计算大为简化。

4. 线弹性假设

工程上所用的材料,当荷载不超过一定的范围时,材料在卸去荷载后可以恢复原状。但当荷载过大时,则在荷载卸去后只能部分地复原,而残留一部分不能消失的变形。在卸去荷载后能完全消失的那一部分变形称为**弹性变形**(elastic deformation),不能消失而残留下来的那一部分变形则称为**塑性变形**(ductile deformation)。**线弹性**(linear elasticity)是指作用于物体上的外力与弹性变形始终成正比。许多构件在正常工作条件下其材料均处于线弹性变形状态。所以,材料力学中所研究的大部分问题都局限在线弹性范围内。

上述假设中的 1、2 为材料力学的基本假设,其余两个为工作假设。除这 4 个假设外,还有一些其他的工作假设,将在相关章节中介绍。

第**2**章
基本知识和物体的受力分析

2.1 基本概念

2.1.1 力的概念

力(force)的概念从生产实践中产生,但其科学概念产生于牛顿定律。**力是物体与物体之间的一种相互机械作用**。这种机械作用对物体有两种效应:其一使物体的运动状态发生变化,称为**力对物体的运动效应**(effect of motion);其二使物体的形状或尺寸发生变化,称为**力对物体的变形效应**(effect of deformation)。物体间机械作用形式多种多样,可归纳为两类:一类是物体相互间的直接接触作用,如弹力、摩擦力、流体压力和黏性阻力等;另一类是通过场的相互作用,如万有引力、静电引力等。力不能脱离物体存在,且有力必定至少存在两个物体。

实践表明,力对物体的作用效应取决于力的大小、方向和作用点,这三者称为**力的三要素**(three elements of a force)。力的大小反映物体相互间机械作用的强弱程度。力的方向表示物体间的相互机械作用具有方向性,它包括力所顺沿的直线(称为**力的作用线**)在空间的方位和力沿其作用线的指向。力的作用点是物体间相互机械作用位置的抽象化。实际上物体相互作用的位置并不是一个点,而是物体的某一区域,如果这个区域相对于物体很小或由于其他原因以致力的作用区域可以不计,则可将它抽象为一个点,此点称为力的作用点,而作用于这个点上的力,称为**集中力**(concentrated force)。在国际单位制中,集中力的单位以"牛顿"或"千牛顿"度量,分别以符号"N"或"kN"表示。

如果力的作用区域不能忽略,则称为**分布力**(distributed force)。如力均匀分布于作用区域称为**均布力**,否则称为**非均布力**。如果力分布在某个面上,称为**面分布力**,如水压力、风压力等,它常用每单位面积上所受力的大小来度量,称为面分布力集度,国际单位是 N/m^2 (牛/米^2);如果力分布在某个体积上,称为**体分布力**,例如重力,它常用每单位体积上所受力的大小来度量,称为体分布力集度,国际单位是 N/m^3(牛/米^3);。

而当荷载分布于狭长形状的体积或面积上时,则可忽略横向范围而简化为沿其长度方向中心线分布的**线分布力**,它常用单位长度上所受力的大小来度量,称为**线分布力集度**,用符号

q 表示,国际单位是 N/m(牛/米)。

由于力对物体的作用效应取决于力的三要素,因此,图中常用一沿力的作用线的有向线段表示,即用矢量表示,这种强调作用点位置的矢量称为**定位矢量**(fixed vector)。此矢量的起点或终点表示力的作用点,长度按一定比例尺表示力的大小,指向表示力的方向。如果不在图中强调力的大小,线段的长度不必严格按照比例画出。如图 2.1 表示了物体在 A 点受到力 F 的作用。本书中用黑体字母 F 表示力矢量,而用普通字母 F 表示力的大小。

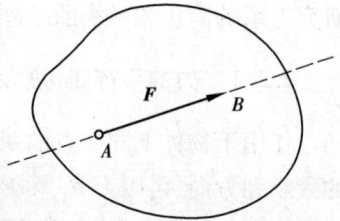

图 2.1

2.1.2　平衡的概念

平衡(equilibrium)是指物体相对于惯性参考系保持静止或做匀速直线平动的状态。在一般的工程技术问题中,平衡常常是相对于地球表面而言的。例如静止于地面上的房屋、桥梁、水坝等建筑物,在平直轨道上做匀速运动的列车等,都是相对于地面处于平衡状态的。平衡是物体机械运动的特殊情况。一切平衡都是相对、有条件和暂时的,而运动是绝对的和永恒的。

2.1.3　力系的概念

同时作用于物体上的一群力,称为**力系**(system of forces)。根据力系中各力作用线的分布情况分为:各力作用线位于同一平面内,称为**平面力系**(coplanar force system);否则称为**空间力系**(three dimensional force system)。根据力系中各力作用线的关系分为:作用线汇交于同一点,称为**汇交力系**(concurrent force system);作用线相互平行,称为**平行力系**(parallel force system);全部由力偶组成的力系称为**力偶系**(system of couples);否则称为**一般力系**(arbitrary force system)。力系分类如下:

$$力系\begin{cases}平面力系\\空间力系\end{cases}\begin{cases}汇交力系\\平行力系\\力偶系\\一般力系\end{cases}$$

对同一物体作用效应相同的两个力系称为**等效力系**(equivalent force system)。使物体处于平衡状态的力系称为**平衡力系**(force system of equilibrium)。

2.1.4　力系的简化(或合成)

用一个更简单的力系等效代替原力系的过程称为**力系的简化**(reduction of force system)。特别地,如果用一个力就可以等效地代替原力系,则称该力为原力系的**合力**(resultant),而原力系中各力称为该力的**分力**。对力系进行简化有利于揭示力系对刚体的作用效应。

2.2　基本公理

公理是人们在长期的生活和生产实践中,经过反复的观察和实验总结出来的客观规律,并被认为是无须再证明的真理。工程静力学的基本公理是关于力的基本性质的概括和总结,是研究力系的简化和平衡的基础。

2.2.1 力的平行四边形法则

作用于物体上同一点的两个力 F_1 和 F_2 可以合成为一作用线过该点的合力 F_R,合力 F_R 的大小和方向,由以力 F_1 和 F_2 为邻边所构成的平行四边形的对角线确定,这称为**力的平行四边形法则**。如图 2.2(a)所示。记为:

$$F_R = F_1 + F_2 \tag{2.1}$$

即合力 F_R 等于两分力 F_1 和 F_2 的矢量和。

为了简便,作图时可直接将力矢 F_2 平移连在力矢 F_1 的末端 B,连接 A 和 D 两点即可求得合力矢 F_R,见图 2.2(b)。这个三角形 ABC 称为力三角形,这样求合力矢的作图方法称为**力的三角形法则**。

力的平行四边形则既是力系合成的法则,同时也是力分解的法则。根据这一法则可将一个力分解为作用于同一点的若干个分力。实用计算中,往往采用正交分解。

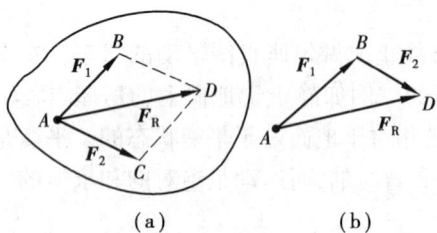

图 2.2

2.2.2 作用与反作用定律(牛顿第三定律)

两物体间相互作用的力总是大小相等、方向相反、作用线沿同一直线,分别且同时作用在这两个物体上,这称为**作用与反作用定律**。

这个定律概括了任何两个物体间相互作用的关系。有作用力,必定有反作用力,两者总是同时存在,又同时消失。

2.2.3 二力平衡公理

刚体在两个力作用下保持平衡的必要充分条件是:这两个力大小相等、方向相反、作用线沿同一直线,这称为**二力平衡公理**。见图 2.3。

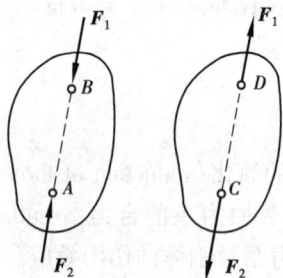

图 2.3

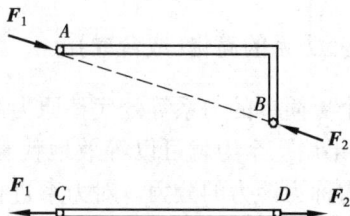

图 2.4

这个公理所指出的条件,对于刚体是必要且充分的,但对于变形体就不是充分的。例如,不计重量的软绳在两端受到大小相等、方向相反的拉力作用可以平衡,但如果是压力就不能平衡。同时也应注意,作用力与反作用力虽然也是大小相等、方向相反、作用线沿同一直线,但它们分别且同时作用在不同的两个物体上,并不互成平衡力,因此不能把二力平衡公理同作用与反作用定律混淆。二力平衡公理是推证力系平衡条件的基础。

仅在某两点受力作用并处于平衡的物体(或构件)称为**二力体**(body of two forces)或**二力构件**(members subjected to the action of two forces)。二力体所受的二力,必沿此二力作用点的连线,且等值、反向,见图2.4。

2.2.4　加减平衡力系公理

在作用于刚体的任意力系上,增加或减去若干个平衡力系,都不会改变原力系对刚体的作用效应,这称为**加减平衡力系公理**。

这个公理的正确性是显而易见的,因平衡力系中各力对刚体作用的总效应等于零。加减平衡力系公理是研究力系等效变换的重要依据。

2.2.5　刚化公理(principle of rigidization)

变形体在某一力系作用下处于平衡,如将此变形体刚化为刚体,其平衡状态不变,这称为**刚化公理**。

这个公理指出,刚体的平衡条件,对于变形体的平衡也是必要的。因此,可将刚体的平衡条件,应用到变形体的平衡问题中去。

必须指出,刚体的平衡条件,只是变形体平衡的必要条件,而非充分条件。例如,绳索在等值、反向、共线的两个拉力作用下处于平衡,如将绳索刚化为刚体,其平衡状态保持不变;而绳在两个等值、反向、共线的压力作用下并不能平衡,此时绳索就不能刚化为刚体。但刚体在上述两种力系的作用下都是平衡的。这说明对于变形体的平衡来说,除了满足刚体平衡条件之外,还应满足与变形体的物理性质相关的附加条件(如绳索不能受压)。

2.2.6　两个推论

1. 力的可传性(transmissibility of force)

作用于刚体上的力,可以沿其作用线滑移至该刚体内任意一点,而不改变该力对该刚体的作用效应。

证明:设力 F 作用于刚体的 A 点,见图 2.5(a)。在力 F 的作用线上任取 B 点,并且在 B 点加一对沿 AB 的平衡力 F_1 和 F_2,且使 $F_1 = -F_2 = F$,见图 2.5(b)。由加减平衡力系公理知,F,F_1,F_2 三力组成的力系与原力 F 等效。再从该力系中减去由 F 和 F_2 组成的平衡力系,则剩下的力 F_1(见图 2.5(c))与原力 F 等效。即把原来作用在 A 点的力 F 沿作用线移到了任取的 B 点。

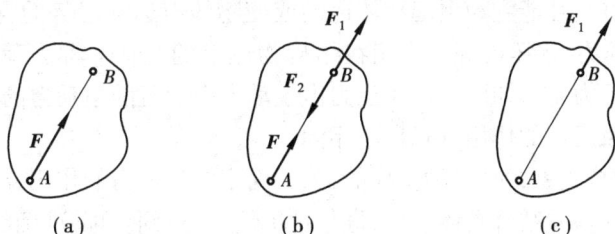

(a)　　　　　　　　(b)　　　　　　　　(c)

图 2.5

力的可传性在生产实践中也可以得到验证。例如,若保持力的大小、方向和作用线不变,则推车和拉车效果相同。

由此可见,对于刚体来说,力的三要素转化为:**力的大小**、**方向**和**作用线**。作用于刚体上的力是**滑动矢量**(sliding vector)。力的可传递性不适用于变形体,而且只对同一刚体适用,不能将力沿其作用线从一个刚体滑移到另一个刚体上去。

2. 三力平衡汇交定理

刚体在不平行的 3 个力作用下平衡的必要条件是此三力的作用线汇交于一点且共面。

证明:设在刚体的 A,B,C 三点上,分别作用不平行的三个相互平衡的力 F_1,F_2,F_3(图 2.6)。根据力的可传性,将力 F_1,F_2 移到其汇交点 O,然后根据力的平行四边形法则,得合力 F_{R12},则力 F_3 应与 F_{R12} 平衡。由二力平衡公理知,力 F_3 与 F_{R12} 必共线,由此可知力 F_3 的作用线必通过 O 点并与力 F_1,F_2 共面。

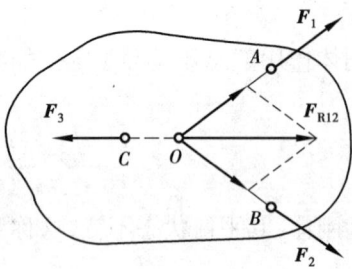

图 2.6

三力平衡汇交定理只说明了不平行三力平衡的必要条件,而不是充分条件。它常用来确定刚体在不平行三力作用下平衡时,其中某一未知力的作用线方位。

2.3 约束和约束反力

凡能在空间自由运动的物体称为**自由体**(free body)。例如,航行的飞机,正在掉落的苹果等。如果物体的运动受到一定的限制,使其在某些方向的运动成为不可能,则这种物体称为**非自由体或受约束体**(constrained body)。例如,用绳索悬挂的重物,搁置在墙上的梁,沿轨道行驶的火车等。

对非自由体的运动所预加的限制条件称为**约束**(constraint)。如上述绳索是重物的约束,墙是梁的约束,轨道是火车的约束。绳索、墙和轨道分别限制了各相应物体在它们被限制的方向上的运动。

既然约束限制着被约束物体的运动,那么当被约束物体沿着约束所限制的方向有运动趋势时,约束对该被约束物体必然有力作用,以阻碍该被约束物体的运动,这种力称为**约束反力**(reactions of constraint)或**约束力**(constraint force)。约束反力的方向总是与约束所能阻止的被约束物体的运动趋势方向相反,它的作用点就是约束与被约束物体的接触点,而约束反力的大小是未知的。

与约束反力相对应,凡能主动引起物体运动或使物体有运动趋势的,称为**主动力**(applied forces)。如重力、土压力、水压力等。作用在结构物体上的主动力称为**荷载**(loads)。通常主动力是已知的,约束反力是未知的。约束反力由主动力引起且随主动力的改变而改变。另外,约束的类型不同,约束反力的作用方式也不相同。

工程中的约束的构成方式是多种多样的,为了确定约束反力的作用方式,必须对约束的构成及性质进行具体分析,并结合具体工程,进行抽象简化,得到合理、准确的约束模型。下面介绍在工程中常见的几种约束类型及其约束反力的特性。

2.3.1　柔索约束

由柔软而不计自重的绳索、胶带、链条等所构成的约束统称为**柔索约束**(flexible cable constraint)。由于柔索约束只能限制被约束物体沿柔索中心线伸长方向的运动,所以柔索约束的约束反力必定过连系点,沿着柔索约束的中心线且背离被约束物体,表现为**拉力**,用符号 F_T 表示。如图 2.7 所示。柔索约束是工程中常见的约束。

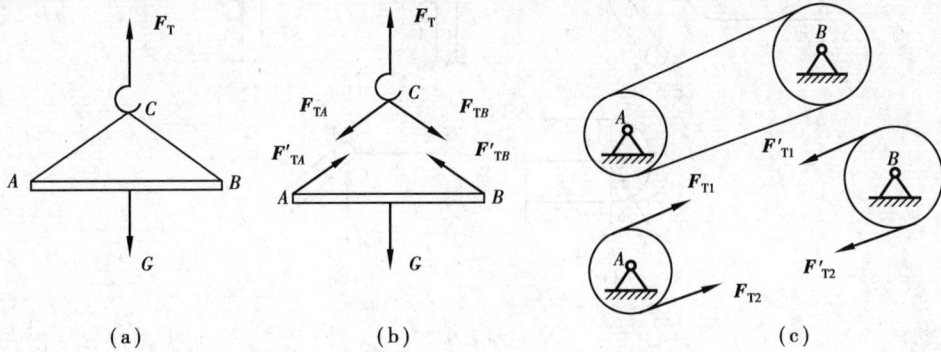

图 2.7

2.3.2　光滑接触面约束

两物体直接接触,当接触面摩擦可忽略不计时,就属于**光滑接触面约束**(smooth surface constraint)。这种约束只能限制物体沿着接触面在接触点的公法线方向且指向接触面的运动,而不能限制物体沿接触处切面方向或离开接触面的运动。因此,光滑接触面约束的约束反力过接触点,沿接触面的公法线并指向被约束物体的接触面(表现为压力)。通常用 F_N 表示,如图 2.8 所示。

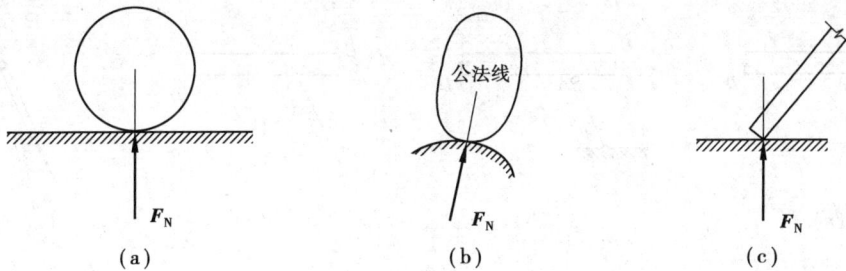

图 2.8

2.3.3　光滑圆柱形铰链约束

两物体分别被钻上直径相同的圆孔并用销钉连接起来,不计销钉与销钉孔壁间的摩擦,这类约束称为**光滑圆柱形铰链约束**(smooth cylindrical pin constraint),简称**铰链约束**(pin constraint),见图 2.9(a)。铰链约束是连接两个物体(或构件)的常见约束方式,它可用图 2.9(b)所示力学简图表示。铰链约束的特点是只能限制被连接的两物体在垂直于销钉轴线平面内任意方向的相对移动,但不能限制被连接的两物体绕销钉轴线的相对转动和沿销钉轴线的相对滑动。因此,铰链的约束反力作用在销钉与圆孔的接触点,位于与销钉轴线垂直的平面内,并

9

通过销钉中心线。但是由于销钉与圆孔接触点的位置随物体所受荷载的改变而改变,所以约束反力作用线方位无法预先确定,见图 2.9(c)中 F_A。工程中常用通过铰链中心的相互垂直的两个分力 F_{Ax},F_{Ay} 表示,见图 2.9(d)。

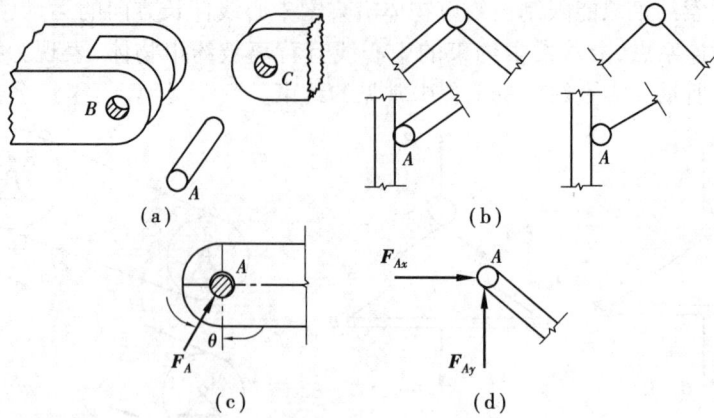

图 2.9

圆柱形铰链约束只适用于平面机构或结构。

2.3.4 链杆约束

两端用铰链与不同的物体连接且中间不再受力(包括不计自重)的直杆称为**链杆**,见图 2.10(a)中杆 AB。这种约束只能限制物体上的铰结点沿链杆轴线方向的运动,而不能限制其他方向的运动。因此,链杆的约束反力沿着链杆中心线,根据实际情况既可表现为拉力,也可表现为压力。常用符号 F 表示。图 2.10(b)(c)(d)分别为链杆的力学简图及其约束反力的表示方法。

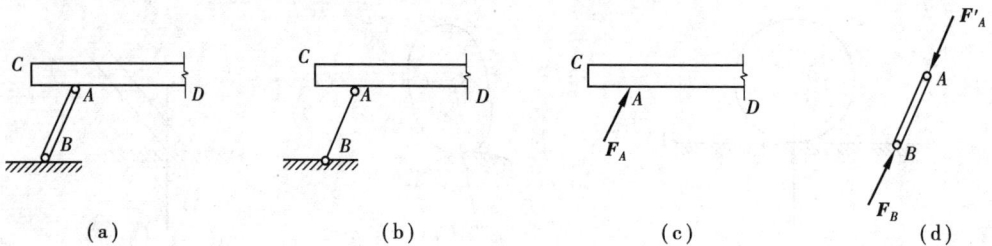

图 2.10

2.3.5 固定铰支座

将结构物或构件连接在墙、柱、机座等支承物上的装置称为**支座**。将结构物或构件用光滑圆柱形铰链与支承底板连接在支承物上而构成的支座,称为**固定铰支座**。图 2.11(a),(b)为其构造示意图,图 2.11(d)为其力学简图。通常为避免在构件上钻孔而削弱构件的承载能力,可在构件上固结另一用以钻孔的物体并称为上摇座,而将底板称为下摇座,见图 2.11(c)。

固定铰支座就其构造和约束性质来说,与圆柱铰链约束相同。因此,固定铰支座的约束反力与圆柱铰链约束反力形式也相同,通常用两个相互垂直的分力 F_{Ax},F_{Ay} 表示,见图 2.11(e)。

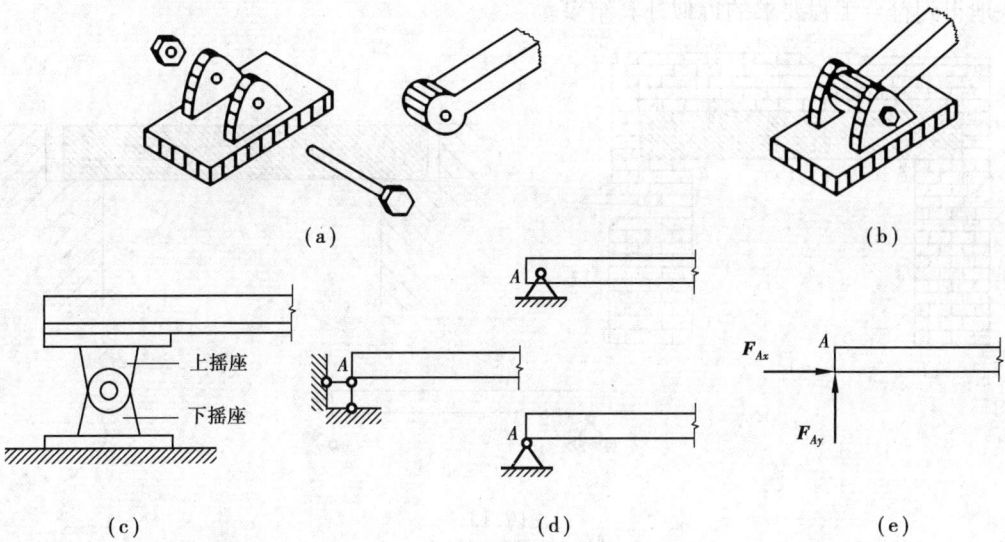

(a)　　　　　　　　　　　　　　　　　　　(b)

(c)　　　　　　　　　　(d)　　　　　　　　(e)

图 2.11

2.3.6　可动铰支座

在固定铰支座的底座与支承物体表面之间安装几个可沿支承面滚动的辊轴,就构成**可动铰支座**,又称**辊轴支座**,见图 2.12(a)。其力学简图如图 2.12(b),(c)所示。这种支座的约束特点是只能限制物体上与销钉连接处垂直于支承面方向的运动,而不能限制物体绕铰链轴转动和沿支承面运动。因此,可动铰支座的约束反力通过铰链中心线并垂直于支承面,常用符号 F 表示,见图 2.12(d)。

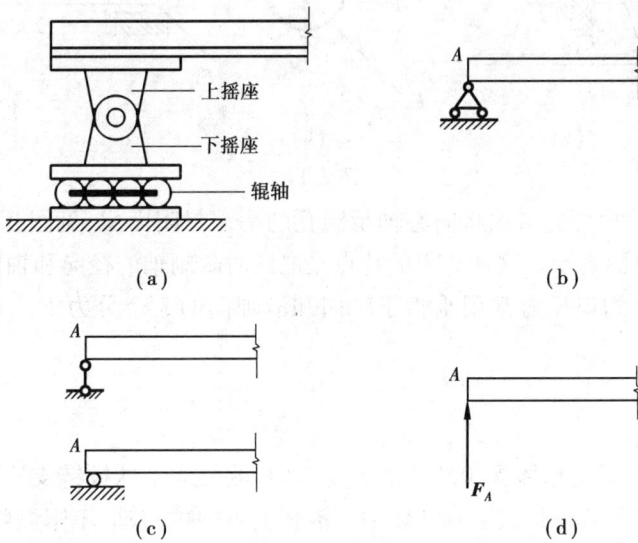

(a)　　　　　　　　　　　　　　　　　　　(b)

(c)　　　　　　　　　　　　　　　　　　　(d)

图 2.12

当研究对象与支承物间用一个固定铰支座和一个可动铰支座相连,这种约束称为**简支**。如图 2.13(a),(b)所示门窗过梁和简易桥梁都可以简化为图 2.13(c)所示简支梁,这样便于较快地得到符合工程要求的近似计算结果。

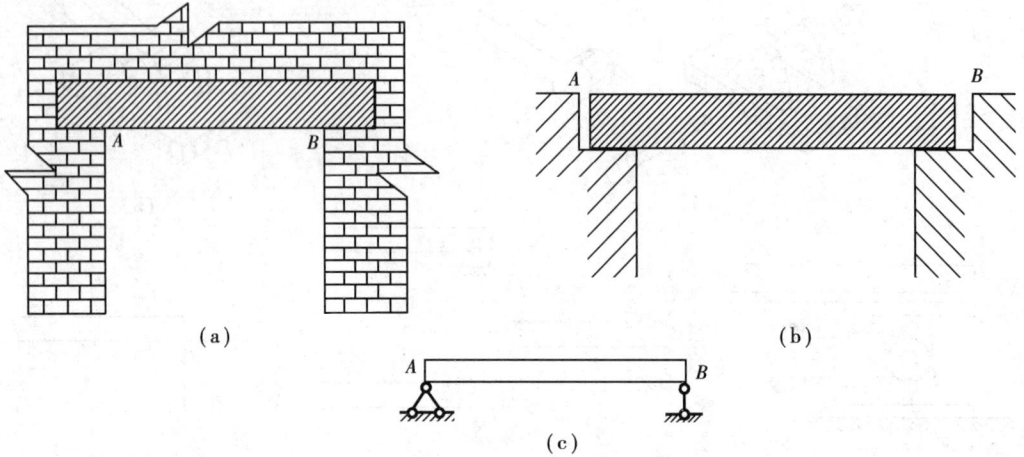

(a)

(b)

(c)

图 2.13

2.3.7 轴承

向心轴承,见图 2.14(a)。对圆轴的约束特点与固定铰支座的约束特点相似,不过此时圆轴本身是被约束物体。故向心轴承对圆轴的约束反力通过轴线且位于垂直轴的平面内,方向待定,通常用相互垂直的两个分力 F_{Ax},F_{Ay} 表示。其力学简图及约束反力如图 2.14(b),(c)所示。向心轴承又称为**径向轴承**。

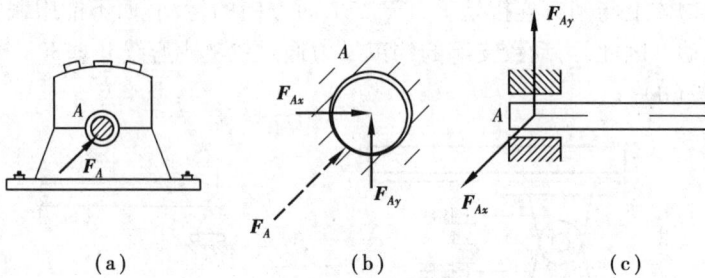

(a)

(b)

(c)

图 2.14

止推轴承可视为由一光滑面将向心轴承圆孔的一端封闭而成,见图 2.15(a)。它可用图 2.15(b)所示力学简图表示。这种约束的特点是能同时限制轴的径向和轴向(止推方向)的移动,所以止推轴承的约束反力常用垂直于轴向和沿轴向的 3 个分力 F_{Ax},F_{Ay},F_{Az} 表示。如图 2.15(c)所示。

2.3.8 球铰链

将固结于物体一端的球体置于球窝形的支座内,就形成了球铰链支座,简称**球铰链**,见图 2.16(a)。这种约束的特点是只限制球体中心沿任何方向的移动,不限制物体绕球心的转动。若忽略摩擦,球铰链的约束反力必通过球心,方向待定,通常用相互垂直的 3 个分力 F_{Ax},F_{Ay},F_{Az} 表示。其力学简图及反力如图 2.16(b),(c)所示。

球形铰链约束常用于空间桁架的各根桁杆的连接。例如在图 2.17 中的网架结构中,各根桁杆均由球形铰链连接,而整个网架结构由球形铰支座与结构的梁、柱等其他构件连接。

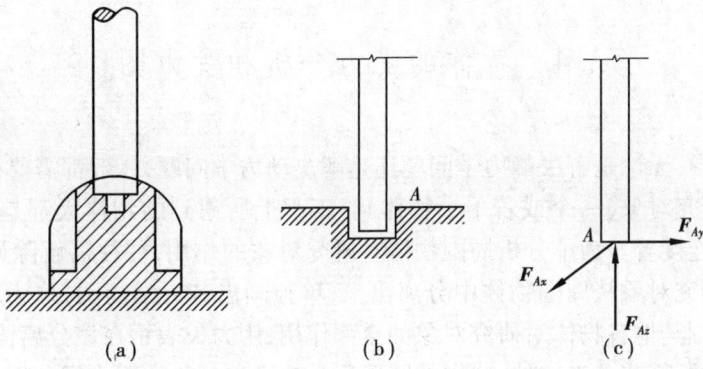

（a）　　　　　　　　（b）　　　　　　　　（c）

图 2.15

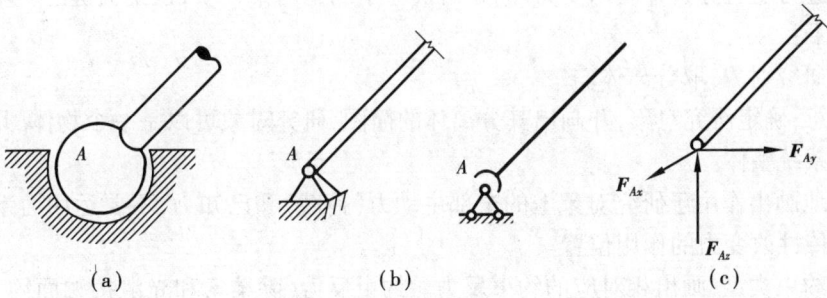

（a）　　　　　　　　（b）　　　　　　　　（c）

图 2.16

图 2.17　网架结构

2.4　物体的受力分析和受力图

在工程实际中,无论是解决静力学问题还是解决动力学问题,一般都需要根据待解决的问题,选定合适的研究对象(一个或若干个物体)。工程上所遇到的物体大都是非自由体,它们同周围物体相互连接着。为了分析周围物体对研究对象的作用,往往需解除研究对象所受到的全部约束,将研究对象从周围物体中分离出来,单独画出其力学简图,称为取**分离体**(isolated body)。将周围其他各物体对研究对象的全部作用,用力矢表示在该分离体图上,并弄清楚哪些作用是已知的,哪些是未知的,这样的图形称为该研究对象的**受力图**(free body diagram)。这个分析过程称为物体的**受力分析**。

对物体进行受力分析并画出受力图,是解决力学问题的第一步,也是关键的一步。画受力图的方法如下:

1)确定研究对象,取分离体。

根据题意,确定研究对象,并画出其分离体的简图,研究对象可以是一个物体、几个物体的组合或物体系统整体。

2)真实地画出作用于研究对象上的全部主动力(荷载)和已知力,不要运用力系的等效变换或力的可传性改变力的作用位置。

3)根据约束类型,画出相对应的约束反力。约束反力(除柔索和光滑接触面约束外)指向一般自己假定。

4)受力图要表示清楚每一个力的作用位置、方位、指向及名称,同一力在不同的受力图上的表示要完全一致。

5)受力图上只画研究对象的简图及所受的全部外力,不画已被解除的约束,不画内力。每画一个力要有来源,不能多画也不能漏画。

下面举例说明如何画研究对象的受力图。

例 2.1　如图 2.18(a)所示简支梁 AB,自重不计,跨中 C 处受一集中力 F 作用,A 端为固定铰支座约束,B 端为可动铰支座约束。试画出梁 AB 的受力图。

解　(1)取梁 AB 为研究对象,解除 A,B 两处的约束,并画出其简图。

(2)在梁的 C 处画出主动力 F。

(3)在受约束的 A,B 处,根据约束类型画出约束反力。B 处为可动铰支座,其反力 F_B 过铰链中心且垂直于支承面,指向假定如图 2.18(b)所示;A 处为固定铰支座,其反力可用过铰链中心 A 的相互垂直的分力 F_{Ax},F_{Ay} 表示,受力图如图2.18(b)所示。

此外,考虑到梁仅在 A,B,C 3 点受到 3 个互不平行的力作用而平衡,根据三力平衡汇交定理,已知 F 与 F_B 的作用线相交于 D 点,故 A 处反力 F_A 的作用线也应相交于 D 点,从而确定 F_A 必沿 A、D 两点连线,也可画出图 2.18(c)所示受力图。

例 2.2　试画出图 2.19(a)所示简支刚架的受力图。自重不计。

解　(1)以刚架 $ABCD$ 为研究对象,解除 A,B 两处的约束,并画出其简图。

(2)画出作用在刚架上的主动力,D 点受水平集中力 F,CD 段受有均布荷载,其集度为 q。

(3)在受约束的 A,B 处,根据其约束类型画出约束反力。B 处是可动铰支座,其约束反力

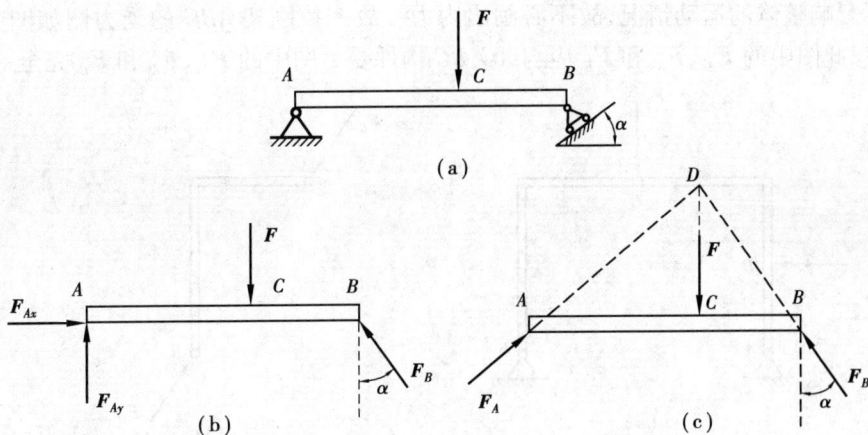

图 2.18

F_B 过铰链中心并垂直于支承面,指向假定如图 2.19(b)所示;A 处为固定铰支座,其约束反力作用线方位无法预先确定,用过铰链中心 A 的两个相互垂直分力 F_{Ax},F_{Ay} 表示,受力图如图 2.19(b)所示。

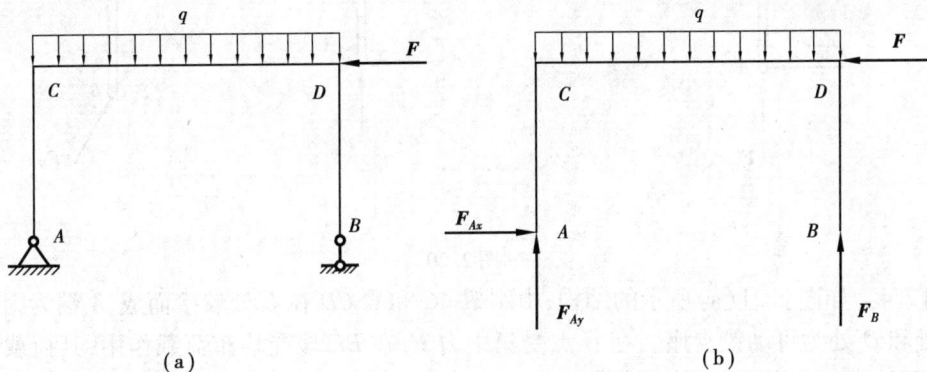

图 2.19

例 2.3　自重不计的三铰刚架及其受力情况如图 2.20(a)所示。试分别画出构件 AC、BC 和整体的受力图。

解　(1)取 BC 为研究对象,解除 B,C 两处的约束,单独画出 BC 的简图。由于不计自重,BC 构件仅在 B,C 两点受力作用而平衡,故为二力构件。B,C 两处反力 F_B,F_C 的作用线必沿 B,C 两点的连线,且 $F_B = -F_C$。受力图如图 2.20(b)所示。

(2)取 AC 构件为研究对象,解除 A、C 两处的约束,单独画出其简图。AC 构件受到主动力 F_1 和 F_2(注:由于力 F_2 作用在构件 AC 和 BC 的连接处,为简便计,分析时一般将其划归到某一个构件上)作用,C 处受到 BC 构件对它的反力 F'_C(由作用与反作用定律有 $F'_C = -F_C$),A 处为固定铰支座,其约束反力作用线方位无法预先确定,用过铰链中心 A 的两个相互垂直分力 F_{Ax},F_{Ay} 表示。其受力图如图 2.20(c)所示。

(3)取整体三铰刚架为研究对象,解除 A,B 两处的约束(C 处约束未解除),单独画出其简图。画上主动力 F_1 和 F_2,约束反力 F_{Ax},F_{Ay} 和 F_B。至于 AC 和 BC 两构件在 C 处的相互作用力,由于对 ABC 整体而言是内力,内力总是成对出现,且等值、反向、共线,对同一研究对象而言,它们不影响整体的运动情况,故不必画出内力。故三铰刚架 ABC 的受力图如图 2.20(d)所示。注意此图中的 $\boldsymbol{F}_{Ax}$, $\boldsymbol{F}_{Ay}$ 和 $\boldsymbol{F}_B$ 应与 AC, BC 构件受力图中的 $\boldsymbol{F}_{Ax}$, $\boldsymbol{F}_{Ay}$ 和 $\boldsymbol{F}_B$ 完全一致。

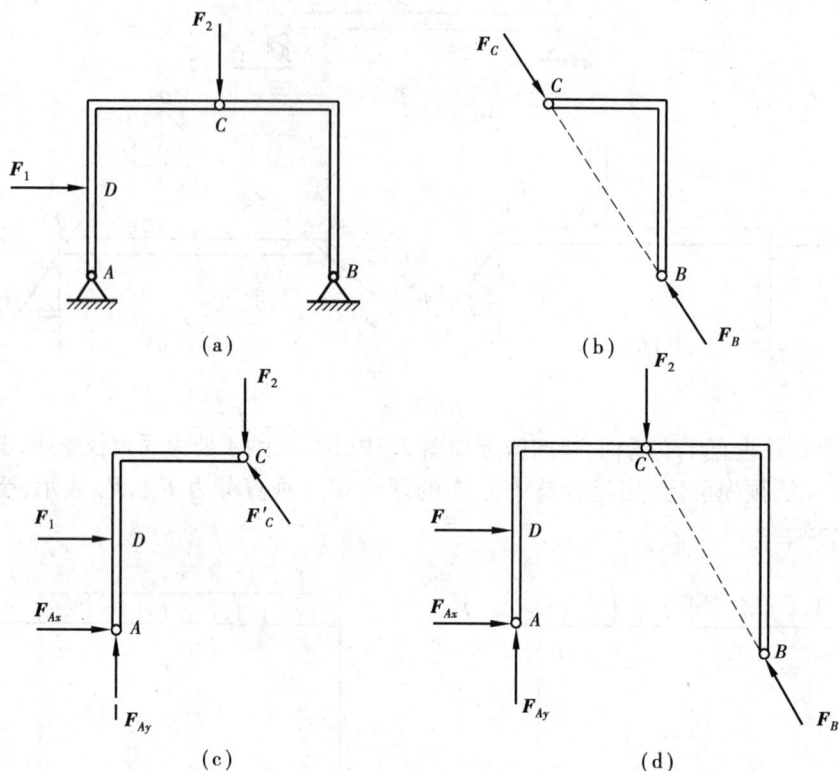

图 2.20

例 2.4　如图 2.21(a)所示的结构,由刚架 AC 和梁 CD 在 C 处铰接而成,A 端为固定铰支座,B 处和 D 处为可动铰支座。在 G 点受集中力 $\boldsymbol{F}$,在 BE 段受均布荷载作用,其荷载集度为 q,自重不计。试分别画出刚架 AC,梁 CD 和整个结构 ACD 的受力图。

解　(1)取梁 CD 为研究对象,解除 C,D 两处的约束,单独画出 CD 的简图。它在 G 点和 CE 段上分别受有集中力 $\boldsymbol{F}$ 和集度为 q 的均布荷载作用。可动铰支座 D 的约束反力 $\boldsymbol{F}_D$ 过铰心 D 并垂直于支承面。铰链 C 的约束反力过铰心 C,作用线方位无法预先确定,用过铰链中心 C 的两个相互垂直分力 $\boldsymbol{F}_{Cx}$,$\boldsymbol{F}_{Cy}$ 表示,受力图如图 2.21(b)所示。

(2)取刚架 AC 为研究对象,解除 A,C 两处约束,单独画出 AC 的简图。它在 BC 段上受有集度为 q 的均布荷载作用,刚架 AC 在铰链 C 处受有梁 CD 给它的反作用力 $\boldsymbol{F}'_{Cx}$,$\boldsymbol{F}'_{Cy}$,且有 $\boldsymbol{F}'_{Cx} = -\boldsymbol{F}_{Cx}$,$\boldsymbol{F}'_{Cy} = -\boldsymbol{F}_{Cy}$。$B$ 处为可动铰支座,其约束反力 $\boldsymbol{F}_B$ 过铰心 B 并垂直于支承面。A 处为固定铰支座,其约束反力作用线方位无法预先确定,用过铰链中心 A 的两个相互垂直分力 $\boldsymbol{F}_{Ax}$,$\boldsymbol{F}_{Ay}$ 表示。刚架 AC 受力图如图 2.21(c)所示。

(3)取整个结构 ACD 为研究对象,解除 A,B,D 处约束,单独画出整个结构 ACD 的简图。画上主动力:集中力 $\boldsymbol{F}$,集度为 q 的均布荷载;约束反力:$\boldsymbol{F}_{Ax}$,$\boldsymbol{F}_{Ay}$,$\boldsymbol{F}_B$,$\boldsymbol{F}_D$。这时铰链 C 处的相互作用力为内力,不画出,整个结构 ACD 的受力图如图 2.21(d)所示。

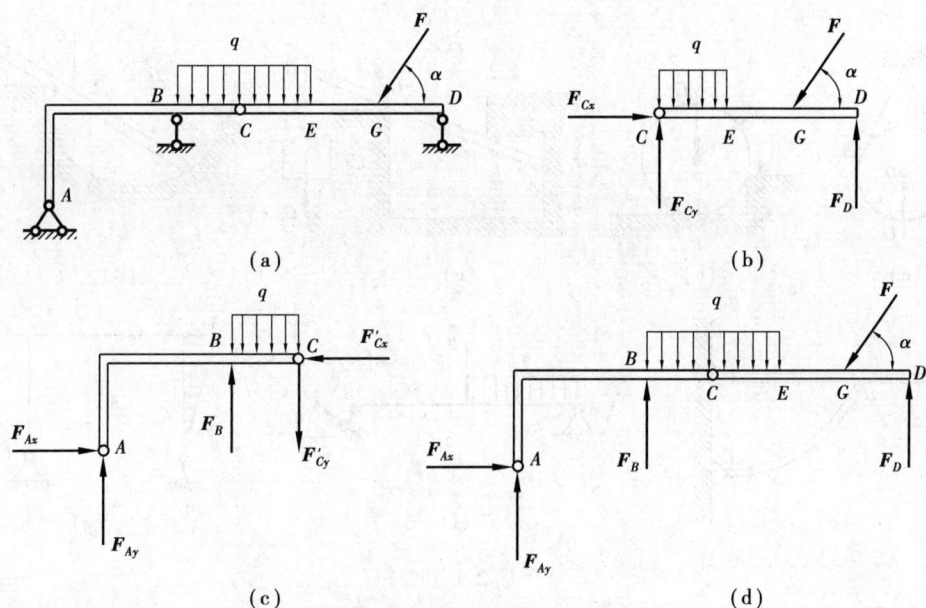

(a)

(b)

(c)

(d)

图 2.21

思 考 题

2.1　说明下列式子的意义和区别。

(1)$F_1 = F_2$,(2)$\boldsymbol{F}_1 = \boldsymbol{F}_2$,(3)力 $\boldsymbol{F}_1$ 等于力 $\boldsymbol{F}_2$。

2.2　二力平衡条件及作用与反作用定律中,都是说二力等值、共线、反向,其区别在哪里?

2.3　哪几条公理或推论只适用于刚体?

2.4　判断下列说法是否正确,为什么?

(1)刚体是指在外力作用下变形很小的物体。

(2)处于平衡状态的物体就可视为刚体。

(3)若作用于刚体上的 3 个力共面且汇交于一点,则刚体一定平衡。

(4)若作用于刚体上的 3 个力共面,但不汇交于一点,则刚体一定不能平衡。

(5)凡两端用铰链连接的杆都是二力杆。

(6)凡不计自重的刚体都是二力体。

2.5　对物体进行受力分析时,是怎样应用力的概念的?

2.6　对物体进行受力分析时,应用了力学中哪些公理,是如何应用的?

习　题

2.1　题 2.1 图所示。画出下列各物体的受力图,凡未特别注明者,物体的自重均不计,且所有的接触面都是光滑的。

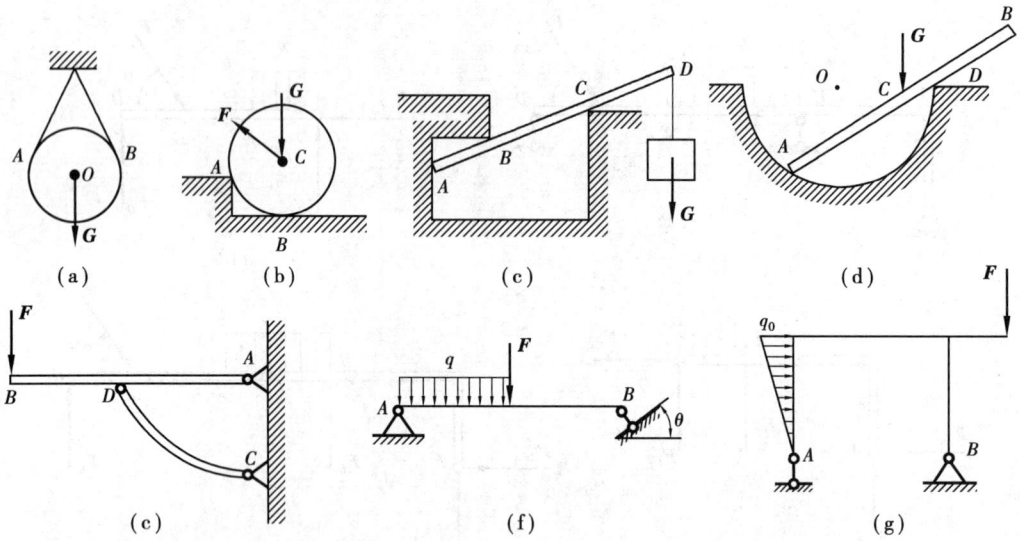

题 2.1 图

2.2　题 2.2 图所示。画出下列各图中指定物体的受力图。凡未特别注明者,物体的自重均不计,且所有接触面都是光滑的。

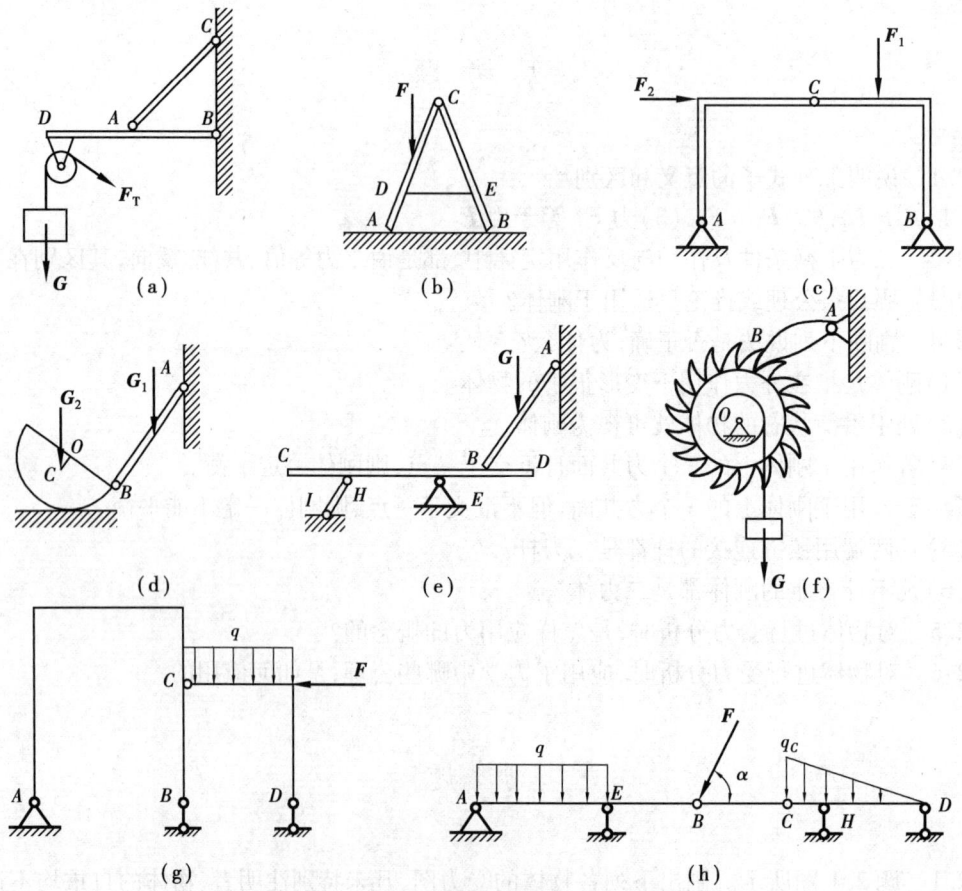

题 2.2 图

（a）AC 杆、BD 杆连同滑轮、整体；　　（b）AC 杆、BC 杆、整体；

（c）AC 部分、BC 部分、整体；　　　（d）AB 杆、半球 O、整体；

（e）AB 杆、CD 杆、HI 杆；　　　　（f）棘轮 O、棘爪 AB；

（g）AB，CD，整体；　　　　　　　（h）AB，BC，CD，整体。

2.3　题 2.3 图所示为一排水孔闸门的计算简图，其中 A 是铰链，F 是闸门所受水压力的合力，F_T 是启动力。闸门重为 G，重心在其长度的中点，画出：①F_T 不够大，未能启动闸门时，闸门的受力图；②F_T 刚好能将闸门启动时，闸门的受力图。

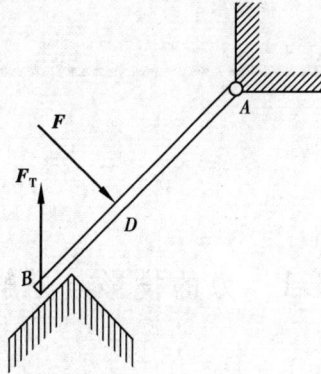

题 2.3 图

第 **3** 章
力系的简化

3.1 力的投影与分解

3.1.1 力在轴上的投影

设有力 F 和 n 轴,从力 F 的始点 A 和终点 B 分别向 n 轴引垂线,得垂足 a,b,则线段 $\overline{ab}$ 冠以适当的正负号,称为力 F 在 n 轴上的投影,用 F_n 表示。习惯上规定:若由力 F 的始点垂足 a 到终点垂足 b 的指向与规定的 n 轴正向一致,则投影 F_n 取正号,见图 3.1(a),反之取负号,见图 3.1(b)。若力 F 和 n 轴正向之间的夹角为 α,则有

$$F_n = F \cos \alpha \tag{3.1}$$

即力在 n 轴上的投影等于力的大小乘以该力与 n 轴正向之间夹角的余弦。显然,力在轴上的投影是一个代数量。在实际运算时,通常取力与轴之间的锐角计算投影的大小,而正负号按规定通过观察直接判断。

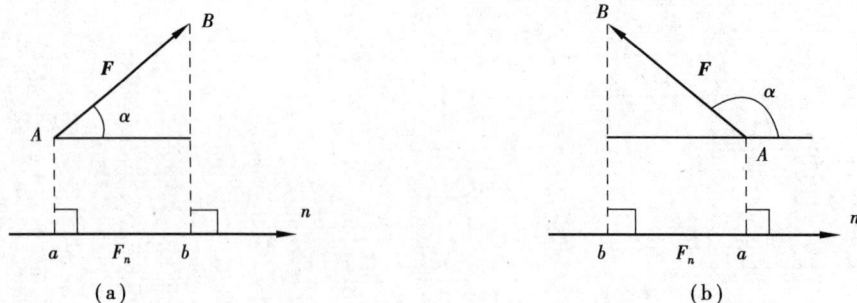

图 3.1

3.1.2 力在平面上的投影

设有力 F 和 Oxy 平面,从力 F 的始点 A 和终点 B 分别向 Oxy 平面引垂线,则由垂足 a 到 b

的矢量 $\overrightarrow{ab}$,称为力 $\boldsymbol{F}$ 在 Oxy 平面上的投影,记作 $\boldsymbol{F}_{xy}$,如图 3.2 所示。若力 $\boldsymbol{F}$ 与 Oxy 平面间夹角为 θ, 则投影力矢 $\boldsymbol{F}_{xy}$ 的大小为

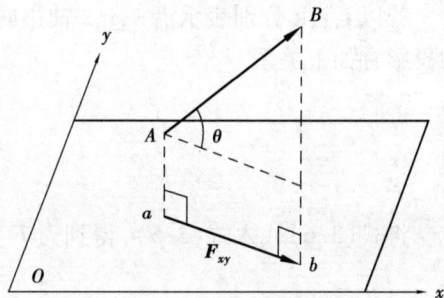

$$F_{xy} = F \cos \theta \qquad (3.2)$$

注意:力在平面上的投影是矢量。

3.1.3　力在直角坐标轴上的投影

1. 直接投影法

已知力 $\boldsymbol{F}$ 及其与各直角坐标轴 x,y,z 正向间的夹角分别为 α,β,γ,如图 3.3 所示。则力 $\boldsymbol{F}$ 在各轴上的投影为

$$\left.\begin{aligned} F_x &= F \cos \alpha \\ F_y &= F \cos \beta \\ F_z &= F \cos \gamma \end{aligned}\right\} \qquad (3.3)$$

图 3.2

这称为**直接投影法**。

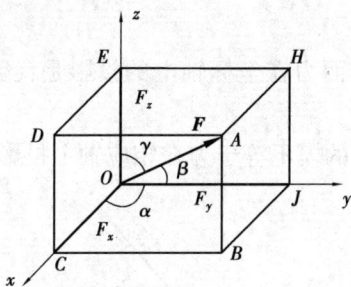

图 3.3

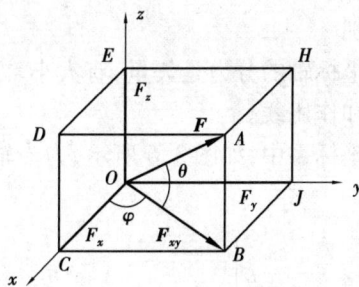

图 3.4

2. 二次投影法

已知力 $\boldsymbol{F}$ 与某平面(如 Oxy 平面)的夹角为 θ,又知力 $\boldsymbol{F}$ 在该平面(Oxy 平面)上的投影 $\boldsymbol{F}_{xy}$ 与某轴(x 轴)的夹角为 φ,如图 3.4 所示。则可用二次投影法将力 $\boldsymbol{F}$ 先投影到 Oxy 平面上 得 $\boldsymbol{F}_{xy}$,再将 $\boldsymbol{F}_{xy}$ 分别投影到 x,y 轴上,于是力 $\boldsymbol{F}$ 在各轴上的投影为

$$\left.\begin{aligned} F_x &= F \cos \theta \cos \varphi \\ F_y &= F \cos \theta \sin \varphi \\ F_z &= F \sin \theta \end{aligned}\right\} \qquad (3.4)$$

3.1.4　投影与分力的比较

1. 联系

将力 $\boldsymbol{F}$ 沿空间直角坐标轴分解为三个正交分力 $\boldsymbol{F}_x,\boldsymbol{F}_y,\boldsymbol{F}_z$,如图 3.5 所示,则有

$$\boldsymbol{F} = \boldsymbol{F}_x + \boldsymbol{F}_y + \boldsymbol{F}_z \qquad (3.5)$$

与力 $\boldsymbol{F}$ 的投影比较知,力 $\boldsymbol{F}$ 在直角坐标轴上投影的大小与其沿相应轴分力的模相等,且 投影的正负号与分力的指向对应一致。

若以 $\mathbf{i},\mathbf{j},\mathbf{k}$ 分别表示沿 x,y,z 轴正向的单位矢量,则力 $\boldsymbol{F}$ 的 3 个正交分力与力在对应轴上的投影有如下关系

$$\left.\begin{aligned}\boldsymbol{F}_x &= F_x\mathbf{i}\\\boldsymbol{F}_y &= F_y\mathbf{j}\\\boldsymbol{F}_z &= F_z\mathbf{k}\end{aligned}\right\} \tag{3.6}$$

将式(3.6)代入式(3.5),得到力 $\boldsymbol{F}$ 沿直角坐标轴的解析表达式

$$\boldsymbol{F} = F_x\mathbf{i} + F_y\mathbf{j} + F_z\mathbf{k} \tag{3.7}$$

若已知力 $\boldsymbol{F}$ 在 3 个直角坐标轴上的投影 F_x,F_y,F_z,则力 $\boldsymbol{F}$ 的大小和方向余弦可用下列各式计算

$$\left.\begin{aligned}F &= \sqrt{F_x^2 + F_y^2 + F_z^2}\\\cos(\boldsymbol{F},\mathbf{i}) &= \frac{F_x}{F}\\\cos(\boldsymbol{F},\mathbf{j}) &= \frac{F_y}{F}\\\cos(\boldsymbol{F},\mathbf{k}) &= \frac{F_z}{F}\end{aligned}\right\} \tag{3.8}$$

2. 区别

力沿坐标轴的分力是矢量,有大小、方向、作用线;而力在坐标轴上的投影是代数量,它无所谓方向和作用线。

在斜坐标系中,如图 3.6 所示,力沿轴方向的分力的模不等于力在相应轴上投影的大小。

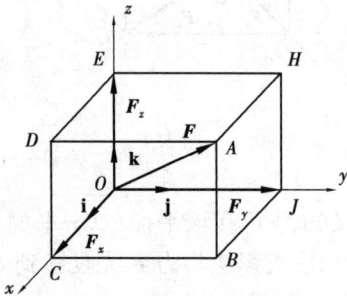

图 3.5

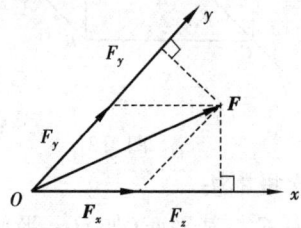

图 3.6

3.2 力 矩

3.2.1 平面力系中力对点之矩

人们从生产实践中知道力除了能使物体移动外,还能使物体转动。而力矩的概念是人们在使用杠杆、滑轮、绞盘等简单机械搬运或提升重物时逐渐形成的。下面以扳手拧螺母为例说明力矩的概念(图 3.7)。

实践表明,作用在扳手上 A 处的力 F 能使扳手同螺母一起绕螺钉中心 O(即过 O 点并垂直于图面的螺钉轴线)发生转动,也就是说,力 F 有使扳手产生转动的效应。而这种转动效应不仅与力 F 的大小成正比,而且与 O 点到力作用线的垂直距离 h 成正比,亦即与乘积 $F \cdot h$ 成正比。另外,力 F 使扳手绕 O 点转动的方向不同,作用效果也不同。因此,规定 $F \cdot h$ 冠以适当的正负号作为力 F 使物体绕 O 点发生转动效应的度量。并称之为**力 F 对 O 点之矩**(moment of a force F about a point O)。用符号 $M_O(F)$ 表示,即

$$M_O(F) = \pm Fh \tag{3.9}$$

点 O 称为**力矩中心**(center of moment),简称为**矩心**;h 称为**力臂**;力 F 与矩心 O 决定的平面称为**力矩平面**;乘积 Fh 称为力矩大小,而正负号表示在力矩平面内力使物体绕矩心,即绕过矩心且垂直于力矩平面的轴的转向,通常规定逆时针转向的力矩为正值,顺时针转向的力矩为负值。所以在平面力系问题中,力对点之矩只取决于力矩的大小和转向,因此力矩是个代数量。力矩的单位是 N · m 或 kN · m。

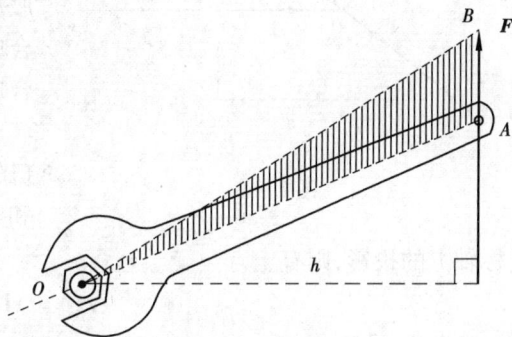

由图 3.7 可以看出,力 F 对 O 点之矩的大小还可用以力 F 为底边,矩心 O 为顶点所构成的三角形面积的两倍来表示。

图 3.7

$$M_O(F) = \pm 2S_{\triangle ABC}$$

必须注意,力矩是力使物体绕某点转动效应的度量。因此,根据分析和计算的需要,物体上任意点都可以取为矩心,甚至还可以选取研究对象以外的点为矩心。

由上所述,可得如下结论:

1)当力 F 的作用线通过矩心 O(即力臂 $h = 0$)时,此力对于该矩心的力矩等于零。

2)力 F 可以沿其作用线任意滑动,都不会改变该力对指定点的力矩。

3)同一力对不同点的力矩一般不相同。因此必须指明矩心,力对点之矩才有意义。

3.2.2 空间力系中力对点之矩

力对点之矩表示了力使物体绕该点,亦即绕通过该点且垂直于力矩平面的轴的转动效应。在平面力系中,各力的作用线与矩心决定的力矩平面都相同,因此,只要知道力矩的大小和用以表明力矩转向的正负号,就足以表明力使物体绕矩心的转动效应,即力对点之矩用代数量表示就可以了。而在空间力系中,各力作用线不在同一平面内,研究各力使物体绕同一点转动时其力矩平面的方位,亦即转轴的方位各不相同。因此,在一般情况下力使物体绕某点的转动效应取决于如下 3 个因素,简称**力对点之矩三要素**:①力矩大小,即力和力臂的乘积;②力矩平面的方位,亦即转动轴的方位;③力矩转向,即在力矩平面内,力使物体绕矩心的转向。因此,力对点之矩必须用一个矢量来表示:过矩心 O 作垂直于力矩平面的矢量。该矢量的方位表示力矩平面的法线方位,即转轴的方位;该矢量的指向由右手螺旋法确定,即以右手四指弯曲的方向表示力矩的转向,则拇指的指向就是该矢量的指向;该矢量的长度按一定比例尺表示力矩的大小。如图 3.8 所示。这个矢量称为**力对点之矩矢量**,用符号 $M_O(F)$ 表示。$M_O(F)$ 是一个

作用线通过矩心的**定位矢量**(fixed vector)。在图 3.8 中,为了与其他矢量相区别,凡力对点之矩矢量均以带圆弧箭头或带双箭头的有向线段表示。

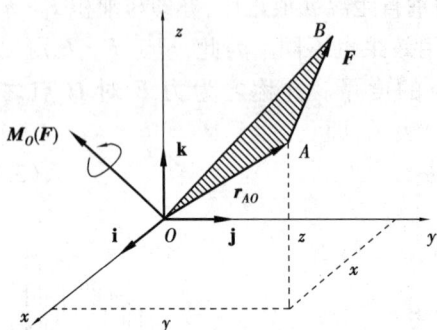

图 3.8

从力 F 的作用点 A 作相对于矩心 O 的位置矢径 r_{AO}(图 3.8),则力对点之矩可用矢积表示为:

$$M_O(F) = r_{AO} \times F \qquad (3.10)$$

即力对于任一点之矩等于力作用点相对于矩心的位置矢径与该力的矢积。由于矢量 r_{AO} 和 F 都服从矢量合成法则,故它们的矢积也必然服从矢量合成法则。所以,矩心相同的各力矩矢量符合矢量合成法则。

以矩心 O 为原点建立空间直角坐标系 $Oxyz$(图 3.8),各坐标轴的单位矢量为 $\mathbf{i}, \mathbf{j}, \mathbf{k}$,以 x, y, z 和 F_x, F_y, F_z 分别表示位置矢径 r_{AO} 和力 F 在对应坐标轴上的投影,则有

$$r_{Ao} = x\mathbf{i} + y\mathbf{j} + z\mathbf{k}$$
$$F = F_x\mathbf{i} + F_y\mathbf{j} + F_z\mathbf{k}$$

则式(3.10)可改写为

$$M_0(F) = r_{AO} \times F = \begin{vmatrix} \mathbf{i} & \mathbf{j} & \mathbf{k} \\ x & y & z \\ F_x & F_y & F_z \end{vmatrix}$$

$$= (yF_z - zF_y)\mathbf{i} + (zF_x - xF_z)\mathbf{j} + (xF_y - yF_x)\mathbf{k} \qquad (3.11)$$

这称为力对点之矩矢的解析表达式,由此式可得力对点之矩矢在坐标轴上的投影表达式为

$$\left.\begin{array}{l} [M_O(F)]_x = yF_z - zF_y \\ [M_O(F)]_y = zF_x - xF_z \\ [M_O(F)]_z = xF_y - yF_x \end{array}\right\} \qquad (3.12)$$

3.2.3 力对轴之矩

1. 力对轴之矩的概念

前面已经指出,力使物体绕某点转动,实质上是使物体绕过矩心且垂直于力矩平面的轴在转动。而生活和工程实际中,有些物体(如门、窗、机器轴等)在力的作用下又只能绕某轴转动。为此,用力对轴之矩来度量力使物体绕轴转动的效应。

如图 3.9 所示,在门上 A 点作用一力 F。为了确定力 F 使门绕轴 z 转动的效应,将力 F 分解为两个分力,分力 F_z 与 z 轴平行,分力 F_{xy} 位于通过 A 点且垂直于 z 轴的 xy 平面内。实践表明,分力 F_z 不能使门绕 z 轴转动,故力 F 使门绕 z 轴转动的效应等于其分力 F_{xy} 使门绕 z 轴转动的效应。而分力 F_{xy} 使门绕 z 轴转动的效应也就是它使绕 O 点(z 轴与 xy 平面的交点)转动的效应,这可用分力 F_{xy} 对 O 点之矩来度量。因此,**力对轴之矩**(moment of a force about an axis)可定义为:力对某轴之矩等于力 F 在垂直于轴的任一平面上的分力(另一分力与轴平行)对该轴与此平面交点的矩,并用以作为力使物体绕该轴转效应的度量。用符号 $M_z(F)$ 表示,

即

$$M_z(\boldsymbol{F}) = M_O(\boldsymbol{F}_{xy}) = \pm F_{xy}h \qquad (3.13)$$

力对轴之矩是代数量,其正负号由右手螺旋法则确定,即将右手四指握轴并以它们的弯曲方向表示力 $\boldsymbol{F}$ 使物体绕 z 轴转动的方向,若伸直的大拇指的指向与 z 轴正向一致,则规定力矩为正;反之为负。力对轴之矩的单位是 N·m 或 kN·m。

由力对轴之矩的定义可知:

1)当力沿其作用线移动时,不会改变它对给定轴之矩。

2)当力的作用线与轴平行或相交时,即力与轴共面时,力对该轴之矩等于零。

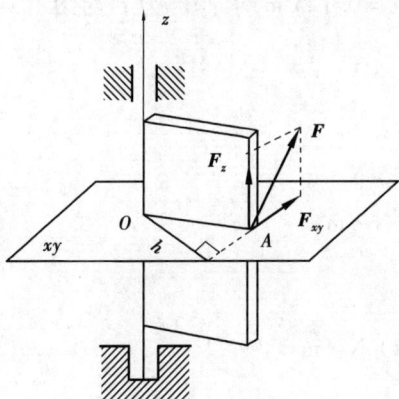

图3.9

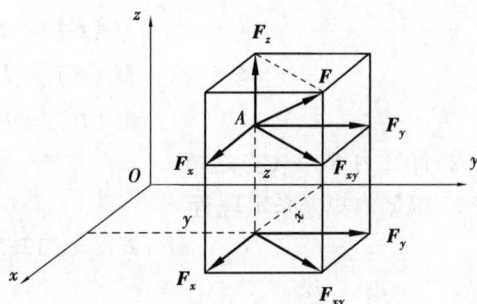

图3.10

2. 力对直角坐标轴之矩的解析表达式

设力 $\boldsymbol{F}$ 作用于刚体上 A 点,它在三根直角坐标轴上的投影分别为 F_x,F_y,F_z,力 $\boldsymbol{F}$ 作用点 A 相对于矩心 O 的位置矢径 $\boldsymbol{r}_{AO}$ 在坐标轴上的投影为 x,y,z(图3.10),根据力对轴之矩的定义式(3.13)以及等效力系的概念,可得力 $\boldsymbol{F}$ 对 Oz 轴之矩为

$$\begin{aligned}M_z(\boldsymbol{F}) &= M_O(\boldsymbol{F}_{xy})\\ &= M_O(\boldsymbol{F}_x) + M_O(\boldsymbol{F}_y)\\ &= xF_y - yF_x\end{aligned}$$

力 $\boldsymbol{F}$ 对 Ox 轴和 Oy 轴之矩也可以类似地写出,则力 $\boldsymbol{F}$ 对直角坐标轴之矩的解析表达式为

$$\left.\begin{aligned}M_x(\boldsymbol{F}) &= yF_z - zF_y\\ M_y(\boldsymbol{F}) &= zF_x - xF_z\\ M_z(\boldsymbol{F}) &= xF_y - yF_x\end{aligned}\right\} \qquad (3.14)$$

3.2.4 力矩关系定理

比较式(3.12)与式(3.14),可得

$$\left.\begin{aligned}\left[\boldsymbol{M}_O(\boldsymbol{F})\right]_x &= M_x(\boldsymbol{F})\\ \left[\boldsymbol{M}_O(\boldsymbol{F})\right]_y &= M_y(\boldsymbol{F})\\ \left[\boldsymbol{M}_O(\boldsymbol{F})\right]_z &= M_z(\boldsymbol{F})\end{aligned}\right\} \qquad (3.15)$$

即力对点之矩矢在通过该点的某轴上的投影,等于力对该轴的矩。这就是力对点之矩与力对通过该点的轴之矩的关系,通常称为**力矩关系定理**。

根据式(3.14)和式(3.15),可将式(3.11)改写为:

$$M_O(\boldsymbol{F}) = M_x(\boldsymbol{F})\mathbf{i} + M_y(\boldsymbol{F})\mathbf{j} + M_z(\boldsymbol{F})\mathbf{k} \tag{3.16}$$

可见,力使物体绕某点的转动效应等于力使物体同时分别绕过该点的3根相互垂直的轴的转动效应的总和。此是力矩关系定理的另一种表述。

应用力矩关系定理可以通过计算力对正交坐标系中3根坐标轴之矩来计算力对坐标原点之矩,也可通过力对点之矩来求力对轴之矩,而且还可以用解析的方法求出力对于除坐标轴以外的任一轴的矩。

例3.1 直角曲杆 ABCD 的 A 端为固定端,在自由端 D 处受到平行于 x 轴的力 $\boldsymbol{F}$ 的作用,如图3.11所示。已知 $F = 100$ N, $a = 0.2$ m, $b = 0.15$ m, $c = 0.125$ m,求:(1)力 $\boldsymbol{F}$ 对图示 x,y,z 轴之矩;(2)力 $\boldsymbol{F}$ 对 A 点之矩。

解 (1)计算力 $\boldsymbol{F}$ 对各坐标轴之矩

$$M_x(\boldsymbol{F}) = 0$$

$$M_y(\boldsymbol{F}) = F \cdot c = 12.5 \text{ N} \cdot \text{m}$$

$$M_z(\boldsymbol{F}) = F \cdot a = 20 \text{ N} \cdot \text{m}$$

(2)计算力 $\boldsymbol{F}$ 对 A 点之矩

根据力矩关系定理有

$$M_A(\boldsymbol{F}) = (12.5\mathbf{j} + 20.0\mathbf{k}) \text{ N} \cdot \text{m}$$

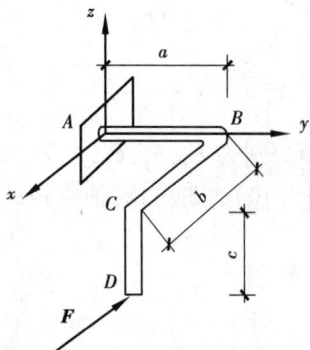

图3.11

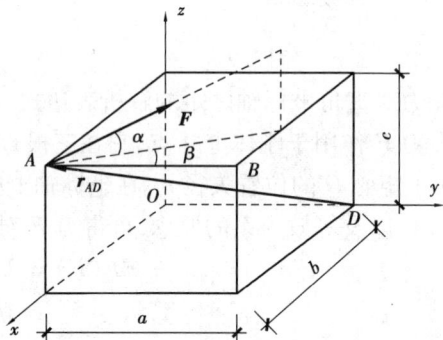

图3.12

例3.2 某长方体,边长分别为 a,b,c,在顶点 A 处作用一力 $\boldsymbol{F}$,方向如图3.12所示,α,β 均已知。求:(1)力 $\boldsymbol{F}$ 对另一顶点 D 之矩;(2)力 $\boldsymbol{F}$ 对 DB 轴之矩。

解 (1)建立图3.12所示 $Oxyz$ 直角坐标系。

(2)作出力 $\boldsymbol{F}$ 作用点 A 相对于矩心 D 的位置矢径 $\boldsymbol{r}_{AD}$,并求其在各坐标轴上的投影

$$x = b, y = -a, z = c$$

(3)计算力 $\boldsymbol{F}$ 在各坐标轴上的投影

$$F_x = -F\cos\alpha\sin\beta, \quad F_y = F\cos\alpha s\cos\beta, \quad F_z = F\sin\alpha$$

(4)利用力对点之矩矢的解析表达式(3.11)求力 $\boldsymbol{F}$ 对 D 点之矩矢

$$M_D(\boldsymbol{F}) = \boldsymbol{r}_{AD} \times \boldsymbol{F} = \begin{vmatrix} \mathbf{i} & \mathbf{j} & \mathbf{k} \\ b & -a & c \\ -F\cos\alpha\sin\beta & F\cos\alpha\cos\beta & F\sin\alpha \end{vmatrix}$$

$$= F\left[- (a \sin \alpha + c \cos \alpha \cos \beta)\mathbf{i} - (b \sin \alpha + c \cos \alpha \sin \beta)\mathbf{j} + \right.$$
$$\left. (b \cos \alpha \cos \beta - a \cos \alpha \sin \beta)\mathbf{k} \right]$$

（5）设 DB 轴的单位矢量为 $\boldsymbol{\xi}^0$，则有

$$\boldsymbol{\xi}^0 = \frac{\overrightarrow{DB}}{|\overrightarrow{DB}|} = \frac{(b\mathbf{i} + c\mathbf{k})}{\sqrt{b^2 + c^2}}$$

（6）应用力矩关系定理求力 F 对 DB 轴之矩

$$M_{DB}(\boldsymbol{F}) = \boldsymbol{M}_D(\boldsymbol{F}) \cdot \boldsymbol{\xi}^0 = -\frac{Fa(b \sin \alpha + c \cos \alpha \sin \beta)}{\sqrt{b^2 + c^2}}$$

3.3　力偶及其性质

3.3.1　力偶及力偶矩矢

等值、反向、不共线的一对平行力构成的力系称为**力偶**（couple），如图 3.13 所示，记作 $(\boldsymbol{F}, \boldsymbol{F}')$。力偶中两力作用线所决定的平面称为**力偶作用面**（acting plane of a couple），两力作用线间的垂直距离 h 称为**力偶臂**（arm of couple）。在生活实际中，力偶的例子是屡见不鲜的。例如用两个手指旋转水龙头、钢笔套，用双手转动汽车方向盘以及转动丝锥等。

力偶作用在自由刚体上，只能使刚体绕过质心且垂直于力偶作用面的轴产生转动，不引起移动，这称为**力偶的转动的效应**。实践表明，力偶对物体的转动效应不但与力偶中任何一个力 $\boldsymbol{F}$（或 $\boldsymbol{F}'$）的大小和力偶臂 h 的乘积 $F \cdot h$（或 $F' \cdot h$）有关，而且与力偶作用面在空间中的方位及力偶在其作用平面内的转向有关。因此，在一般情况下，力偶的转动效应取决于下列三个要素，称为**力偶三要素**：（1）力偶中任一力的大小与力偶臂的乘积 $F \cdot h$；（2）力偶作用面在空间中的方位；（3）力偶在其作用面内的转向。

力偶的三个要素可用一个矢量完整地表示出来，这个矢量称为**力偶矩矢**（moment vector of couple），用符号 $\boldsymbol{M}$ 表示。其表示方法如下：从任一点作垂直于力偶作用面的矢量 $\boldsymbol{M}$，矢量的长度按一定比例尺表示力偶矩的大小 $|\boldsymbol{M}| = F \cdot h$，矢量的方位表示力偶作用面的法线方位，矢量指向由右手螺旋法则确定，即以右手四指弯曲的方向表示力偶的转向，则拇指的指向就是该矢量的指向。如图 3.14 所示。力偶矩的单位是 N・m 或 kN・m。

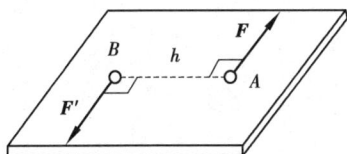

图 3.13

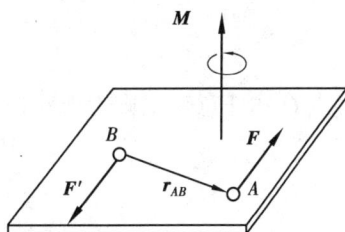

图 3.14

设力偶($\boldsymbol{F}$,$\boldsymbol{F}'$)中二力作用点分别为 A,B,作 A 点相对于 B 点的位置矢径 $\boldsymbol{r}_{AB}$(图3.14),则力偶矩矢可用矢量积表示为

$$\boldsymbol{M} = \boldsymbol{r}_{AB} \times \boldsymbol{F} \qquad (3.17)$$

即力偶矩矢等于力偶中的一个力对另一个力的作用点的力矩矢。力偶矩矢同样服从矢量运算规则。

在平面中,力偶矩矢退化为力偶矩代数量 $M = \pm F \cdot h$,正负号表示力偶在其作用平面内的转向,一般规定逆时针转向取正。

3.3.2 力偶的性质(properties of couple)

力偶虽然是由等值、反向、不共线的两个平行力所组成,但它和单独一个力比较产生了性质上的变化,现概括如下:

性质一 力偶不能与一个力等效,即力偶没有合力,因此力偶也不能与一个力相平衡,力偶只能与力偶平衡。力偶中的二力在任一轴上投影的代数和为零,但力偶不是平衡力系,力偶是最简单的力系。

一个力既可以使物体产生移动效应,同时还可以使物体产生转动效应,但力偶只能使物体产生转动效应,而不能使物体产生移动效应。因此力偶不能与一个力等效,亦即力偶中的两个力不可能合成为一个合力,力偶也就不能与一个力平衡,力偶只能与力偶等效,也就只能与力偶平衡。既然力偶不能合成为一个合力,其本身又不平衡,所以力偶是一个最简单的特殊力系。力偶和力都是最基本的力学量。

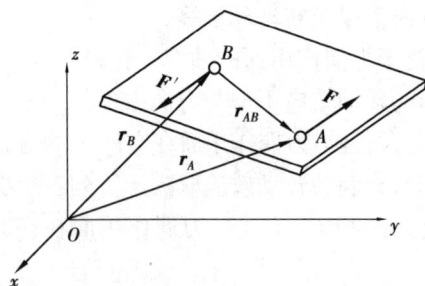

图 3.15

性质二 力偶中的两力对任意点之矩之和恒等于力偶矩矢,而与矩心位置无关。力偶中的两力对任意轴之矩之和恒等于力偶矩矢在该轴方位上的投影,而与矩轴位置无关。这就是力偶矩与力矩的主要区别。

设有力偶($\boldsymbol{F}$,$\boldsymbol{F}'$)作用在刚体上,二力作用点分别为 A,B,作 A 点相对于 B 点的位置矢径 $\boldsymbol{r}_{AB}$,再任取一点 O 为矩心,自 O 点分别作 A,B 点的矢径 $\boldsymbol{r}_A$ 和 $\boldsymbol{r}_B$,如图 3.15 所示。则力偶对 O 点之矩为

$$
\begin{aligned}
\boldsymbol{M}_O(\boldsymbol{F},\boldsymbol{F}') &= \boldsymbol{M}_O(\boldsymbol{F}) + \boldsymbol{M}_O(\boldsymbol{F}') \\
&= \boldsymbol{r}_A \times \boldsymbol{F} + \boldsymbol{r}_B \times \boldsymbol{F}' \\
&= \boldsymbol{r}_A \times \boldsymbol{F} - \boldsymbol{r}_B \times \boldsymbol{F} \\
&= \boldsymbol{r}_{AB} \times \boldsymbol{F} \\
&= \boldsymbol{M}
\end{aligned}
$$

过点 O 作任意轴 z,则力偶对任一轴的矩为:

$$
\begin{aligned}
M_z(\boldsymbol{F},\boldsymbol{F}') & \\
&= M_z(\boldsymbol{F}) + M_z(\boldsymbol{F}') \\
&= [\boldsymbol{M}_O(\boldsymbol{F}) + \boldsymbol{M}_O(\boldsymbol{F}')]_z \\
&= [\boldsymbol{M}]_z \\
&\overset{记}{=} M_z
\end{aligned}
\qquad (3.18)
$$

性质三　力偶矩矢是力偶对刚体作用效应的唯一度量,因而力偶矩矢相等的力偶等效,称为**力偶的等效性质**。

由于力偶对刚体只产生转动效应,而力偶对刚体的转动效应取决于力偶三要素,力偶矩矢又完整地表示了力偶三要素,故力偶矩矢是力偶对刚体作用效应的唯一度量,因此,两个力偶矩矢相等的力偶等效;反之,两个彼此等效的力偶,其力偶矩矢一定相等。由力偶的这一性质,可得出如下推论:

只要保持力偶矩矢不变,力偶可在其作用面内任意移动和转动,也可以从一个平面平行移动到另一个平行平面中去,甚至还可以同时改变组成力偶的力的大小和力偶臂的长度,都不会改变原力偶对刚体的作用效应。

例如,用两手转动方向盘时,两手的相对位置可以作用于方向盘的任何地方,只要两手作用于方向盘上的力组成的力偶的力偶矩不变,则它们使方向盘转动的效应就是完全相同的。又如,用螺丝刀拧螺钉时,只要力偶矩的大小和转向保持不变,用长螺丝刀与短螺丝刀的效果相同,即垂直于螺丝刀轴线的力偶作用面可沿螺丝刀的轴线平行移动,而并不影响拧螺钉的效果。

由此可见,力偶中的力,力偶臂和力偶在其作用面内的位置都不是力偶的特征量,只有力偶三要素,亦即力偶矩矢是力偶对刚体作用效应的唯一度量。因此,力偶矩矢是**自由矢量**。今后常用一段带箭头的平面弧线表示力偶,其中弧线所在平面代表力偶作用面,箭头表示力偶在其作用面内的转向,M 表示力偶矩大小,如图 3.16 所示。

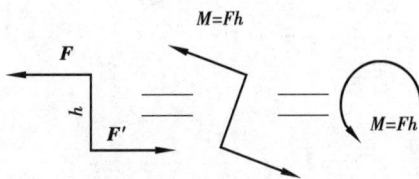

图 3.16

3.4　力的平移定理

设有一力 F 作用于刚体的 A 点,见图 3.17(a)。现在来讨论怎样才能将力 F 等效平移到该刚体上任选的 B 点。

为此,根据加减平衡力系原理,在点 B 加上两个等值、反向的力 F' 和 F'',使它们与力 F 平行,且 $F' = -F'' = F$,如图 3.17(b)所示。显然,3 个力 F,F',F'' 组成的新力系与原来的一个力 F 等效。容易看出,力 F 和 F'' 组成了一个力偶,因此,可以认为作用于点 A 的力 F 平行移动到另一点 B 后成为 $F',F' = F$,但同时又附加上了一个力偶,见图 3.17(c),附加力偶的矩为

$$M = r_{AB} \times F = M_B(F)$$

由此可得力的**平移定理**(theorem of translation of a force):作用在刚体上某点 A 的力可以等效地平移到刚体上任一点(B)(称平移点),但必须在该力与该平移点所决定的平面内附加一力偶,此附加力偶的力偶矩等于原力对平移点的力矩。

反过来,根据力的平移定理,也可以将平面内的一个力和一个力偶用作用在平面内另一点的力来等效替换。

力的平移定理不仅是力系向一点简化的理论依据,而且可以直接用来分析工程实际中某些力学问题。例如,攻丝时,必须用两手握丝锥手柄,而且用力要相等。为什么不允许用一只手扳动丝锥呢?因为作用在丝锥手柄 AB 一端的力 F,与作用在点 C 的一个力 F' 和一个力偶

矩为 M 的力偶等效。这个力偶使丝锥转动,而这个力 F' 却往往使攻丝不正,甚至折断丝锥,见图 3.18。

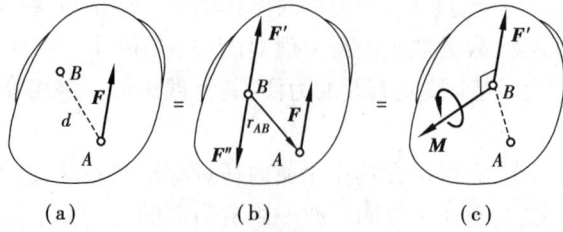

(a)　　　　　(b)　　　　　(c)

图 3.17

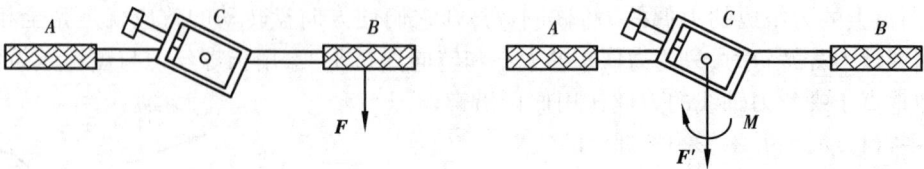

图 3.18

3.5　一般力系的简化

3.5.1　空间一般力系向任一点简化

设某刚体上作用一空间一般力系,如图 3.19(a)所示。在空间任选一点 O 为简化中心,根据力的平移定理,将各力平移至 O 点,并附加一个相应的力偶。这样可得到一个汇交于 O 点的空间汇交力系 $F_1', F_2', \cdots, F_n'$,以及力偶矩矢分别为 $M_1, M_2, \cdots, M_n$ 的空间力偶系,如图3.19(b)所示。其中

$$F_1' = F_1, F_2' = F_2, \cdots, F_n' = F_n,$$
$$M_1 = M_O(F_1), M_2 = M_O(F_2), \cdots, M_n = M_O(F_n)$$

且 $M_1, M_2, \cdots, M_n$ 分别垂直于由力 $F_1, F_2, \cdots, F_n$ 各自与简化中心 O 所决定的平面。汇交于 O 点的空间汇交力系可合成为作用线通过 O 点的一个力 F_R',其力矢等于原力系中各力的矢量和。称为原力系的**主矢量**(principal vector),即

$$F_R' = \sum F_i' = \sum F_i \tag{3.19}$$

空间力偶系可合成为一合力偶,其力偶矩矢 M_O 等于各附加力偶矩矢的矢量和,也就是等于原力系中各力对简化中心力矩的矢量和,称为原力系对简化中心 O 的**主矩**(principal moment),即

$$M_O = \sum M_i = \sum M_O(F_i) \tag{3.20}$$

由此可得结论:空间一般力系向任一点 O 等效简化,一般可得一个力和一个力偶,此力作用线通过简化中心,其大小和方向决定于力系的主矢量,此力偶的力偶矩矢量决定于力系对简

化中心的主矩,见图 3.19(c)。不难看出,力系的主矢量与简化中心位置无关,主矩一般与简化中心的位置有关,故提到主矩时一定要指明矩心。

如果过简化中心作直角坐标系 $Oxyz$(图 3.19),则力系的主矢量和主矩可用解析法计算。

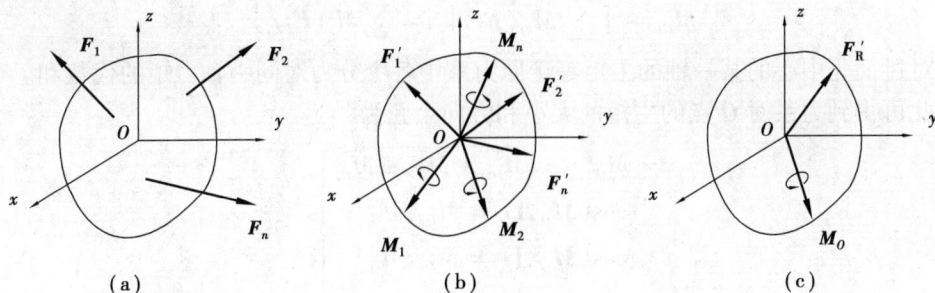

图 3.19

(1)主矢量 $\boldsymbol{F}'_R$ 的计算

设 F'_{Rx},F'_{Ry},F'_{Rz} 和 F_{ix},F_{iy},F_{iz} 分别表示主矢量 $\boldsymbol{F}'_R$ 和力系中第 i 个分力 $\boldsymbol{F}_i$ 在各坐标轴上的投影,则

$$\left.\begin{aligned} F'_{Rx} &= \sum F_{ix} \\ F'_{Ry} &= \sum F_{iy} \\ F'_{Rz} &= \sum F_{iz} \end{aligned}\right\} \tag{3.21}$$

即力系的主矢量在某轴上的投影等于原力系中各个分力在同一轴上投影的代数和。

由此可得主矢量的大小和方向余弦为

$$\left.\begin{aligned} F'_R &= \sqrt{F'^2_{Rx} + F'^2_{Ry} + F'^2_{Rz}} \\ \cos(\boldsymbol{F}'_R, \mathbf{i}) &= F'_{Rx}/F'_R \\ \cos(\boldsymbol{F}'_R, \mathbf{j}) &= F'_{Ry}/F'_R \\ \cos(\boldsymbol{F}'_R, \mathbf{k}) &= F'_{Rz}/F'_R \end{aligned}\right\} \tag{3.22}$$

主矢量的解析式为

$$\boldsymbol{F}'_R = F'_{Rx}\mathbf{i} + F'_{Ry}\mathbf{j} + F'_{Rz}\mathbf{k} = \left(\sum F_{ix}\right)\mathbf{i} + \left(\sum F_{iy}\right)\mathbf{j} + \left(\sum F_{iz}\right)\mathbf{k} \tag{3.23}$$

若为 xy 面内的平面一般力系,则式(3.22)退化为

$$\left.\begin{aligned} F'_R &= \sqrt{F'^2_{Rx} + F'^2_{Ry}} \\ \tan\theta &= \left|\frac{F'_{Ry}}{F'_{Rx}}\right| \end{aligned}\right\} \tag{3.24}$$

其中 θ 为 $\boldsymbol{F}'_R$ 与 x 轴所夹锐角,$\boldsymbol{F}'_R$ 的指向由 F'_{Rx} 和 F'_{Ry} 的正负确定。

(2)主矩 $\boldsymbol{M}_O$ 的计算

设 M_{Ox},M_{Oy},M_{Oz} 分别表示主矩 $\boldsymbol{M}_O$ 在各坐标轴上的投影,根据力矩关系定理,将式(3.20)两端分别在各坐标轴上投影得

$$M_{Ox} = \left[\sum \boldsymbol{M}_O(\boldsymbol{F}_i) \right]_x = \sum M_x(\boldsymbol{F}_i) \\ M_{Oy} = \left[\sum \boldsymbol{M}_O(\boldsymbol{F}_i) \right]_y = \sum M_y(\boldsymbol{F}_i) \\ M_{Oz} = \left[\sum \boldsymbol{M}_O(\boldsymbol{F}_i) \right]_z = \sum M_z(\boldsymbol{F}_i) \tag{3.25}$$

即力系对过简化中心的某一轴的主矩等于原力系中各个分力对同一轴力矩的代数和。

由此可得到力系对 O 点的主矩的大小和方向余弦为

$$M_O = \sqrt{M_{Ox}^2 + M_{Oy}^2 + M_{Oz}^2} \\ \cos(\boldsymbol{M}_O, \mathbf{i}) = M_{Ox}/M_O \\ \cos(\boldsymbol{M}_O, \mathbf{j}) = M_{Oy}/M_O \\ \cos(\boldsymbol{M}_O, \mathbf{k}) = M_{Oz}/M_O \tag{3.26}$$

主矩的解析式为

$$\boldsymbol{M}_O = M_{Ox}\mathbf{i} + M_{Oy}\mathbf{j} + M_{Oz}\mathbf{k} \\ = \left(\sum M_x(\boldsymbol{F}_i) \right)\mathbf{i} + \left(\sum M_y(\boldsymbol{F}_i) \right)\mathbf{j} + \left(\sum M_z(\boldsymbol{F}_i) \right)\mathbf{k} \tag{3.27}$$

若为 xy 面内的平面一般力系,则式(3.25)、式(3.26)退化为

$$M_O = M_{Oz} = \sum M_O(\boldsymbol{F}_i) \tag{3.28}$$

3.5.2 空间一般力系简化结果分析

1)若 $\boldsymbol{F}_R' = 0, \boldsymbol{M}_O \neq 0$,表明原力系和一个力偶等效,即原力系简化为一合力偶。其力偶矩矢就等于原力系对简化中心的主矩 $\boldsymbol{M}_O$。由于力偶矩矢与矩心位置无关,因此,在这种情况下,主矩与简化中心位置无关。

2)若 $\boldsymbol{F}_R' \neq 0, \boldsymbol{M}_O = 0$,表明原力系和一个力等效,即力系可简化为一作用线通过简化中心的合力,其大小和方向等于原力系的主矢量,即 $\boldsymbol{F}_R = \boldsymbol{F}_R' = \sum \boldsymbol{F}_i$。

3)若 $\boldsymbol{F}_R' \neq 0, \boldsymbol{M}_O \neq 0$,且 $\boldsymbol{M}_O \perp \boldsymbol{F}_R'$,见图3.20(a)。此时,力 $\boldsymbol{F}_R'$ 和主矩 $\boldsymbol{M}_O$ 对应的力偶($\boldsymbol{F}_R''$, $\boldsymbol{F}_R$)在同一平面内,见图3.20(b),若取 $\boldsymbol{F}_R = -\boldsymbol{F}_R'' = \boldsymbol{F}_R'$,则可将 $\boldsymbol{F}_R'$ 与力偶($\boldsymbol{F}_R''$, $\boldsymbol{F}_R$)进一步简化为一作用线通过 O' 点的一个合力 $\boldsymbol{F}_R$,见图3.20(c)。合力的力矢等于原力系的主矢量,即 $\boldsymbol{F}_R = \boldsymbol{F}_R' = \sum \boldsymbol{F}_i$。其作用线到简化中心 O 的距离为

$$d = |\boldsymbol{M}_O|/F_R' \tag{3.29}$$

若设合力 $\boldsymbol{F}_R$ 的作用线位于 xy 平面内,则合力 $\boldsymbol{F}_R$ 的作用线位置亦可由合力作用线与 x 轴或 y 轴的交点坐标 x 或 y 表示,如图3.20(d)所示。

$$x = \frac{M_O}{F_{Ry}'} \quad \text{或} \quad y = \frac{-M_O}{F_{Rx}'} \tag{3.30}$$

由图3.20(b)可知,力偶($\boldsymbol{F}_R''$, $\boldsymbol{F}_R$)的矩 $\boldsymbol{M}_O$ 等于合力 $\boldsymbol{F}_R$ 对 O 点的矩,即

$$\boldsymbol{M}_O = \boldsymbol{M}_O(\boldsymbol{F}_R)$$

与式(3.20)比较,有

$$\boldsymbol{M}_O(\boldsymbol{F}_R) = \sum \boldsymbol{M}_O(\boldsymbol{F}_i) \tag{3.31}$$

若为平面力系,且 O 点在力系平面内,则式(3.31)退化为

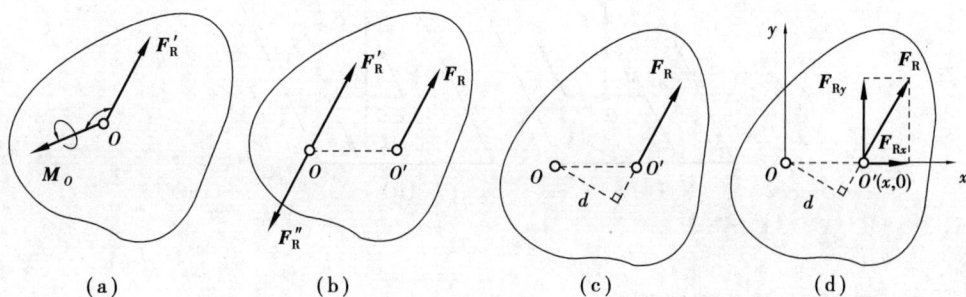

图 3.20

$$M_O(\boldsymbol{F}_R) = \sum M_O(\boldsymbol{F}_i) \tag{3.32}$$

即空间（平面）一般力系的合力对空间（平面内）任一点的矩等于各分力对同一点的矩的矢量和（代数和）。这称为一般力系**合力之矩定理**。

根据力矩关系定理，将式（3.31）投影到过 O 点的任一轴 ξ 上，可得

$$M_\xi(\boldsymbol{F}_R) = \sum M_\xi(\boldsymbol{F}_i) \tag{3.33}$$

即空间一般力系的合力对任一轴的矩等于各分力对同一轴的矩的代数和。

4）若 $\boldsymbol{F}'_R \neq 0$，$\boldsymbol{M}_O \neq 0$，且 $\boldsymbol{F}'_R$ 与 $\boldsymbol{M}_O$ 不垂直（见图 3.21（a）），则可将 $\boldsymbol{M}_O$ 分解为与 $\boldsymbol{F}'_R$ 平行及垂直的两个分矢量 $\boldsymbol{M}'_O$ 和 $\boldsymbol{M}''_O$（图 3.21（b）），显然 $\boldsymbol{F}'_R$ 与 $\boldsymbol{M}''_O$ 可合成为一作用线通过 O' 点的一个力 $\boldsymbol{F}''_R$，且 O,O' 两点之间的距离 $d = \dfrac{|\boldsymbol{M}''_O|}{\boldsymbol{F}'_R} = \dfrac{M_O \sin\alpha}{\boldsymbol{F}'_R}$。由于力偶矩矢量是自由矢量，故可将 $\boldsymbol{M}'_O$ 平行移至 O' 点，使之与 $\boldsymbol{F}''_R$ 共线（见图 3.21（c）），这时力系不能再进一步简化。这种由一个力和一个在力垂直平面内的力偶组成的力系，称为**力螺旋**（wrench of force system）。如果力螺旋中的力矢 $\boldsymbol{F}''_R$ 与力偶矩矢 $\boldsymbol{M}_O$ 的指向相同（见图 3.22（a）），称为右手力螺旋；若 $\boldsymbol{F}''_R$ 与 $\boldsymbol{M}_O$ 的指向相反（见图 3.22（b）），则称为左手力螺旋。力螺旋中力 $\boldsymbol{F}''_R$ 的作用线称为该力螺旋的中心轴。

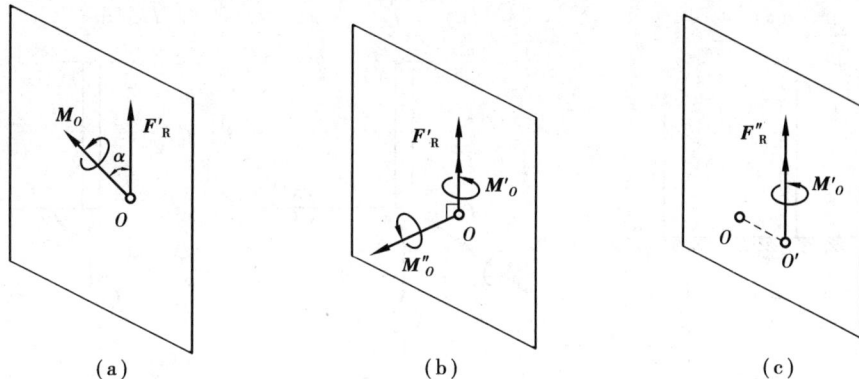

图 3.21

5）若主矢量 $\boldsymbol{F}'_R = 0$，主矩 $\boldsymbol{M}_O = 0$，则力系平衡，此种情况将在下一章讨论。

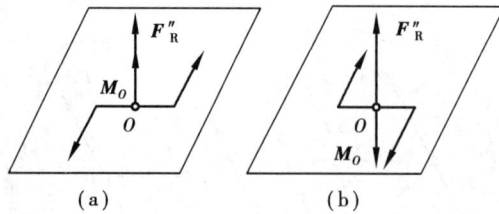

图 3.22

3.5.3 固定端约束与刚结点

固定端或插入端是常见的一种约束形式,这类约束的特点是连接处有很大的刚性,不允许连接处发生任何相对移动和转动,即约束与被约束物体彼此固结为一整体的约束,又称为**固定端支座**(fixed end support),或简称为**固定支座**。例如图 3.23(a)所示现浇钢筋混凝土柱及其基础的连接端,图 3.23(b)、(c)所示墙体对雨篷、刀架对车刀也构成固定支座。固定支座的力学简图如图 3.23(d)所示。当被约束物体受到空间主动力系作用时,固定支座对被约束物体的反力系也是一空间力系,将此约束反力系向支座中心 A 点简化得一约束反力主矢量 F'_{RA}(通常用相互垂直的分力 F_{Ax},F_{Ay},F_{Az} 表示)和一反力偶主矩 M_A(通常用其沿坐标轴的 3 个分量 M_{Ax},M_{Ay},M_{Az} 表示),如图 3.23(e)所示。当被固定支座约束的物体所受的主动力系是位于同一平面(如 xy 平面)的平面力系时,固定支座对被约束物体的反力系也是一位于该平面内的平面力系,向支座中心 A 点简化时,通常用 3 个分量 F_{Ax},F_{Ay},M_A 来表示,见图 3.23(f)。

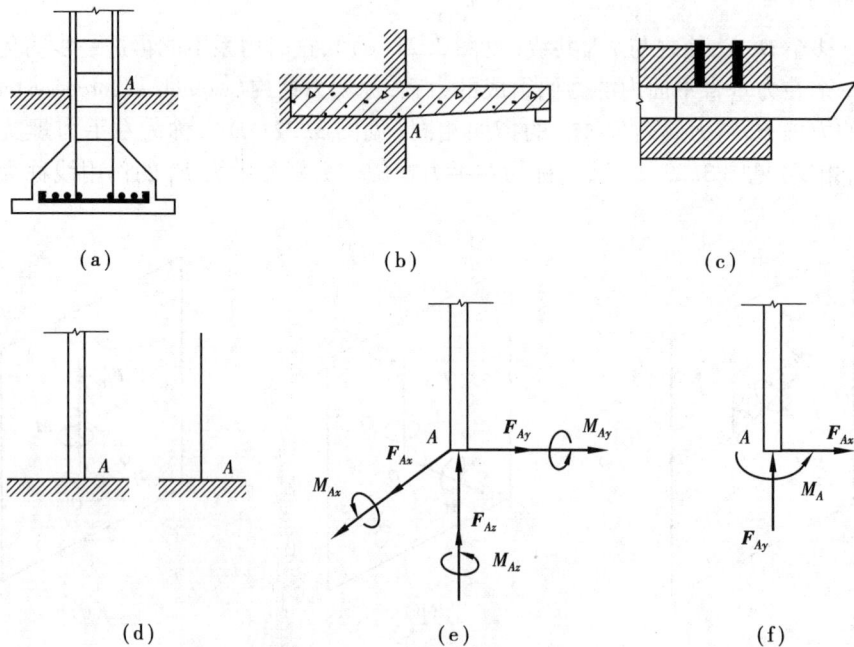

图 3.23

当两物体刚性连接形成一整体,彼此不能有任何的相对移动和转动,这样的连接点称为**刚结点**。例如钢筋混凝土框架结构中的梁与柱的连接点,上柱、下柱与梁被浇注成整体,即可视为刚结点。刚结点的约束性质和约束反力的构成情况与固定支座完全一致。

3.5.4 沿直线分布的同向线荷载的合力

在狭长面积或体积上平行分布的荷载,都可简化为线荷载。在工程中,结构常常受到各种形式的线荷载作用。平面结构所受的线荷载,常见的是沿某一直线并垂直于该直线连续分布的同向平行力系,如图3.24所示。为求其合力 $\boldsymbol{F}_q$,选取图示坐标系 Axy,沿横坐标为 x 处的线荷载集度为 $q(x)$,在微段 $\mathrm{d}x$ 上的线荷载集度可视为不变,则作用在微段 $\mathrm{d}x$ 上分布力系合力的大小为

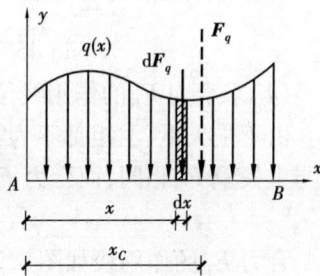

图3.24

$$\mathrm{d}F_q = q(x) \cdot \mathrm{d}x = \mathrm{d}x \text{ 段上荷载图形的面积 } \mathrm{d}A_q。$$

整个线荷载的合力大小为

$$F_q = \int_A^B \mathrm{d}F_q = \int_A^B q(x)\mathrm{d}x = AB \text{ 段上荷载图形的面积 } A_q。$$

设合力 $\boldsymbol{F}_q$ 作用线与 x 轴交点坐标为 x_C,应用合力矩定理

$$M_A(\boldsymbol{F}_q) = \sum M_A(\mathrm{d}\boldsymbol{F}_q)$$

则有

$$-F_q \cdot x_C = -\int_A^B \mathrm{d}F_q \cdot x = -\int_A^B q(x) \cdot x \cdot \mathrm{d}x$$

$$x_C = \frac{\int_A^B q(x) \cdot x \cdot \mathrm{d}x}{F_q} = \frac{\int_A^B x \cdot \mathrm{d}A_q}{A_q}$$

由高等数学知识可知,x_C 是线段 AB 上荷载图形形心 C 的 x 坐标。

以上结果表明:沿直线且垂直于该直线分布的同向线荷载,其合力的大小等于荷载图形面积,合力的方向与原荷载方向相同,合力作用线通过荷载图形形心。

工程上常见的均布荷载,三角形分布荷载的合力及其作用线位置如图3.25(a)、(b)、(c)所示,梯形荷载可看作集度为 q_A 的均布荷载和最大集度为 $q_B - q_A$(设 $q_B > q_A$)的三角形分布荷载叠加而成,这两部分的合力分别为 $\boldsymbol{F}_{q1}$ 和 $\boldsymbol{F}_{q2}$,如图3.25(d)所示。

例3.3 如图3.26所示平面一般力系。已知:$F_1 = 130 \text{ N}$,$F_2 = 100\sqrt{2} \text{ N}$,$F_3 = 50 \text{ N}$,$M = 500 \text{ N} \cdot \text{m}$,图中尺寸单位为m,各力作用线位置如图3.26。试求该力系合成的结果。

解 (1)以 O 点为简化中心,建立图示直角坐标系 Oxy。

(2)计算主矢量 $\boldsymbol{F}'_R$

$$F'_{Rx} = \sum F_{ix} = F_1 \cdot \frac{12}{13} - F_2 \sin 45° + F_3 = 70 \text{ N}$$

$$F'_{Ry} = \sum F_{iy} = F_1 \cdot \frac{5}{13} + F_2 \cos 45° = 150 \text{ N}$$

$$\left. \begin{array}{l} F'_R = \sqrt{F'^2_{Rx} + F'^2_{Ry}} = 165.3 \text{ N} \\ \tan \theta = \left| \dfrac{F'_{Ry}}{F'_{Rx}} \right| = \dfrac{15}{7} \end{array} \right\}$$

(3)计算主矩 M_O

$$M_O = \sum M_O(\boldsymbol{F}) = -F_1 \cdot \frac{12}{13} \times 1 + F_1 \cdot \frac{5}{13} \times 2 +$$

$$F_2 \sin 45° \times 2 - F_2 \cos 45° \times 3 + F_3 \times 4 + M = 580 \text{ N} \cdot \text{m}$$

(4)求合力 $\boldsymbol{F}_R$ 的作用线位置

由于主矢量、主矩都不为零,所以这个力系简化的最后结果为一合力 $\boldsymbol{F}_R$。$\boldsymbol{F}_R$ 的大小和方向与主矢量 $\boldsymbol{F}'_R$ 相同,而合力 $\boldsymbol{F}_R$ 与 x 轴的交点坐标为

$$x = M_O / F'_{Ry} = 3.87 \text{ m}$$

合力 $\boldsymbol{F}_R$ 的作用线如图 3.23 所示。

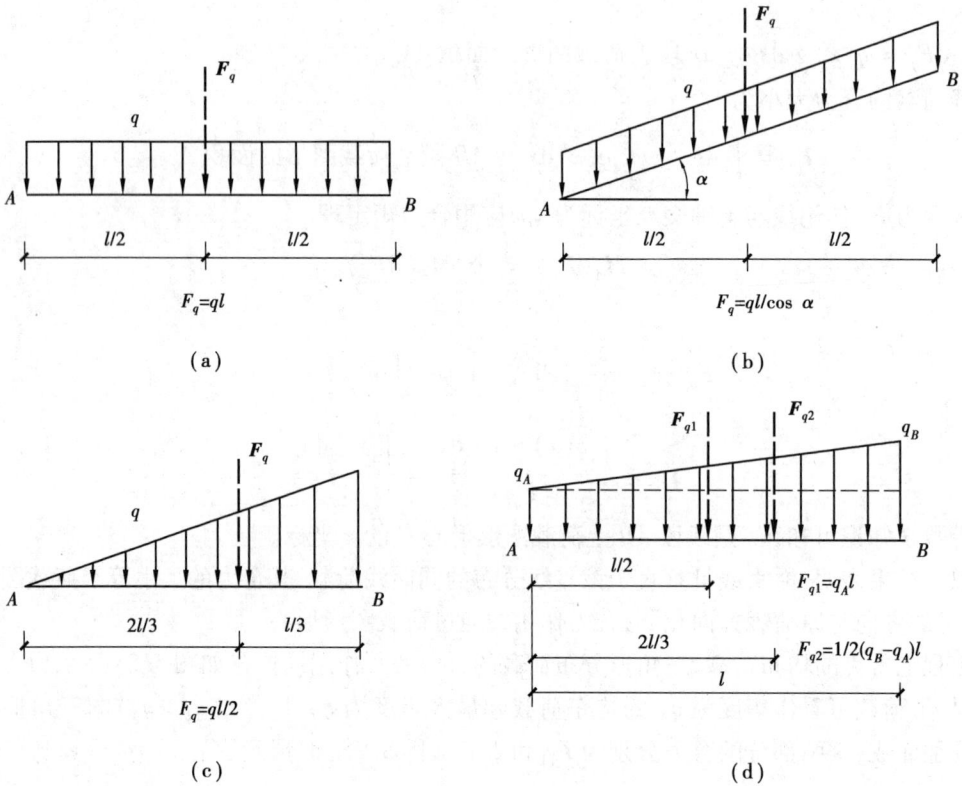

图 3.25

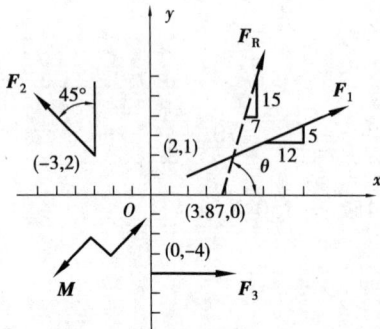

图 3.26

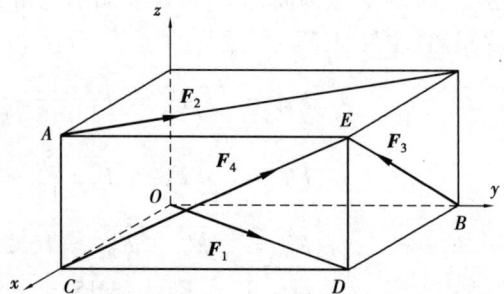

图 3.27

例 3.4 如图 3.27 所示长方体,相邻三棱边 CD,CO,CA 长各为 $2a,a,a$,在 4 个顶点 O,A, B,C 上分别作用有大小为 $F_1 = \sqrt{5}F, F_2 = \sqrt{5}F, F_3 = \sqrt{2}F, F_4 = \sqrt{5}F$ 的 4 个力,方向如图所示。试求此力系向 O 点的简化结果。

解 (1)以 O 点为简化中心,建立图示直角坐标系 $Oxyz$。

(2)计算主矢量 $\boldsymbol{F}'_R$

$$F'_{Rx} = \sum F_{ix} = F_1 \cdot \frac{1}{\sqrt{5}} - F_2 \cdot \frac{1}{\sqrt{5}} + F_3 \cdot \frac{1}{\sqrt{2}} = F$$

$$F'_{Ry} = \sum F_{iy} = F_1 \cdot \frac{2}{\sqrt{5}} + F_2 \cdot \frac{2}{\sqrt{5}} + F_4 \cdot \frac{2}{\sqrt{5}} = 6F$$

$$F'_{Rz} = \sum F_{iz} = F_3 \cdot \frac{1}{\sqrt{2}} + F_4 \cdot \frac{1}{\sqrt{5}} = 2F$$

主矢量 $\boldsymbol{F}'_R$ 的大小和方向由其解析式确定

$$\boldsymbol{F}'_R = F\boldsymbol{i} + 6F\boldsymbol{j} + 2F\boldsymbol{k}$$

(3)计算主矩 $\boldsymbol{M}_O$

$$M_{Ox} = \sum M_x(\boldsymbol{F}_i) = -F_2 \cdot \frac{2}{\sqrt{5}} \cdot a + F_3 \cdot \frac{1}{\sqrt{2}} \cdot 2a = 0$$

$$M_{Oy} = \sum M_y(\boldsymbol{F}_i) = F_2 \cdot \frac{1}{\sqrt{5}} \cdot a + F_4 \cdot \frac{1}{\sqrt{5}} \cdot a = 2Fa$$

$$M_{Oz} = \sum M_z(\boldsymbol{F}_i) = F_2 \cdot \frac{2}{\sqrt{5}} \cdot a + F_4 \cdot \frac{2}{\sqrt{5}} \cdot a - F_3 \cdot \frac{1}{\sqrt{2}} \cdot 2a = 2Fa$$

主矩 $\boldsymbol{M}_O$ 的大小和方向由其解析式确定

$$\boldsymbol{M}_O = 2Fa\boldsymbol{j} + 2Fa\boldsymbol{k}$$

思 考 题

3.1 力 $\boldsymbol{F}$ 作用在可绕中心轴 O 转动的轮上,如思考题 3.1 图所示。试问可以计算力 $\boldsymbol{F}$ 对轮上任一点 A 之矩吗,它的意义是什么?

3.2 既然力偶不能与一力相平衡,为什么思考题 3.2 图中的圆轮又能平衡呢?

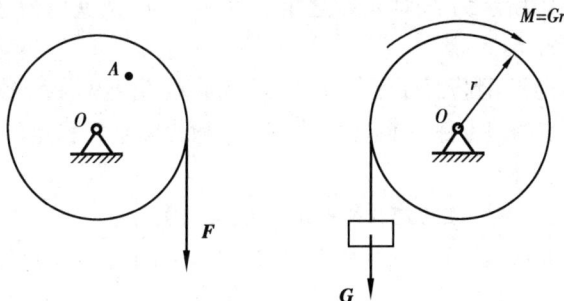

思考题 3.1 图   思考题 3.2 图

3.3 试比较力对点之矩与力偶矩两者的异同。

3.4 矩为 M 的力偶和力 F 同时作用在自由体的同一平面内,如果适当地改变力 F 的大小、方向和作用点,有可能使自由体处于平衡状态吗?

3.5 设有一力 F,试问在什么情况下有:

(1) $F_x = 0, F_y = 0$;

(2) $F_x = 0, F_y \neq 0, M_x(F) \neq 0$;

(3) $F_x \neq 0, F_y \neq 0, M_x(F) \neq 0$。

3.6 在思考题 3.6 图所示正方体的顶角 A 作用有力 F,试问下列关系式都正确吗?

(1) $[M_B(F)]_x = M_x(F)$;

(2) $[M_B(F)]_y = M_y(F)$;

(3) $[M_O(F)]_z = M_z(F)$。

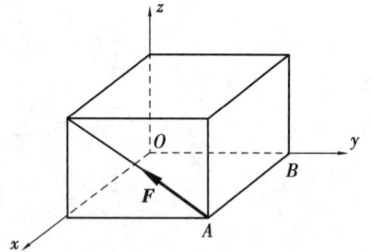

思考题 3.6 图

3.7 某平面力系向 A, B 两点简化的主矩皆为零,此力系简化的结果可能是一个力吗?可能是一个力偶吗?可能平衡吗?

3.8 某平面力系向同一平面内任一点简化的结果都相同,此力系的最后简化结果可能是什么?

习 题

3.1 试计算题 3.1 图所示各图中力 F 对 A 点的之矩。

答:(1) Fl; (2) $Fl \sin \alpha$; (3) $Fa \sin \alpha - Fb \cos \alpha$

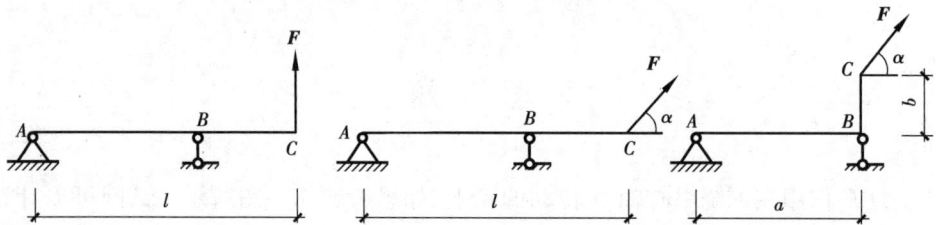

题 3.1 图

3.2 试求题 3.2 图中所示力 F 对 A 点之矩。设 F, r_1, r_2 及 θ 均为已知。

答: $M_A(F) = Fr_1 - Fr_2 \cos \alpha$

3.3 题 3.3 图所示薄壁钢筋混凝土挡土墙,已知墙重 $G_1 = 95$ kN,覆土重 $G_2 = 120$ kN,水平土压力 $F_3 = 90$ kN;求使墙绕前趾 A 倾覆的力矩 M_A^q 和使墙趋于稳定的力矩 M_A^W,并计算两者的比值,即抗倾覆安全系数 K_q。

答: $M_A^q = 144$ kN·m, $M_A^W = 287.5$ kN·m, $K_q = 2.0$

3.4 已知力 $F_1 = 2$ kN, $F_2 = 1$ kN,均作用于如题 3.4 图所示 A 点,图中长度单位为 cm。试分别求 F_1 和 F_2 对 O 点之矩。

答: $M_O(F_1) = 0.2\mathbf{i}$ kN·m, $M_O(F_2) = -0.816\mathbf{i} + 0.408\mathbf{j}$ kN·m

3.5 力 F 沿边长为 a, b, c 的长方体的棱边作用,如题 3.5 图所示。试计算:(1) 力 F 对各坐标轴之矩;(2)力 F 对 B 点之矩;(3)力 F 对于长方体对角线 AB 之矩。

答:(1)$M_x(F) = -F \cdot a$, $M_y(F) = F \cdot b$, $M_z(F) = 0$;

(2)$M_B(F) = F \cdot b\mathbf{j}$; (3)$M_{AB}(F) = \dfrac{Fab}{\sqrt{a^2 + b^2 + c^2}}$

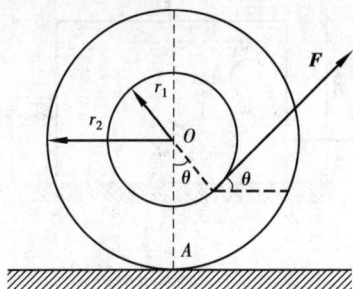 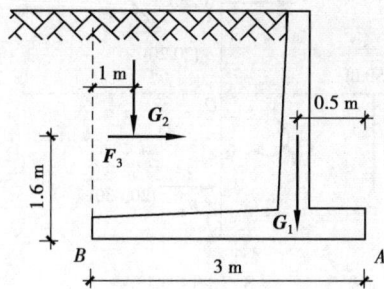

题 3.2 图　　　　　　　　　题 3.3 图

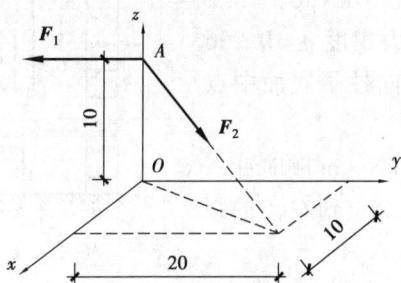 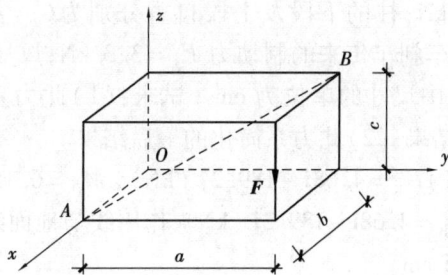

题 3.4 图　　　　　　　题 3.5 图

3.6 力 F 沿边长为 a 的正立方体对角线作用,如题 3.6图所示。试计算:(1)力 F 对各坐标轴之矩;(2)力 F 对 D 点之矩。

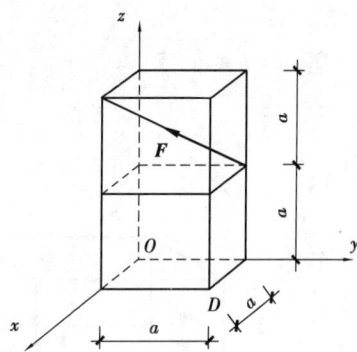

答:(1)$M_x(F) = \dfrac{2}{\sqrt{3}}Fa$, $M_y(F) = \dfrac{1}{\sqrt{3}}Fa$,

$M_z(F) = -\dfrac{1}{\sqrt{3}}Fa$;

(2)$M_D(F) = \dfrac{Fa}{\sqrt{3}}(\mathbf{i} + 2\mathbf{j} + \mathbf{k})$

题 3.6 图

3.7 题 3.7 图所示平面力系中 $F_1 = 40\sqrt{2}$ N,$F_2 = 40$ N,$F_3 = 100$ N $F_4 = 80$ N,$M = 3\ 200$ N·mm。各力作用位置如图所示,图中尺寸的单位为mm。求:(1)力系向 O 点的简化结果;(2)力系的合力的大小、方向及作用位置。

答:(1)$F'_R = -80\mathbf{i} - 60\mathbf{j}$(N), $M_O = 600$ N·mm 逆时针;

(2)$F_R = -80\mathbf{i} - 60\mathbf{j}$(N),$x = -10$ mm

3.8 题 3.8 图所示平面力系由 3 个力和两个力偶组成。已知 $F_1 = 1.5$ kN,$F_2 = 2$ kN,

$F_3 = 3 \text{ kN}, M_1 = 100 \text{ N} \cdot \text{m}, M_2 = 80 \text{ N} \cdot \text{m}$。图中尺寸的单位为 mm。求:此力系简化的最后结果。

答:$F_R = -1.5\mathbf{i} - 2\mathbf{j} \text{ kN}$,作用线与 AB 直线交点到 A 点的距离 $x = 290 \text{ mm}$

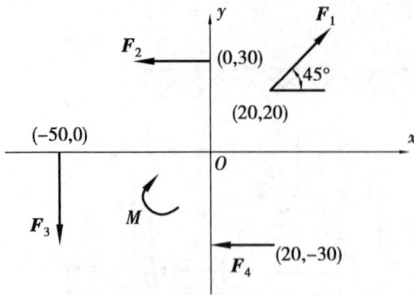

题 3.7 图

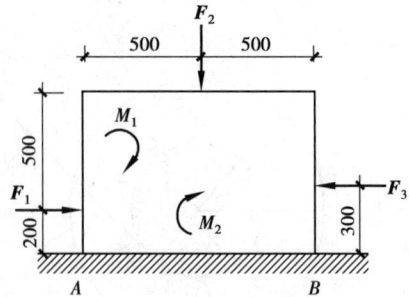

题 3.8 图

3.9 题 3.9 图所示为一车间的砖柱的尺寸及受力情况。由吊车传来的最大压力 $F_1 = 56.2 \text{ kN}$;屋面荷载作用于柱顶中点,大小为 $F_2 = 86.5 \text{ kN}$;柱的下段及上段自重分别为 $G_1 = 43.3 \text{ kN}, G_2 = 3.2$ kN。由吊车刹车传来的制动力 $F_3 = 3.3 \text{ kN}$,风压力集度 $q = 0.236$ kN/m。图中尺寸的单位为 cm。试求:(1)此力系向柱子底面中点 O 简化的结果;(2)此力系简化的最后结果。

答:(1)$F'_R = 4.68\mathbf{i} - 189.2\mathbf{j} \text{ (kN)}$, $M_O = 6.15 \text{ kN} \cdot \text{m}$ 顺时针;

(2)$F_R = 4.68\mathbf{i} - 189.2\mathbf{j} \text{ (kN)}$,作用线与地面线交点到 O 点的距离 $x = 3.25 \text{ cm}$。

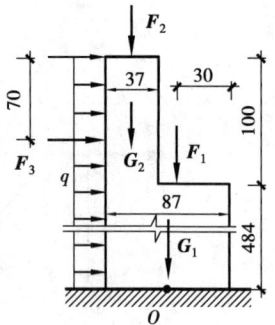

题 3.9 图

3.10 沿长方体的三个不相交且不平行的棱上作用有三个力,$F_1 = F_2 = F_3 = F$,如题 3.10 图所示。问棱长 a, b, c 应满足什么关系,此力系才能合成为一个合力?

答:$a = b + c$

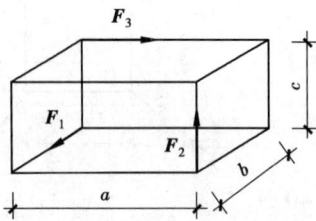

题 3.10 图

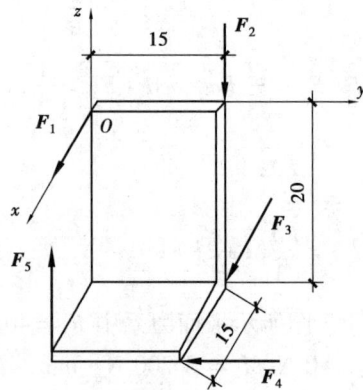

题 3.11 图

3.11 在题 3.11 图所示力系中,已知 $F_1 = 100 \text{ N}, F_2 = 40 \text{ N}, F_3 = 160 \text{ N}, F_4 = 40 \text{ N}, F_5 = 40 \text{ N}$,图中尺寸的单位为 cm。试问此力系能否合成为力螺旋?

答:$F'_R = 260\mathbf{i} - 40\mathbf{j} \text{ (N)}$, $M_O = -14\mathbf{i} - 38\mathbf{j} - 30\mathbf{k} \text{ (N} \cdot \text{m)}$,可以合成为力螺旋

3.12 在题 3.12 图所示力系中，$F_1 = 100$ N，$F_2 = 80\sqrt{13}$ N，$F_3 = 50\sqrt{5}$ N，图中尺寸的单位为 mm。试将此力系向原点 O 简化。

答：$F'_R = -260\mathbf{i} + 240\mathbf{j} + 50\mathbf{k}$（N）；$M_O = -39\mathbf{i} - 36\mathbf{j} + 78\mathbf{k}$（N·m）

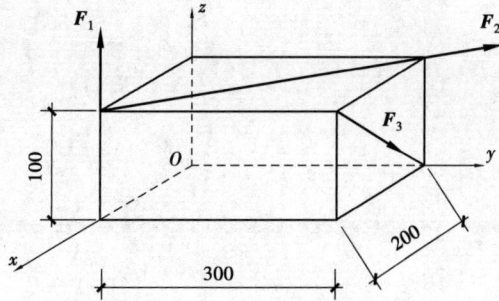

题 3.12 图

第 **4** 章
力系的平衡

4.1　力系的平衡

4.1.1　空间一般力系的平衡方程

空间一般力系向任一点简化后,一般得到一个力和一个力偶。此力和力偶分别决定于力系的主矢量和力系对简化中心的主矩。因此,空间一般力系平衡的充分必要条件是:力系的主矢量和对于任一点的主矩同时都等于零。即

$$\left.\begin{array}{l} \boldsymbol{F}'_R = 0 \\ \boldsymbol{M}_O = 0 \end{array}\right\} \tag{4.1}$$

利用主矢量和主矩的解析式(3.23)和(3.27),可将上述平衡条件用解析式表示为

$$\left.\begin{array}{l} \sum F_{ix} = 0 \\ \sum F_{iy} = 0 \\ \sum F_{iz} = 0 \\ \sum M_x(\boldsymbol{F}_i) = 0 \\ \sum M_y(\boldsymbol{F}_i) = 0 \\ \sum M_z(\boldsymbol{F}_i) = 0 \end{array}\right\} \tag{4.2}$$

即空间一般力系平衡的解析条件是力系中所有各力在任一轴上投影的代数和为零,同时力系中各力对任一轴力矩的代数和为零。式(4.2)称为**空间一般力系的平衡方程**(equations of equilibrium of three dimensional force system in space)。

应当指出,由空间一般力系平衡的解析条件可知,在实际应用平衡方程时,所选各投影轴不必一定正交,且所选各力矩轴也不必一定与投影轴重合。此外,还可用力矩方程取代投影方程,但独立平衡方程总数仍然是6个。

空间一般力系是力系中最一般的情况,由空间一般力系的平衡方程,可以直接推导出各种

特殊力系的平衡方程。

4.1.2 空间平行力系的平衡方程

设物体受到一空间平行力系作用而平衡,如图4.1所示,令 z 轴与各力平行,则力系中各力在 x 轴和 y 轴上的投影以及各力对于 z 轴的矩都恒等于零。因此式(4.2)转化为三个方程,即**空间平行力系只有三个独立平衡方程**。

$$\left.\begin{array}{l} \sum F_{iz} = 0 \\ \sum M_x(\boldsymbol{F}_i) = 0 \\ \sum M_y(\boldsymbol{F}_i) = 0 \end{array}\right\} \tag{4.3}$$

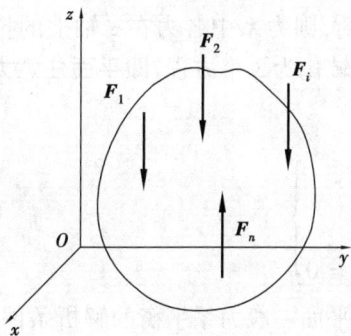

图4.1

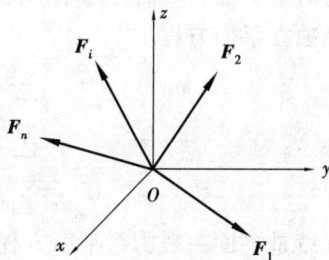

图4.2

4.1.3 空间汇交力系的平衡方程

设物体受到一空间汇交力系作用而平衡,如图4.2所示,过汇交点建立投影坐标系 $Oxyz$,则力系中各力对于 x,y,z 轴的矩都恒等于零。因此式(4.2)转化为三个方程,即**空间汇交力系只有三个独立平衡方程**。

$$\left.\begin{array}{l} \sum F_{ix} = 0 \\ \sum F_{iy} = 0 \\ \sum F_{iz} = 0 \end{array}\right\} \tag{4.4}$$

4.1.4 空间力偶系的平衡方程

设物体受到一空间力偶系作用而平衡,如图4.3(a)所示。建立图示参考系 $Oxyz$,则力偶系中各力在 x,y,z 轴上的投影都恒等于零。因此式(4.2)转化为三个方程,即**空间力偶系只有三个独立平衡方程**。

$$\left.\begin{array}{l} \sum M_{ix} = 0 \\ \sum M_{iy} = 0 \\ \sum M_{iz} = 0 \end{array}\right\} \tag{4.5}$$

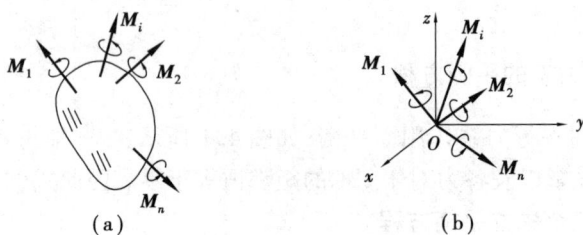

图 4.3

4.1.5 平面一般力系的平衡方程

1. 平面一般力系平衡方程的基本形式

设物体在 Oxy 平面内受到一平面任意力系作用而平衡,则力系中各力在 z 轴上的投影以及各力对于 x 轴和 y 轴的力矩都恒等于零。因此式(4.2)转化为 3 个方程,即**平面任意力系只有 3 个独立平衡方程**。

$$\left.\begin{array}{l} \sum F_{ix} = 0 \\ \sum F_{iy} = 0 \\ \sum M_z(\boldsymbol{F}_i) = \sum M_O(\boldsymbol{F}_i) = 0 \end{array}\right\} \tag{4.6}$$

这就是平面一般力系平衡方程的基本形式。它表明,平面一般力系平衡的解析条件为:**力系中各力在力系平面内任一轴上投影的代数和为零,同时各力对力系平面内任一点力矩的代数和也为零。**

2. 平面一般力系平衡方程的其他形式

(1)二矩式平衡方程

$$\left.\begin{array}{l} \sum F_{ix} = 0 \\ \sum M_A(\boldsymbol{F}_i) = 0 \\ \sum M_B(\boldsymbol{F}_i) = 0 \end{array}\right\} \tag{4.7}$$

其中 A,B 两矩心所连直线不得与所选投影轴(x 轴)垂直。

在式(4.7)中,若后两式成立,则力系或简化为一作用线通过 A,B 两点的合力,或平衡。又若第一式也成立,则表明力系即使能简化为一合力,此力的作用线也只能与 x 轴垂直,但式(4.7)的附加条件为 A,B 两矩心所连直线不得与所选投影轴(x 轴)垂直,所以,不可能存在此种情形,故该力系必为平衡力系。反之,如力系平衡,则其主矢量和对任一点的主矩均为零,故式(4.7)亦必然成立。

(2)三矩式平衡方程

$$\left.\begin{array}{l} \sum M_A(\boldsymbol{F}) = 0 \\ \sum M_B(\boldsymbol{F}) = 0 \\ \sum M_C(\boldsymbol{F}) = 0 \end{array}\right\} \tag{4.8}$$

其中 A,B,C 三点不得共直线。

此种平衡方程的正确性,读者可自行证明。

应当指出,平面一般力系的平衡方程虽有上述 3 种不同的形式,但一个在这种力系作用下处于平衡的物体却最多只能有 3 个独立的平衡方程式,任何第四个平衡方程式都是力系平衡的必然结果,为前 3 个独立方程式的线性组合,因而不是独立方程。在实际应用中,应根据具体情况灵活选用一种形式的平衡方程,力求达到一个方程式中只含一个未知量,以使计算简便。

平面力系中其他特殊力系的平衡方程都可以由平面一般力系的平衡方程直接推导出来。请读者自行推导。

4.2　力系平衡方程应用举例

力系的平衡问题,在工程实际和后续课程中极为常用。本节将主要讨论单个物体的平衡问题。求解单个物体平衡问题的要点:

(1)选择研究对象,取分离体,进行受力分析并画受力图。

(2)根据受力图中力系的分布特点,特别是要分析未知力的分布特点,灵活地选择投影轴、矩心或矩轴,建立平衡方程。

建立平衡方程的原则是:尽可能使所列出的每一个平衡方程式中都只包含一个未知量,避免求解联立方程,以使解题过程简单。

(3)求解所列平衡方程,解得题目所需求解的未知量。

4.2.1　平面力系的平衡问题

例4.1　简易起重装置简图如图 4.4(a)所示,被起吊重物 D 重量为 $G = 6$ kN,用钢丝绳挂在支架的滑轮 B 上,钢丝绳的另一端缠绕在绞车 E 上。杆 AB 与 BC 铰接于滑轮轴 B 处,并以铰链 A,C 与墙连接。如两杆、滑轮和钢丝绳的自重不计,并忽略摩擦和滑轮的大小,试求重物匀速上升时杆 AB 和 BC 所受的力。

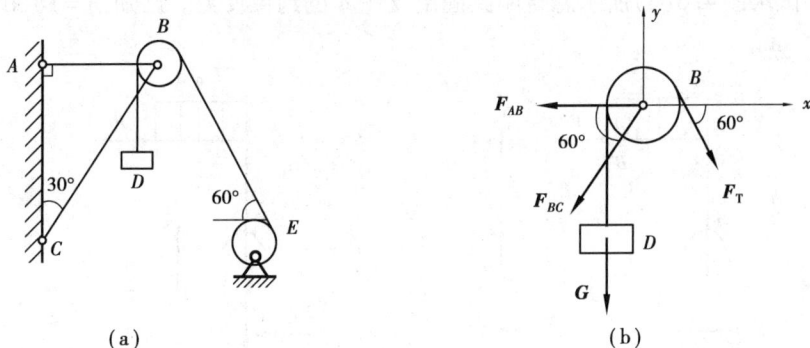

图 4.4

解　选取滑轮 B 连同重物 D 一起为研究对象。作用于其上的力有:重物 D 的重力 G,杆 AB 和 BC 的约束反力 F_{AB} 和 F_{BC},钢丝绳 BE 的拉力 F_T,其大小为 $F_T = G$。受力如图 4.4(b)所示。

建立参考系 Bxy,列平衡方程,求未知力。

$$\sum F_{iy} = 0, \quad -F_{BC}\sin 60° - F_T\sin 60° - G = 0$$

因为 $F_T = G = 6$ kN,解得

$$F_{BC} = -12.93 \text{ kN}$$

$$\sum F_{ix} = 0, \quad F_T\cos 60° - F_{AB} - F_{BC}\cos 60° = 0$$

$$F_{AB} = 9.47 \text{ kN}$$

根据作用与反作用定律知,杆 AB 受拉力 $F'_{AB} = 9.47$ kN,杆 BC 受压力 $F'_{BC} = 12.93$ kN。

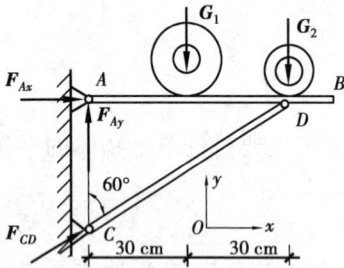

图 4.5

例4.2 图 4.5 所示为一管道支架,其上搁有管道,设每一支架所承受的管重 $G_1 = 12$ kN,$G_2 = 7$ kN,且架重不计。求支座 A 和 C 处的约束反力,尺寸如图所示。

解 以支架连同管道一起作为研究对象,其上所受力有:已知的主动力 G_1,G_2 和 3 个未知的约束反力 F_{Ax},F_{Ay},F_{CD}。其受力图如图 4.5 所示。各力组成一平面一般力系。故用平面一般力系的平衡方程求解。建立参考系 Oxy,列平衡方程,求未知力。

因为 A 点是两未知力 F_{Ax},F_{Ay} 的交点,故先选 A 点为矩心,列平衡方程

$$\sum M_A(F_i) = 0, \quad F_{CD}\cos 30° \times 60\tan 30° - G_1 \times 30 - G_2 \times 60 = 0$$

$$F_{CD} = G_1 + 2G_2 = 26 \text{ kN}$$

$$\sum F_{ix} = 0, \quad F_{Ax} + F_{CD}\sin 60° = 0,$$

$$F_{Ax} = -F_{CD}\sin 60° = -22.5 \text{ kN}$$

$$\sum F_{iy} = 0, \quad F_{Ay} + F_{CD}\cos 60° - G_1 - G_2 = 0,$$

$$F_{Ay} = G_1 + G_2 - F_{CD}\cos 60° = 6 \text{ kN}$$

本题也可采用平面一般力系平衡方程的二矩式或三矩式进行求解,请读者自己解答。

例4.3 试求图 4.6(a)所示悬臂刚架固定支座 A 的约束反力。已知:$q = 10$ kN/m,$F = 10$ kN,$M = 8$ kN·m。

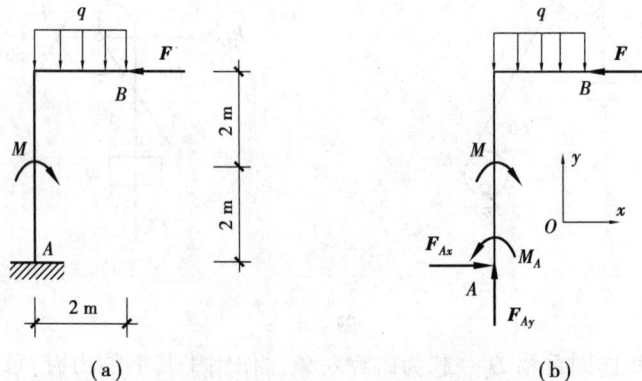

(a)   (b)

图 4.6

解 取刚架 AB 为研究对象,其上所受力有:已知的集中力 F、集度为 q 的均布荷载,集中

力偶;未知的 3 个约束反力 F_{Ax},F_{Ay},M_A。刚架 AB 的受力图如图 4.6(b)所示。各力组成一平面一般力系。建立图示 Oxy 坐标系,列平衡方程求解

$$\sum F_{ix} = 0, \quad F_{Ax} - F = 0,$$
$$F_{Ax} = F = 10 \text{ kN}$$
$$\sum F_{iy} = 0, \quad F_{Ay} - q \times 2 \text{ m} = 0,$$
$$F_{Ay} = 20 \text{ kN}$$
$$\sum M_A(F_i) = 0, \quad M_A + F \times 4 \text{ m} - q \times 2 \text{ m} \times 1 \text{ m} - M = 0$$
$$M_A = -12 \text{ kN} \cdot \text{m}$$

例 4.4 塔式起重机如图 4.7 所示。设机身所受重力为 G_1,且作用线距右轨 B 为 e,载重的重力 G_2 距右轨的最大距离为 l,轨距 $AB = b$,又平衡重的重力 G_3 距左轨 A 为 a。求起重机满载和空载时均不致翻倒,平衡重的重力 G_3 所应满足的条件。

解 以起重机整体为研究对象。起重机不致翻倒时,其所受的主动力 G_1,G_2,G_3 和约束反力 F_{NA},F_{NB}组成一平衡的平面平行力系,受力图如图 4.7 所示。

满载且载重 G_2 距右轨最远时,起重机有绕 B 点往右翻倒的趋势,列平衡方程

图 4.7

$$\sum M_B(F_i) = 0$$
$$-F_{NA} \cdot b - G_1 \cdot e - G_2 \cdot l + G_3(a + b) = 0$$
$$F_{NA} = [G_3(a + b) - G_2 l - G_1 e]/b$$

此种情况下,起重机若不绕 B 点往右翻倒,须使 F_{NA} 满足条件(即不翻倒条件)

$$F_{NA} \geq 0$$

其中等号对应于起重机处于翻倒与不翻倒的临界状态。由以上两式可得到满载且平衡时 G_3 所应满足的条件为

$$G_3 \geq (G_1 e + G_2 l)/(a + b)$$

空载时($G_2 = 0$),起重机有绕 A 点向左翻倒的趋势,列平衡方程

$$\sum M_A(F_i) = 0$$
$$F_{NB} \cdot b - G_1 \cdot (b + e) + G_3 \cdot a = 0$$
$$F_{NB} = [G_1(b + e) - G_3 a]/b$$

此种情况下,起重机不绕 A 点向左翻倒的条件是

$$F_{NB} \geq 0$$

于是空载且平衡时 G_3 所应满足的条件为 $G_3 \leq G_1(e + b)/a$

由此可见,起重机满载和空载均不致翻倒时,平衡重的重力 G_3 所应满足的条件为

$$\frac{G_1 e + G_2 l}{a + b} \leq G_3 \leq \frac{G_1(e + b)}{a}$$

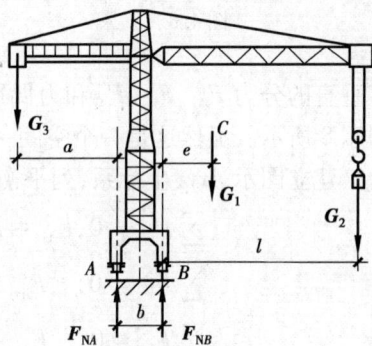

4.2.2 空间一般力系的平衡问题

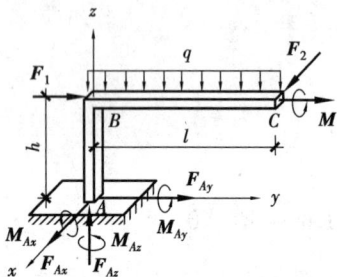

图 4.8

例 4.5 如图 4.8 所示悬臂刚架 ABC, A 端固定在基础上, 在刚架的 B 点和 C 点分别作用有沿 y 方向和 x 方向的水平力 F_1 和 F_2, 在 C 点还作用有矩矢沿 y 方向的力偶 M, 在 BC 段作用有集度为 q 的铅垂均布荷载。已知: $F_1 = 10$ kN, $F_2 = 20$ kN, $q = 5$ kN/m, $M = 15$ kN · m, $h = 3$ m, $l = 4$ m, 忽略刚架的重量, 试求固定端 A 的约束反力。

解 选取刚架 ABC 为研究对象, 由于 A 是固定端, 且作用在刚架上的主动力为空间力系, 因此当刚架平衡时, A 端的约束反力也是一空间力系。故 A 端的约束反力用 3 个相互垂直的分力 F_{Ax}, F_{Ay}, F_{Az} 和力偶矩矢分别为 M_{Ax}, M_{Ay}, M_{Az} 的 3 个分力偶表示。刚架受力图如图 4.8 所示。显然这是一个空间一般力系的平衡问题。

建立图示 $Axyz$ 坐标系, 列平衡方程并求解

$$\sum F_{ix} = 0, F_{Ax} + F_2 = 0, \quad F_{Ax} = -20 \text{ kN}$$

$$\sum F_{iy} = 0, \quad F_{Ay} + F_1 = 0, \quad F_{Ay} = -10 \text{ kN}$$

$$\sum F_{iz} = 0, \quad F_{Az} - ql = 0, \quad F_{Az} = 20 \text{ kN}$$

$$\sum M_x(\boldsymbol{F}_i) = 0, \quad M_{Ax} - F_1 h - \frac{1}{2}ql^2 = 0, \quad M_{Ax} = 70 \text{ kN} \cdot \text{m}$$

$$\sum M_y(\boldsymbol{F}) = 0, \quad M_{Ay} + F_2 h + M = 0, \quad M_{Ay} = -75 \text{ kN} \cdot \text{m}$$

$$\sum M_z(\boldsymbol{F}) = 0, \quad M_{Az} - F_2 l = 0, \quad M_{Az} = 80 \text{ kN} \cdot \text{m}$$

例 4.6 均质长方形板 $ABCD$ 重量为 G, 用球形铰链 A 和蝶形铰支座 B 约束于墙上, 并用绳 EC 连接使其保持水平位置, 现在板的对角线 DB 的 K 处($DK = 1/3 DB$)搁置一重量为 G 的物体, 如图 4.9 所示。求支座 A, B 的约束反力及绳的拉力。

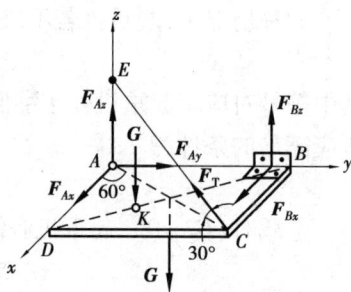

图 4.9

解 以板 $ABCD$ 为研究对象, 板所受的力有: 板的重力 G, K 处物体的重力 G, 球形铰支座的约束反力 F_{Ax}, F_{Ay}, F_{Az}, 蝶形铰支座的约束反力 F_{Bx}, F_{Bz} 及绳的拉力 F_T。这些力构成一空间一般力系, 故可用空间一般力系的平衡方程求解。板 $ABCD$ 受力图如图 4.9 所示。

建立图示 $Axyz$ 坐标系, 列平衡方程并求解。

为避免解联立方程, 首先以 y 轴为力矩轴, 列平衡方程

$$\sum M_y(\boldsymbol{F}_i) = 0, \quad -F_T \sin 30° \cdot BC + G \cdot \frac{BC}{2} + G \cdot \frac{2BC}{3} = 0$$

$$F_T = \frac{7}{3}G$$

其次选 z 轴为轴力矩轴, 列平衡方程

$$\sum M_z(\boldsymbol{F}_i) = 0, \quad -F_{Bx} \cdot AB = 0$$

$$F_{Bx} = 0$$

再选由 A 点指向 C 点的 AC 轴为力矩轴,列平衡方程

$$\sum M_{AC}(\boldsymbol{F}) = 0, \quad F_{Bz} \cdot \frac{1}{2}BD \sin 60° + G \cdot \frac{1}{6}BD \sin 60° = 0$$

$$F_{Bz} = -\frac{1}{3}G$$

最后,分别选 3 个坐标轴为投影轴,列平衡方程

$$\sum F_{ix} = 0, \quad F_{Ax} - F_{\mathrm{T}}\cos 30° \cdot \cos 60° = 0$$

$$F_{Ax} = \frac{7\sqrt{3}}{12}G$$

$$\sum F_{iy} = 0, \quad F_{Ay} - F_{\mathrm{T}}\cos 30° \cdot \sin 60° = 0$$

$$F_{Ay} = \frac{7}{4}G$$

$$\sum F_z = 0, \quad F_{Az} + F_{\mathrm{T}}\sin 30° + F_{Bz} - 2G = 0$$

$$F_{Az} = \frac{7}{6}G$$

例 4.7 如图 4.10(a)所示结构,自重不计。三棱柱体 $ABE\text{-}CDH$ 由 6 根杆 $AI, BJ, CK, DI,$ AJ, BK 支撑,三棱柱体柱面 $BEHC$ 与柱面 $BADC$ 间的夹角为 30°,柱面 $BADC$ 是边长为 l 的正方形,柱面 $BEHC$ 内作用力偶矩为 $M = \sqrt{3}F \cdot l$ 的力偶,沿棱边 EH 方向作用有力 $\boldsymbol{F}$,求各支杆所受的力。

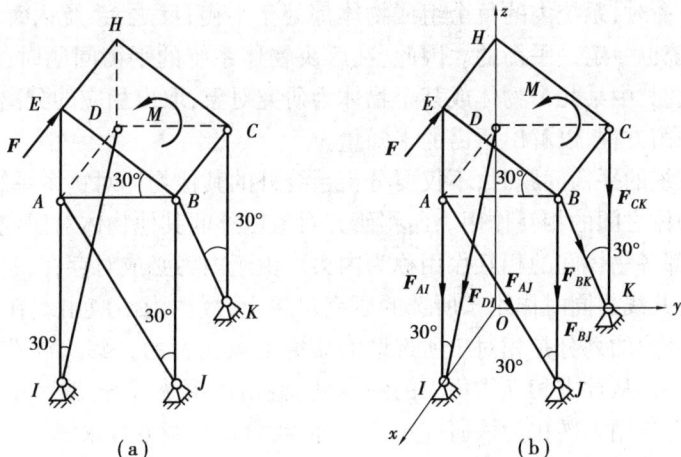

图 4.10

解 以三棱柱体为研究对象,各直杆均为二力杆,设它们均受拉力,其受力图如图 4.10 (b)所示。

建立图示 $Oxyz$ 坐标系,列平衡方程并求解。

$$\sum F_{iy} = 0, \quad F_{AJ} \cdot \sin 30° = 0$$

$$F_{AJ} = 0$$

$$\sum M_{IA}(\boldsymbol{F}_i) = 0, \quad F_{BK}\sin 30° \cdot l + M\cos 30° = 0$$

$$F_{BK} = -3F \quad (压)$$

$$\sum M_{BJ}(\boldsymbol{F}_i) = 0, \quad F_{DI}\sin 30° \cdot l + M\cos 30° - Fl = 0$$

$$F_{DI} = -F \quad (压)$$

$$\sum M_{AB}(\boldsymbol{F}_i) = 0, \quad F_{CK} \cdot l + F_{DI}\cos 30° \cdot l + F \cdot \frac{\sqrt{3}}{3}l - M\sin 30° = 0$$

$$F_{CK} = \frac{2\sqrt{3}}{3}F \quad (拉)$$

$$\sum M_{KJ}(\boldsymbol{F}_i) = 0, \quad (F_{AI} + F_{DI}\cos 30°) \cdot l = 0$$

$$F_{AI} = \frac{\sqrt{3}}{2}F \quad (拉)$$

$$\sum M_{AD}(\boldsymbol{F}_i) = 0, \quad (F_{BJ} + F_{CK} + F_{BK}\cos 30°) \cdot l = 0$$

$$F_{BJ} = \frac{5\sqrt{3}}{6}F \quad (拉)$$

4.3 物体系统的平衡

在工程实际中,常需要研究由若干个借助某些约束按一定方式组成的**物体系统**的平衡问题。

当物体系统平衡时,系统内的每个组成物体都处于平衡;反之,系统内每一个组成物体都平衡时,则物体系统也一定是平衡的。因此,在解决物体系统的平衡问题时,既可选整个系统为研究对象,也可选其中某几个物体或某个物体为研究对象,取出相应的分离体,画出受力图,然后列出相应的平衡方程,以解出所需的未知量。

在研究物体系统的平衡问题时,不仅要分析系统外的其他物体对这个系统的作用,而且还要分析系统内各物体之间的相互作用。而将研究对象以外的其他物体对研究对象的作用称为**外力**;研究对象内部各物体间的相互作用称为**内力**。由于内力必成对存在,且每对内力中的两个力均等值、反向、共线并同时作用于所选的研究对象上,故内力不应出现在受力图和平衡方程中。由于内力、外力的划分是相对于所选取的研究对象而言的,因此,欲求物体系统内部某处的相互作用力,必须从欲求相互作用力的约束处,将物体系统拆开,取其中某部分为研究对象,使欲求处的相互作用力转化为该研究对象的外力,再用平衡方程求解。

物体系统的平衡问题既是工程力学的重点,也是一个难点。解这类问题,既要涉及比较复杂的物体受力分析和各类平衡方程的灵活运用,还要涉及解题方案的选择。所有这些都与物体系统的组成方式及构造特点有关。

在工程实际中,组成物体系统的物体数目,约束设置,各物体间的连接方式以及外表形状,可说是千变万化。但按其构造特点和荷载传递规律可将物体系统归纳为三大类:①有主次之分的物体系统;②无主次之分的物体系统;③运动机构系统。

主要部分(基本部分)是指在自身部分的外约束作用下能独立承受荷载并维持平衡的部分。次要部分(附属部分)是指在自身部分的外约束作用下不能独立承受荷载和维持平衡,必须依赖于相应的主要部分才能承受荷载并维持平衡的部分。

4.3.1 有主次之分物体系统的平衡

有主次之分的物体系统,其荷载传递规律是:作用在主要部分上的荷载,不传递给相应的次要部分,也不传递给与它无关的其他主要部分;而作用在次要部分上的荷载,一定要传递给与它相关的主要部分。

因此,在研究有主次之分的物体系统的平衡问题时,应先分析次要部分,后分析主要部分或整体。

例4.8 在图4.11(a)所示多跨刚架受平面力系作用。已知:$q, l, F = \dfrac{\sqrt{3}}{2}ql, M = ql^2/2$。试求 A, D 处的约束反力。

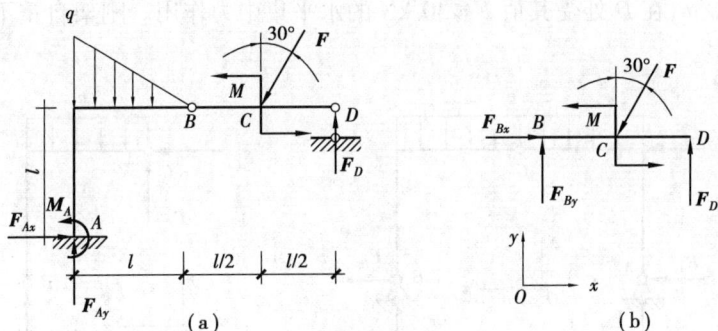

图4.11

解 这是一个由主要部分 AB 和次要部分 BD 组成的物体系统。

据此,先分析次要部分 BD,其受力图如图4.11(b)所示。建立图示参考系 Oxy,列平衡方程并求解。由于本题只要求出 D 处的约束反力,而不必要求出 B 处的约束反力,故

$$\sum M_B(\boldsymbol{F}_i) = 0, \quad F_D \cdot l - F\cos 30° \cdot \frac{l}{2} + M = 0$$

$$F_D = -\frac{1}{8}ql$$

其次,由于整个系统内约束 B 的约束处反力未求出,故不能以主要部分 AB 为研究对象,而选取整体为研究对象,其受力图如图4.11(a)所示,列平衡方程并求解

$$\sum F_{ix} = 0, \quad F_{Ax} - F\sin 30° = 0$$

$$F_{Ax} = \frac{\sqrt{3}}{4}ql$$

$$\sum F_{iy} = 0, \quad F_{Ay} + F_D - F\cos 30° - \frac{1}{2}ql = 0$$

$$F_{Ay} = \frac{11}{8}ql$$

$$\sum M_A(\boldsymbol{F}_i) = 0,$$

$$M_A + M + F_D \cdot 2l + F \sin 30° \cdot l - F \cos 30° \cdot \frac{3}{2}l - \frac{1}{2}ql \cdot \frac{1}{3}l = 0$$

$$M_A = 0.61ql^2$$

本题如果采用先研究整体后研究 BD，或先研究整体后研究 AB，以及先研究 AB 后研究 BD 的解题方案，除 $\boldsymbol{F}_{Ax}$ 外都不可能由一个方程求解出任何一个未知力，必须联立求解。可见，求解物体系统的平衡问题时，应通过分析比较，选择出最优解题方案。

4.3.2 无主次之分物体系统的平衡

无主次之分的物体系统，其荷载传递规律是：作用在各组成部分上的荷载，一般要通过相互连接的约束，相互进行传递。因此，为选择出最优的解题方案，需根据具体情况，灵活选取研究对象及分析次序。

例4.9 如图 4.12(a) 所示三铰刚架，其顶部受沿水平方向均匀分布的铅垂荷载作用，荷载集度 $q = 8$ kN/m，在 D 处受其值 $F = 30$ kN 的水平集中力作用。刚架自重不计，试求 A, B, C 处约束反力。

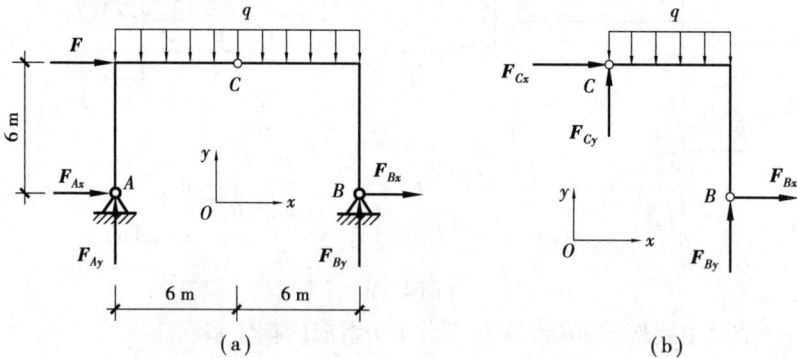

图 4.12

解 这是一个无主次之分的物体系统。如先选取 BC 或 AC 为研究对象，都有 4 个未知量，无论怎么选取投影轴或矩心，所列出的平衡方程中都至少包含两个未知量，需解联立方程才能求解。

然而，如先以整体为研究对象，其受力图如图 4.12(a) 所示。虽然仍然有 4 个未知力，但发现其中有 3 个未知力作用线的交点，如以此交点为矩心列平衡方程，即可简便地求出另一个未知力，故

$$\sum M_A(\boldsymbol{F}_i) = 0, \quad F_{By} \times 12 \text{ m} - F \times 6 \text{ m} - q \times 12 \text{ m} \times 6 \text{ m} = 0$$

$$F_{By} = 63 \text{ kN}$$

同样可列平衡方程

$$\sum M_B(\boldsymbol{F}_i) = 0, \quad -F_{Ay} \times 12 \text{ m} - F \times 6 \text{ m} + q \times 12 \text{ m} \times 6 \text{ m} = 0$$

$$F_{Ay} = 33 \text{ kN}$$

其次选择 BC 部分为研究对象，其受力图如图 4.12(b) 所示，建立图示 Oxy 参考系。由于 $\boldsymbol{F}_{By}$ 现已成为已知量，故

$$\sum M_C(\boldsymbol{F}_i) = 0, \quad F_{Bx} \times 6\text{ m} + F_{By} \times 6\text{ m} - q \times 6\text{ m} \times 3\text{ m} = 0$$

$$F_{Bx} = -39\text{ kN}$$

$$\sum F_{ix} = 0, \quad F_{Cx} + F_{Bx} = 0$$

$$F_{Cx} = 39\text{ kN}$$

$$\sum F_{iy} = 0, \quad F_{Cy} + F_{By} - q \times 6\text{ m} = 0$$

$$F_{Cy} = -15\text{ kN}$$

最后,回到整体分析,列平衡方程

$$\sum F_{ix} = 0, \quad F_{Ax} + F_{Bx} + F = 0$$

$$F_{Ax} = 9\text{ kN}$$

例 4.10　如图 4.13(a)所示三铰刚架,受均布荷载 q 及力偶矩为 M 的力偶作用,已知 $q = 10$ kN/m,$M = 20$ kN·m,试求支座 A、B 的约束反力。

解　这是一个无主次之分的物体系统,如先选取 BC 或 AC 为研究对象,都有 4 个未知量,无论怎么选取投影轴或矩心,所列出的平衡方程中都至少包含两个未知量,需解联立方程才能求解。

同样,如先以整体为研究对象,仍然有 4 个未知量,无论怎么选取投影轴或矩心,所列出的平衡方程中仍至少包含两个未知量,需解联立方程才能求解。

因此,此种情形不可避免要解联立方程才能求得结论,但应设法使所解联立方程数最少。

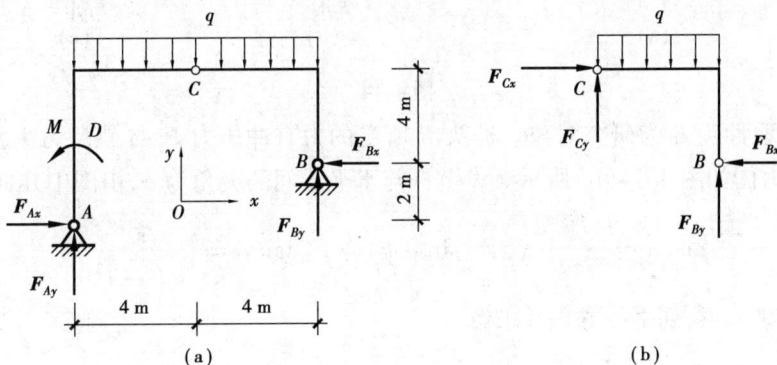

图 4.13

首先选择整体为研究对象,其受力图如图 4.13(a)所示,列平衡方程

$$\sum M_A(\boldsymbol{F}_i) = 0, \quad F_{Bx} \times 2\text{ m} + F_{By} \times 8\text{ m} + M - q \times 8\text{ m} \times 4\text{ m} = 0 \tag{1}$$

其次选取 BC 部分为研究对象,其受力图如图 4.13(b)所示。列平衡方程

$$\sum M_C(\boldsymbol{F}_i) = 0, \quad -F_{Bx} \times 4\text{ m} + F_{By} \times 4\text{ m} - q \times 4\text{ m} \times 2\text{ m} = 0 \tag{2}$$

联立式(1)、(2),解得

$$F_{Bx} = 14\text{ kN}, \quad F_{By} = 34\text{ kN}$$

最后,回到整体分析,列平衡方程

$$\sum F_{ix} = 0, \quad F_{Ax} - F_{Bx} = 0$$

$$F_{Ax} = 14\text{ kN}$$

$$\sum F_{iy} = 0, \quad F_{Ay} + F_{By} - q \times 8 \text{ m} = 0$$

$$F_{Ay} = 46 \text{ kN}$$

通过以上两个例子可以看出,虽然同属一种组成情况的物体系统,但在具体构成上有所差别,其解的步骤也是有差别的。读者只有不断练习、总结才能提高这方面的技巧。

4.3.3 运动机构系统的平衡

没有被完全约束住,而能实现既定运动的物体系统称为**运动机构**。对于这类物体系统,只有当作用其上的主动力之间满足一定关系时,才会平衡。作用于机构上的主动力的传递规律是:沿机构运动传动顺序逐个构件地进行传递,从而引起各构件的约束反力。因此,求解机构平衡问题时,通常是由已知到未知按运动传动顺序逐个选取研究对象求解。

例4.11 如图4.14(a)所示曲轴冲床简图,由轮 I、链杆 AB 和冲头 B 组成,A,B 两处为铰链连接。$OA = r,AB = l$。如忽略摩擦和物体的自重,当 OA 在铅垂位置,冲压力为 F 时系统处于平衡状态。求作用在轮 I 上的力偶之矩 M 的大小,轴承 O 处的约束反力,链杆所受的力及冲头 B 对导轨的侧压力。

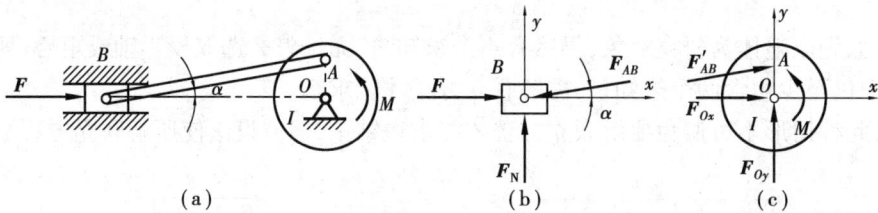

图4.14

解 首先取冲头 B 为研究对象。冲头 B 所受的力有冲压力 F、导轨反力 F_N 及链杆的作用力 F_{AB}。受力图如图4.14(b)所示。设链杆与水平线间的夹角为 α,由图中几何关系,有

$$\cos \alpha = \frac{\sqrt{l^2 - r^2}}{l}, \quad \sin \alpha = \frac{r}{l}, \quad \tan \alpha = \frac{r}{\sqrt{l^2 - r^2}}$$

建立图示坐标系,列平衡方程并求解

$$\sum F_{ix} = 0, \quad -F_{AB}\cos \alpha + F = 0$$

$$F_{AB} = F/\cos \alpha = F \cdot \frac{l}{\sqrt{l^2 - r^2}}$$

$$\sum F_{iy} = 0, \quad F_N - F_{AB}\sin \alpha = 0$$

$$F_N = F \cdot \tan \alpha = F \cdot \frac{r}{\sqrt{l^2 - r^2}}$$

由作用与反作用定律,冲头对导轨的侧压力

$$F'_N = F_N = F \cdot \frac{r}{\sqrt{l^2 - r^2}}$$

再取轮 I 为研究对象。轮 I 所受的力有:力偶矩为 M 的力偶,链杆的作用力 F'_{AB}($F'_{AB} = F_{AB}$)以及轴承 O 处的约束反力 F_{0x},F_{0y},受力图如图4.14(c)所示。建立图示坐标系,列平衡

方程并求解

$$\sum M_O(\boldsymbol{F}_i) = 0, \quad M - F'_{AB}\cos \alpha \cdot r = 0$$

$$M = F'_{AB}\cos \alpha \cdot r = Fr$$

$$\sum F_{ix} = 0, \quad F_{Ox} + F'_{AB}\cos \alpha = 0$$

$$F_{Ox} = - F'_{AB}\cos \alpha = - F$$

$$\sum F_{iy} = 0, \quad F_{Oy} + F'_{AB}\sin \alpha = 0$$

$$F_{Oy} = - F'_{AB}\sin \alpha = - F \cdot \frac{r}{\sqrt{l^2 - r^2}}$$

4.3.4 桁架

桁架是由一些细长直杆两端用铰链连接而成的几何不变结构,在工程中有着广泛应用,如屋架、桥梁、电视塔、油田井架等。桁架中杆件的铰链接头称为结点。

桁架的优点是:在结点荷载作用下,各杆都可近似为二力杆,主要承受拉力或压力,可以充分发挥材料的作用,节约材料,减轻结构的重量。

桁架的实际构造和受力情况比较复杂,在此不再赘述。桁架杆件内力的计算,通常采用结点法和截面法。下面举例说明结点法和截面法的应用。

例 4.12 求图 4.15(a)所示桁架中 AC, AE, CE, ED, CK, CD 杆的内力。已知 $F_1 = 40 \text{ kN}$,$F_2 = 60 \text{ kN}$,$F_3 = 80 \text{ kN}$。

解 首先取整体研究,受力图如图 4.15(a)所示,列平衡方程求支座 A, B 处约束反力

$$\sum M_B(\boldsymbol{F}_i) = 0, \quad - F_A \times 12 \text{ m} + F_1 \times 9 \text{ m} + F_2 \times 6 \text{ m} + F_3 \times 3 \text{ m} = 0$$

$$F_A = 80 \text{ kN}$$

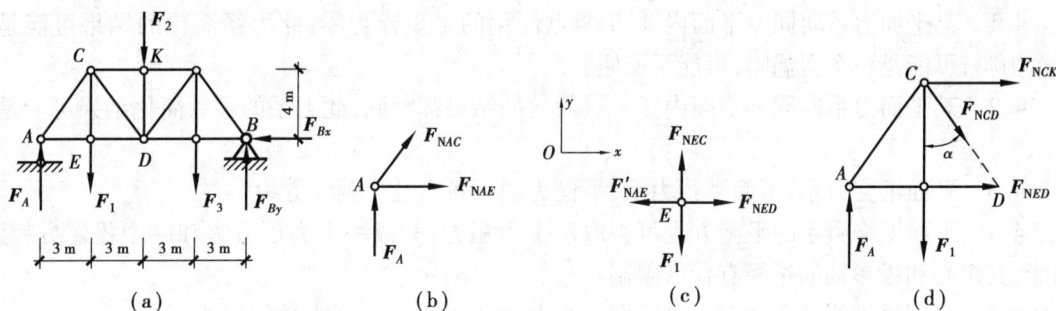

图 4.15

B 处约束反力请读者自己求解。

其次,为求 AC, AE 杆的内力,采用结点法。为此,取结点 A 为研究对象,受力图如图 4.15(b)所示。建立图示坐标系 Oxy,列平衡方程求解

$$\sum F_{iy} = 0, \quad F_{NAC} \cdot \frac{4}{5} + F_A = 0$$

$$F_{NAC} = - 100 \text{ kN} \quad (压)$$

$$\sum F_{ix} = 0, \quad F_{NAE} + F_{NAC} \cdot \frac{3}{5} = 0$$

$$F_{NAE} = 60 \text{ kN} \quad (拉)$$

为求 EC, ED 杆的内力,仍可采用结点法。故取结点 E 为研究对象,受力图如图 4.15(c) 所示。列平衡方程求解

$$\sum F_{ix} = 0, \quad F_{NED} - F'_{NAE} = 0$$

$$F_{NED} = F'_{NAE} = 60 \text{ kN} \quad (拉)$$

$$\sum F_{iy} = 0, \quad F_{NEC} - F_1 = 0$$

$$F_{NAC} = 40 \text{ kN} \quad (拉)$$

为求 CK, CD 杆的内力,同样可用结点法,如此依次继续下去,可求出桁架中全部杆件的内力,请读者自己完成。

有时,只需要求桁架中某几根指定杆件的内力,这时,可假想地用某一截面将桁架截分为两部分,取出其中一部分桁架为研究对象,以求快速地求出指定杆件的内力,这种方法称为**截面法**。

现用截面法求 CK, CD 杆的内力。为此,取图 4.15(d) 所示分离体,受力图如图所示。列平衡方程求解

$$\sum M_D(\boldsymbol{F}_i) = 0, \quad -F_{NCK} \times 4 \text{ m} - F_A \times 6 \text{ m} + F_1 \times 3 \text{ m} = 0$$

$$F_{NCK} = -90 \text{ kN}(压)$$

$$\sum F_{iy} = 0, \quad -F_{NCD} \cdot \frac{4}{5} - F_1 + F_A = 0$$

$$F_{NCD} = 50 \text{ kN} \quad (拉)$$

思 考 题

4.1　某平面力系向同一平面内 A, B 两点简化的主矩皆为零,此力系简化的结果可能是一个力吗,可能是一个力偶吗,可能平衡吗?

4.2　某平面力系向同一平面内任一点简化的结果都相同,此力系的最后简化结果可能是什么?

4.3　平面汇交力系,平面平行力系,平面力偶系各有几个独立方程?

4.4　平面汇交力系的平衡方程可否取两个力矩方程,或一个力矩方程和一个投影方程?如能,其矩心和投影轴的选择有什么限制?

4.5　试用最简便的方法定出思考题 4.5 图中 A, B 处约束反力的作用线。

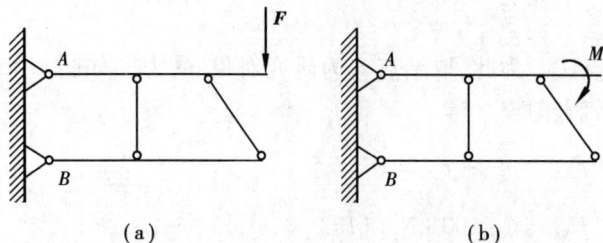

(a)　　　　　　　　　　　　(b)

思考题 4.5 图

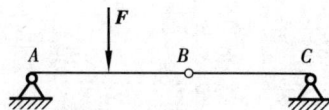

思考题 4.6 图

4.6 思考题 4.6 图所示体系,在图示荷载作用下能否平衡,为什么?

习 题

4.1 两匀质圆轮 A,B 分别在各自的轮心与 AB 杆用光滑圆柱形铰链连接,分别放在两个相交的光滑斜面上,如题 4.1 图所示。不计 AB 杆的自重,试求:(1)设两轮重量相等,平衡时 AB 杆与水平面间的夹角 α;(2)已知 A 轮重 G_A,平衡时,欲使 $\alpha = 0$ 的 B 轮的重量 G_B。

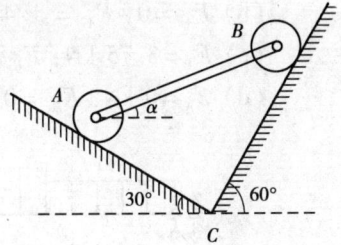

答:(1)$\alpha = 30°$ (2)$G_B = G_A/3$

题 4.1 图

4.2 求题 4.2 图所示各梁支座反力。自重不计。

答:(a) $F_{Ax} = 25$ kN, $F_{Ay} = 27.77$ kN, $F_B = 35.53$ kN;

(b) $F_{Ax} = 0$, $F_{Ay} = 20$ kN, $F_B = 10$ kN;

(c) $F_{Ax} = 0$, $F_{Ay} = 192$ kN, $F_B = 288$ kN;

(d) $F_{Ax} = 0, F_{Ay} = 1/2ql, M_A = 1/6ql^2$。

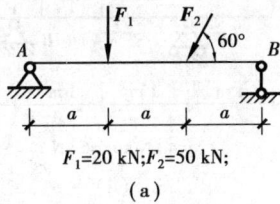

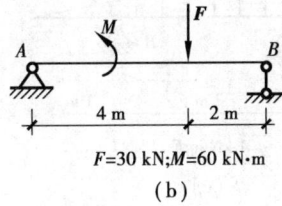

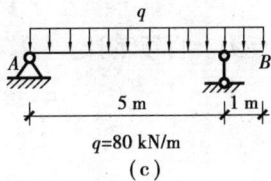

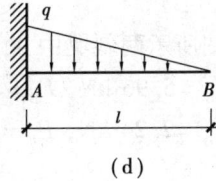

$F_1 = 20$ kN;$F_2 = 50$ kN;

(a)

$F = 30$ kN;$M = 60$ kN·m

(b)

$q = 80$ kN/m

(c)

(d)

题 4.2 图

4.3 求题 4.3 图示各刚架的支座反力。自重不计。

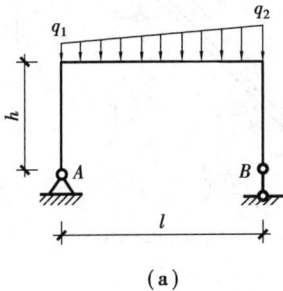

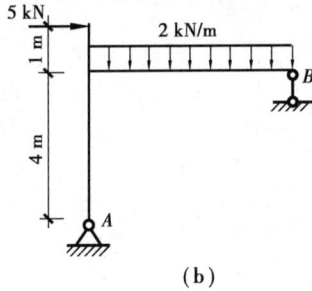

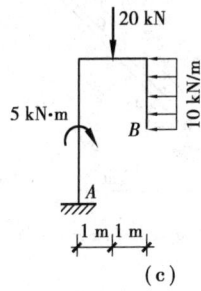

(a)

(b)

(c)

题 4.3 图

答：（a）$F_{Ax}=0$，$F_{Ay}=q_1l/3+q_2l/6$，$F_B=q_1l/6+q_2l/3$；

　　（b）$F_{Ax}=-5$ kN，$F_{Ay}=0$，$F_B=10$ kN；

　　（c）$F_{Ax}=20$ kN，$F_{Ay}=20$ kN，$M_A=-35$ kN·m。

4.4　求题4.4图所示各梁的支座反力。自重不计。

答：（a）$F_{Ax}=0$，$F_{Ay}=13.5$ kN，$F_B=16.5$ kN；

　　（b）$F_{Ax}=0$，$F_{Ay}=1/4qa$，$F_B=7/4qa$；

　　（c）$F_A=3.75$ kN，$F_{Bx}=0$，$F_{By}=0.25$ kN；

　　（d）$F_A=9$ kN，$F_{Bx}=0$，$F=_{By}5$ kN。

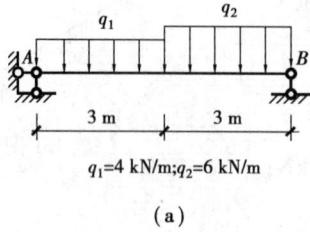

$q_1=4$ kN/m；$q_2=6$ kN/m

（a）

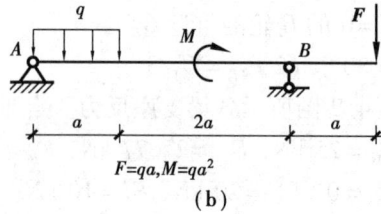

$F=qa,M=qa^2$

（b）

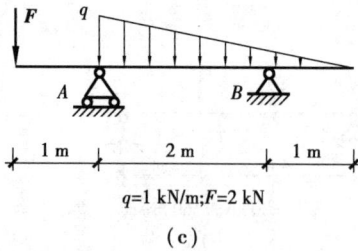

$q=1$ kN/m；$F=2$ kN

（c）

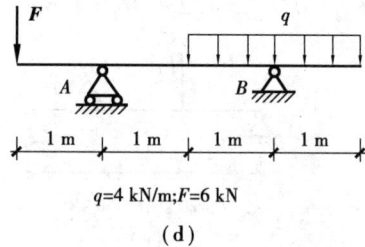

$q=4$ kN/m；$F=6$ kN

（d）

题4.4图

4.5　试求题4.5图所示两斜梁中A,B支座的反力。自重不计。

答：（a）$F_{Ax}=0$，$F_{Ay}=5.96$ kN，$F_B=6.12$ kN；

　　（b）$F_{Ax}=0$，$F_{Ay}=2.24$ kN，$F_B=11.24$ kN。

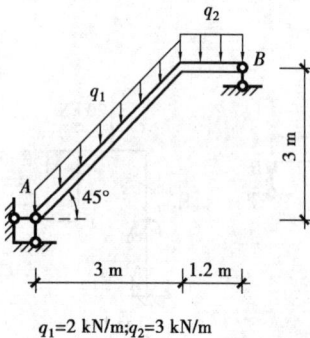

$q_1=2$ kN/m；$q_2=3$ kN/m

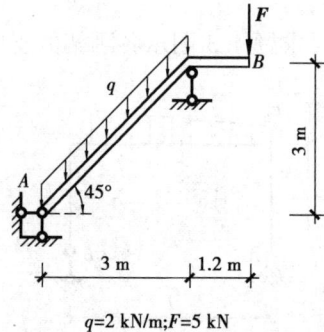

$q=2$ kN/m；$F=5$ kN

题4.5图

4.6　题4.6图所示为一可沿路轨移动的塔式起重机，不计平衡重的重量$G_1=500$ kN，其重力作用线距右轨 1.5 m，起重机的起重量 $G_2 = 250$ kN，吊臂伸出右轨 10 m。要使在满载和空载时起重机均不致翻倒，求平衡重的最小重量 G_3 以及平衡重到左轨的最大距离 x。

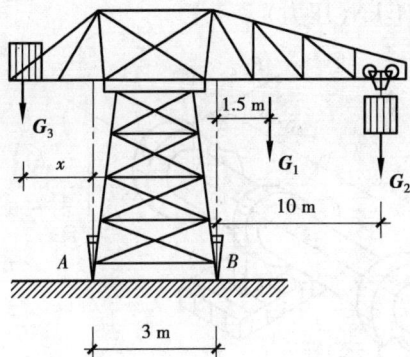

题 4.6 图

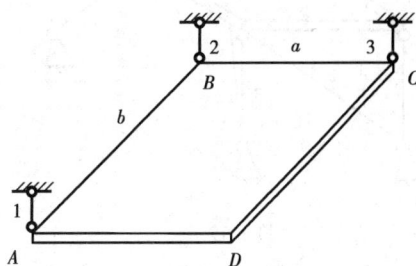

题 4.7 图

答：$G_3 = 333$ kN，$x = 6.75$ m

4.7 两个水池用闸门板隔开，此板与水平面成 60°角，且板长 2 m，宽 1 m，其上部沿 AA 线（过 A 点而垂直于图面的直线）与池壁铰接。左池水面与 AA 线相齐，右池无水。如题 4.7 图所示。如不计板重，求刚能拉开闸门所需的铅垂力 F_T 的大小（水的重度 $\gamma = 9.8$ kN/m^3）。

答：$F_T = 22.6$ kN

4.8 题 4.8 图所示为桅杆式起重机，AC 为立柱，BC，CD 和 CE 均为钢索，AB 为起重杆。A 端可简化为球铰链约束。设 B 点起吊重物的重量为 G，$AD = AE = AC = L$。起重杆所在平面 ABC 与对称面 ACF 重合。不计立柱和起重杆的自重，求起重杆 AB，立柱 AC 和钢索 CD，CE 所受的力。

答：$F_{AB} = \sqrt{3}G$，$F_{AC} = 0.725G$，$F_{CE} = F_{CD} = \dfrac{\sqrt{3}}{2}G$

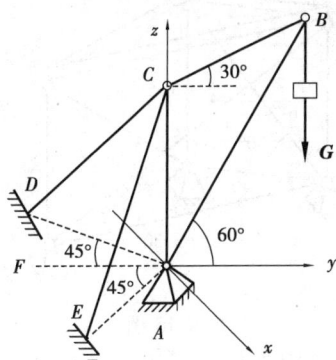

题 4.8 图

题 4.9 图

4.9 长方形均质板 $ABCD$ 的宽度为 a，长度为 b，重为 G，在 A，B，C 三角用三根铅垂平行链杆悬挂于固定点，使板子保持水平位置，如题 4.9 图所示。求此三杆的内力。

答：$F_{N1} = F_{N3} = 0.5G$，$F_{N2} = 0$

4.10 题 4.10 图所示三角形架用球铰链 A，D 和 E 固结在水平面上。无重杆 BD 和 BE 在同一铅垂面内，长度相等，用铰链在 B 处连接，且 $\angle DBE = 90°$。均质杆 AB 与水平面成倾角

$\alpha = 30°$，重量 $G = 50$ kN，在 AB 杆的中点 C 作用一力 F，其大小 $F = 1\,000$ kN，此力位于铅垂面 ABO 内，且与铅垂线成 $60°$ 角，求支座 A 的反力及 BD,BE 两杆的内力。

答：$F_{Ax} = 866$ kN，$F_{Ay} = 0$，$F_{Az} = 25$ kN，$F_{DB} = F_{EB} = -371$ kN（压力）

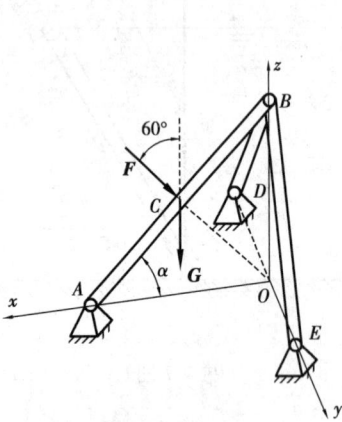

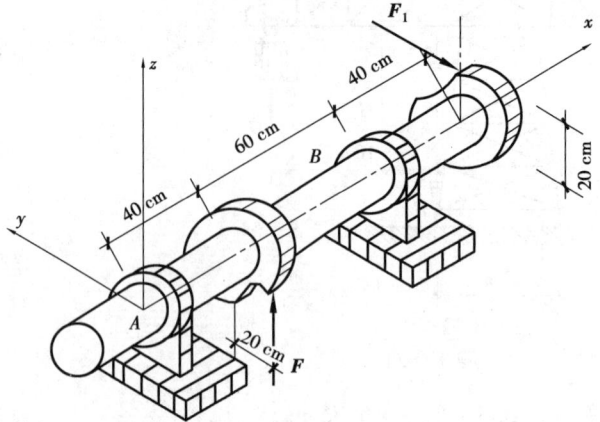

题4.10图　　　　　　　　　　　　　　　　　题4.11图

4.11　如题4.11所示，水平轴上装有两个凸轮，凸轮上分别作用有已知力 $F_1 = 0.8$ kN 和未知力 F，如轴平衡，求力 F 的大小和各轴承约束反力。自重不计。

答：$F = 0.8$ kN，$F_{Ay} = -0.32$ kN，$F_{Az} = -0.48$ kN，$F_{By} = 1.12$ kN，$F_{Bz} = -0.32$ kN

4.12　题4.12所示的矩形板，用六根直杆支撑于水平面内，在板角处作用一铅垂力 F。不计板及杆的重量，求各杆的内力。

答：$F_{N1} = F_{N5} = -F$，$F_{N3} = F$，$F_{N2} = F_{N4} = F_{N6} = 0$

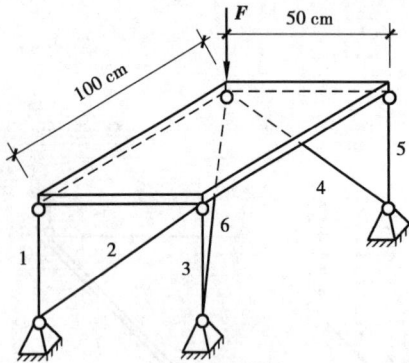

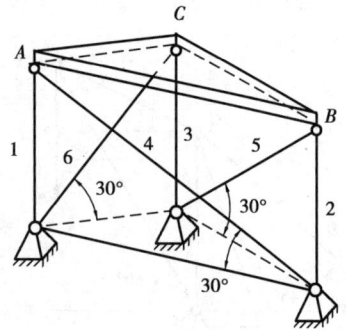

题4.12图　　　　　　　　　　　　　　　　题4.13图

4.13　如题4.13所示，一边长为 a 的等边三角形板 ABC 被 6 根直杆支撑于水平面内，板平面内作用一力偶矩为 M 的逆时针转向力偶，板及杆的自重不计。试求各杆的内力。

答：$F_{N1} = F_{N2} = F_{N3} = \dfrac{2M}{3a}$，　$F_{N4} = F_{N5} = F_{N6} = -\dfrac{4M}{3a}$

4.14　求题4.14所示下列各多跨静定梁的支座反力。自重不计。

答：(a) $F_{Ax} = 0$，　$F_{Ay} = -15$ kN，　$F_B = 40$ kN，　$F_D = 15$ kN；

　　　(b) $F_{Ax} = 0$，$F_{Ay} = 11.5$ kN，$M_A = 26.5$ kN·m，$F_C = 2$ kN。

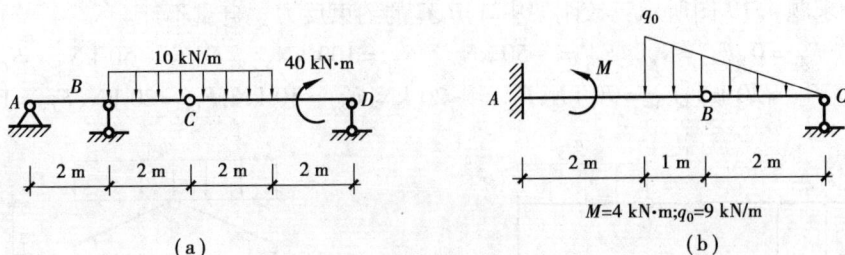

（a）

（b）

$M=4$ kN·m; $q_0=9$ kN/m

题4.14 图

4.15 求题4.15 图所示结构中支座 A,B 的约束反力,已知 $F=5$ kN, $q=200$ N/m, $q_A=300$ N/m。自重不计。

答: $F_{Ax}=0.3$ kN, $F_{Ay}=-0.538$ kN, $F_B=3.538$ kN

4.16 试求题4.16 图所示二跨刚架的支座反力。自重不计。

答: $F_{Ax}=30$ kN, $F_{Ay}=15$ kN, $F_B=0$, $F_D=15$ kN

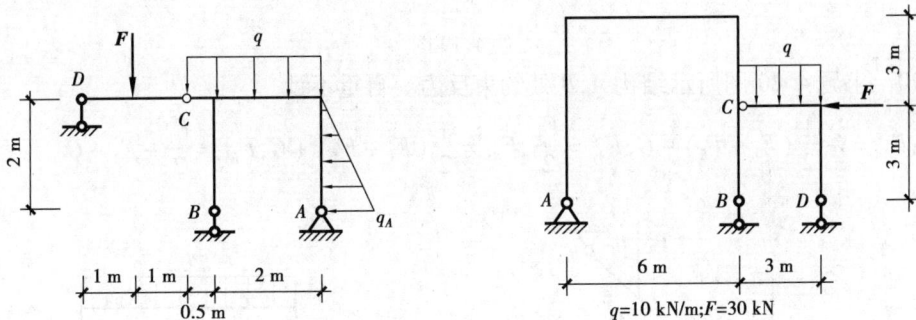

$q=10$ kN/m; $F=30$ kN

题4.15 图

题4.16 图

4.17 试求题4.17 图所示结构中 AC 和 BC 两杆所受的力。各杆自重均不计。

答: $F_{AC}=8$ kN, $F_{BC}=-6.93$ kN

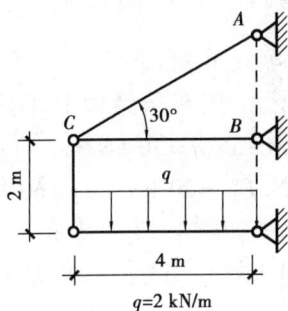

$q=2$ kN/m

题4.17 图

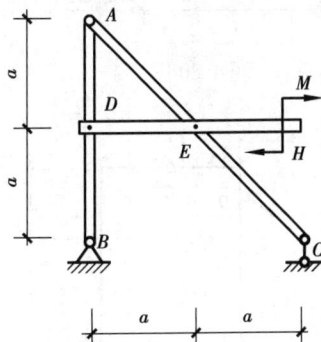

题4.18 图

4.18 如题4.18 图所示,构架由 AB, AC 和 DH 铰接而成,在 DEH 杆上作用一力偶矩为 M 的力偶。不计各杆的重量,求 AB 杆上铰链 A,D 和 B 的约束反力。

答: $F_{Ax}=0$, $F_{Ay}=-\dfrac{M}{2a}$, $F_{Bx}=0$, $F_{By}=-\dfrac{M}{2a}$, $F_{Dx}=0$, $F_{Dy}=\dfrac{M}{a}$

4.19 求题 4.19 图所示三铰刚架中 A,B,C 的约束反力。自重不计。

答：(a) $F_{Ax}=0,F_{Ay}=0,\quad F_{Bx}=-50\ \text{kN},\quad F_{By}=100\ \text{kN},\quad F_{Cx}=-50\ \text{kN},\quad F_{Cy}=0$；

(b) $F_{Ax}=20\ \text{kN},F_{Ay}=70\ \text{kN},F_{Bx}=-20\ \text{kN},F_{By}=50\ \text{kN},F_{Cx}=20\ \text{kN},F_{Cy}=10\ \text{kN}$

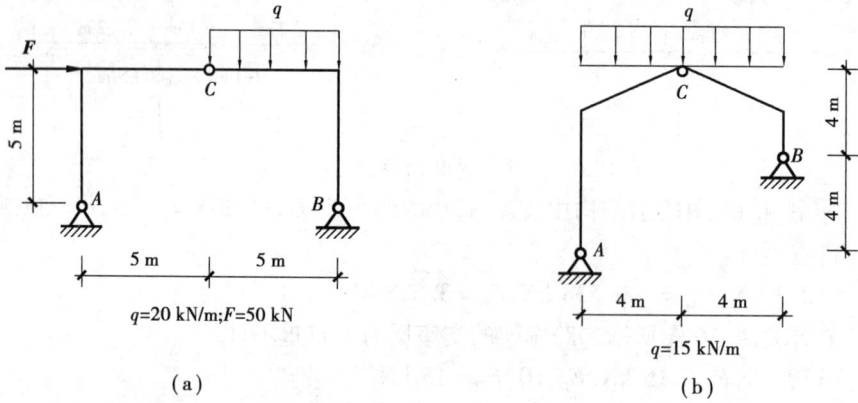

$q=20\ \text{kN/m};F=50\ \text{kN}$

(a)

$q=15\ \text{kN/m}$

(b)

题 4.19 图

4.20 求题 4.20 图所示结构 A,B 处约束反力。自重不计。

答：$F_{Ax}=-\dfrac{1}{2}(F_1+F_2)-G,F_{Ay}=\dfrac{F_1}{2},F_{Bx}=\dfrac{1}{2}(F_1+F_2)+G,F_{By}=\dfrac{F_1}{2}+F_2+G$

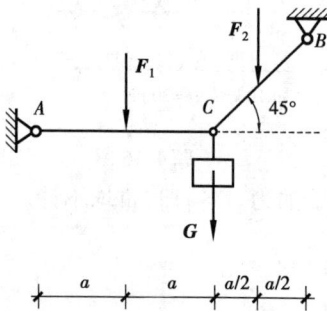

题 4.20 图

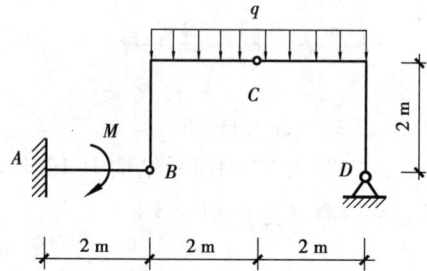

题 4.21 图

4.21 求题 4.21 图所示结构中 A 处支座反力。已知 $M=20\ \text{kN}\cdot\text{m},q=10\ \text{kN/m}$。自重不计。

答：$F_{Ax}=10\ \text{kN},F_{Ay}=20\ \text{kN},M_A=60\ \text{kN}\cdot\text{m}$

4.22 静定刚架如题 4.22 图所示。均布荷载 $q_1=1\ \text{kN/m},q_2=4\ \text{kN/m}$。试求 A,B,E 处支座反力。自重不计。

答：$F_{Ax}=0.67\ \text{kN},F_{Ay}=3.67\ \text{kN},F_{Bx}=-4.67\ \text{kN},F_{By}=15.33\ \text{kN},F_E=5\ \text{kN}$

4.23 一组合结构,尺寸及荷载如题 4.23 图所示,自重不计,求杆 1,2,3 所受的力。

答：$F_{N1}=14.58\ \text{kN},F_{N2}=-8.75\ \text{kN},F_{N3}=$

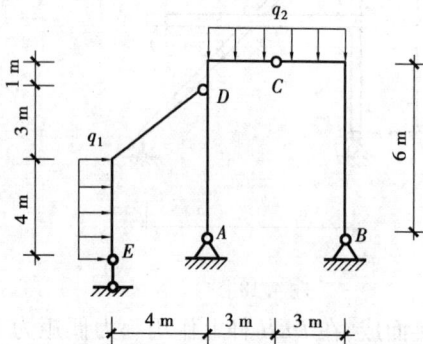

题 4.22 图

11.67 kN

　4.24　题 4.24 图所示平面机构，自重不计。已知 $AB = BC = l$，在铰链 B 上作用一铅垂力 F。AC 间连一弹簧，弹簧原长为 l_0，弹簧刚度系数为 k。试求机构平衡时 AC 间的距离 y。

　答：$y = \dfrac{F}{2k} + l_0$

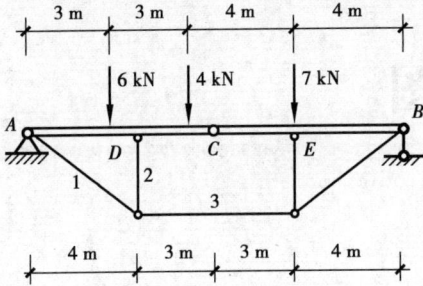

题 4.23 图

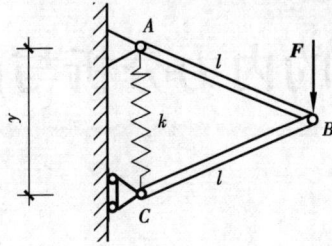

题 4.24 图

　4.25　试求题 4.25 图所示平面桁架中杆 1,2,3 的内力。已知：$F = 20$ kN，自重不计。

　答：$F_{N1} = 67.1$ kN，$F_{N2} = 36.1$ kN，$F_{N3} = -80$ kN

　4.26　试求题 4.26 图所示桁架指定杆件的内力。

　答：$F_{N1} = -3.56$ kN，$F_{N2} = 0.8$ kN，$F_{N3} = -0.22$ kN

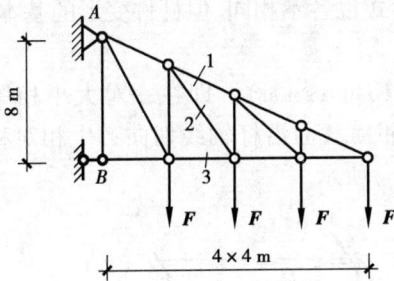

题 4.25 图

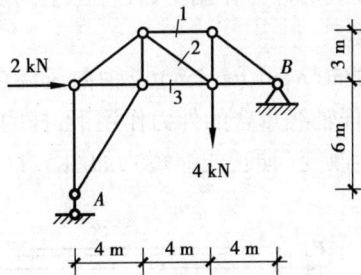

题 4.26 图

第 **5** 章

杆件的内力分析与内力图

5.1　基本概念与基本方法

5.1.1　杆件变形的基本形式

在不同形式的外力作用下,杆件产生的变形形式也各不相同,但杆件变形的基本形式总不外乎下列几类:

1. **轴向拉伸**(axial tension)或**轴向压缩**(axial compression)　即在一对大小相等、方向相反、作用线与杆轴线重合的外力作用下,杆的两相邻横截面沿杆轴线切向产生相对移动,而杆件的长度发生改变(伸长或缩短),如图5.1(a),(b)所示。

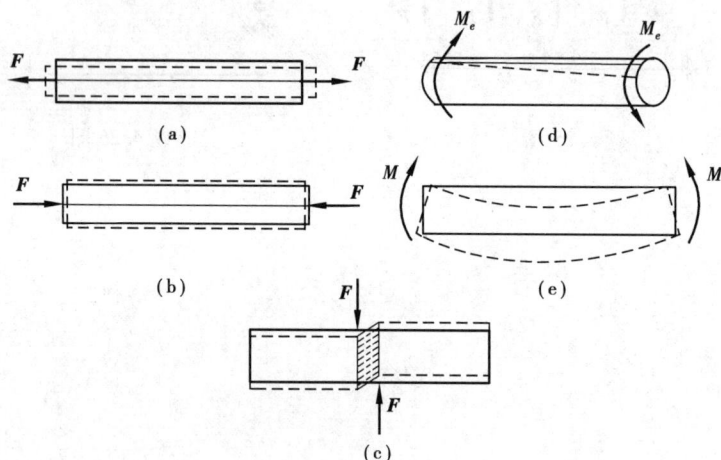

图 5.1

2. **剪切**(shear)　即在一对大小相等、相距很近、方向相反的横向外力作用下,杆的两力作用线之间的横截面沿力的方向发生相对错动,如图5.1(c)所示。

3. **扭转**(torsion)　即在一对大小相等、转向相反、位于垂直于轴线的两平面的力偶作用下,杆的两相邻横截面绕杆的轴线产生相对转动,如图 5.1(d)所示。

4. 弯曲(bending) 即在一对大小相等、转向相反、位于杆的纵向平面内的力偶作用下,杆的两相邻横截面绕垂直于杆轴线的直线产生相对转动,截面间的夹角发生改变,如图 5.1(e)所示。

工程实际中的杆件可能同时承受不同形式的外力,变形情况可能比较复杂。但不论怎样复杂,其变形均是由基本变形组成的。

5.1.2 内力的概念

在外力作用下,杆件内部各质点间产生相对位移,即杆件发生变形,从而,各质点间的相互作用力也发生了改变。这种因外力作用而引起的上述相互作用力的改变量,称为**内力**(internal force),它实际上是外力引起的"附加内力"。因此,也可以称内力为杆件内部阻止变形发展的抗力。

5.1.3 截面法

弹性杆在外力作用下若保持平衡,则从其上截取的任意部分也保持平衡。前者称为**整体平衡**(overall equilibrium);后者称为**局部平衡**(local equilibrium)。整体是指杆件代表的某一构件,局部可以是用一截面将杆截成的两部分中的任一部分,也可以是无限接近的两个截面所截出的一微段,还可以是围绕某一点截取的微元或微元的局部等。这种整体平衡与局部平衡的关系,不仅适用于弹性杆件,而且适用于所有弹性体,因而称为弹性体**平衡原理**(equilibrium principle for elastic body)。

在研究构件的强度、刚度等问题时,均与内力这个因素有关,经常需要知道构件在已知外力作用下某一截面(通常是横截面)上的内力值。任一截面上内力值的确定,通常是采用下述的**截面法**(method of section)。

如图 5.2(a)所示受力体代表任一受力构件。为了显示和计算某一截面上的内力,可在该截面处用一假想的平面将构件截成两部分并弃掉一部分。用内力代替弃掉部分对留下部分的作用。根据连续、均匀性假设,内力在截面上也是连续分布的并称为分布内力。通常是将截面上的分布内力向截面形心处简化,得到主矢和主矩,然后进行分解,可用 6 个内力分量 F_{Nx},F_{Sy},F_{Sz} 与 M_x,M_y,M_z 来表示,见图 5.2(b)。根据弹性体的平衡原理,留下部分保持平衡。由空间力系的平衡方程

(a)

$$\begin{cases} \sum F_x = 0 \\ \sum F_y = 0 \\ \sum F_z = 0, \end{cases} \quad \begin{cases} \sum M_x(\boldsymbol{F}) = 0 \\ \sum M_y(\boldsymbol{F}) = 0 \\ \sum M_z(\boldsymbol{F}) = 0 \end{cases}$$

便可求出 F_{Nx},F_{Sy},F_{Sz} 与 M_x,M_y,M_z 各内力分量。应该注意,今后所谈内力分量都是分布内力向截面形心简化的结果。

综上所述,用截面法求内力的步骤是:

(1)截开 —— 在需求内力的截面处,用假想的平面将构件

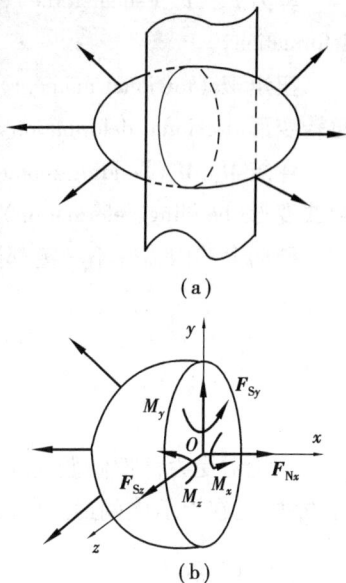

(b)

图 5.2

截为两部分。

（2）分离 —— 留下一部分为分离体,弃去另一部分。

（3）代替 —— 以内力代替弃去部分对留下部分的作用,绘出分离体受力图（包括作用于分离体上的荷载、约束反力、待求内力）。

（4）平衡 —— 由平衡方程来确定内力值。

在第二步进行弃留时,保留哪一部分都可以。因为截面上的内力就是物体被该截面所分离而成的两部分之间的相互作用力。

这里需指明一点:在研究内力与变形时,对**等效力系**（equivalent force system）的应用应该慎重,不能机械地不加分析地任意应用。一个力（或力系）用别的等效力系来代替,虽然对整体平衡没有影响,但对构件的内力与变形来说,则有很大差别。例如,图 5.3（a）所示的悬臂梁中的外力 F 用图 5.3（b）所示的等效力系代替时,杆件变形显然不同。

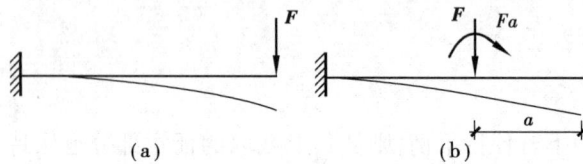

图 5.3

5.1.4　内力的分类

在图 5.2（b）所示的 6 种内力分量中,不同的内力使杆件产生不同的变形。通常将它们分为以下 4 类:

轴向内力 F_N（normal force）—— 通过横截面形心,且与横截面正交的内力,简称**轴力**。轴向内力使杆件产生**轴向变形**（axial deformation）。

剪力 F_{Sy}, F_{Sz}（shear force）—— 与横截面相切的内力。剪力使杆件产生**剪切变形**（shear deformation）。

扭矩 M_T（torsional moment）—— 力偶矩矢垂直于横截面,与杆轴重合。扭矩使杆件产生**扭转变形**（torsional deformation）。

弯矩 M_y, M_z（bending moment）—— 力偶矩矢与截面相切,与杆轴正交。弯矩使杆件产生**弯曲变形**（bending deformation）。

截面上的内力并不一定都同时存在上述 6 个分量,可能只存在其中的一个或几个。

5.2　轴力与轴力图

无论对受力杆件做强度或刚度计算时,都需首先求出杆件的内力。关于内力的概念及计算方法,已在上节中阐述。

5.2.1　轴力

横截面上与杆件轴线重合的内力分量,称为轴力,用 F_N 表示。在轴向拉伸（压缩）时,杆横截面上分布内力的合力即为轴力。实验表明,在轴向外力作用下,杆的各纵向纤维的变形是相同的。按连续、均匀性假设,则横截面的分布内力,在轴向拉伸(压缩)时是均匀连续分布的,它们的合力通过截面形心,并沿轴线方向。

5.2.2　轴力的正负符号约定

为了研究方便,工程上习惯约定:轴力方向以使杆件微段拉伸为正;反之,使杆件微段压缩为负,图 5.4 所示为 F_N 的正方向。

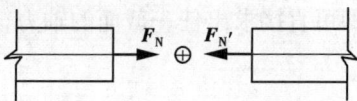

图 5.4

5.2.3　轴力图

在多个外力作用时,由于杆件不同截面的轴力可能不同,为了形象地表明各截面的轴力的变化情况,通常将其绘成轴力图。表示轴力沿杆件轴线方向变化的图形,称为**轴力图**(diagram of normal force)。作法是:沿杆轴线方向取横坐标,称为基线,表示截面位置,以垂直于杆轴线方向为纵坐标,其值代表对应截面的轴值,绘制各截面的轴力变化曲线。拉力、压力各绘在基线的一侧,图中在拉力区标注 $\oplus$,压力区标注 $\ominus$,并标注各控制截面处 $|F_N|$ 及单位。

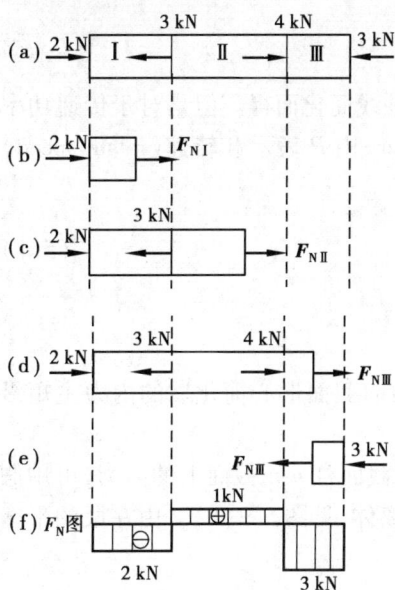

图 5.5

例 5.1　一杆所受外力如图 5.5(a)所示,试绘制该杆的轴力图。

解　根据荷载情况,全杆应分为 Ⅰ,Ⅱ,Ⅲ 三段。

(1)在第 Ⅰ 段任意横截面处截开,取该截面以左的杆段为分离体如图 5.5(b),以杆轴为 x 轴,由平衡条件

$$\sum F_x = 0, \quad 2 \text{ kN} + F_{NI} = 0$$

得

$$F_{NI} = -2 \text{ kN}(压)$$

从上式中内力负号表明 F_{NI} 的方向与所设的相反,即为压力。同时,截面的内力与截面在该杆段内的位置无关,该段内的轴力为常数。

所以,取分离体时轴力均按拉力方向假设,若算得的答数为正,则表明该段杆受拉伸长;若算得的答数为负,则表明该段杆受压缩短。

(2)取分离体如图 5.5(c),由平衡条件

$$\sum F_x = 0, \quad 2 \text{ kN} - 3 \text{ kN} + F_{N II} = 0$$

得
$$F_{N II} = 1 \text{ kN}$$

(3)取分离体如图 5.5(d),由平衡条件

$$\sum F_x = 0, \quad 2 \text{ kN} - 3 \text{ kN} + 4 \text{ kN} + F_{N III} = 0$$

得
$$F_{N III} = -3 \text{ kN}$$

由图 5.5(d)可见,在求第 Ⅲ 段杆的轴力时,若取左段为分离体,其上的作用力较多,计算较繁,而取右段为分离体如图 5.5(e)时,则受力情况简单,即可判定

$$F_{N\text{III}} = -3 \text{ kN}$$

当全杆的轴力都求出后,即可根据各截面上 F_N 的大小及正负号绘出轴力图,如图 5.5(f) 所示。

通过对第Ⅲ段杆的轴力计算,可以得出如下结论:**任一横截面的轴力,等于该截面一侧的杆段上所有外力在该截面轴线方向投影的代数和**。利用这一结论,不必绘出分离体的受力图即可直接求出任一截面的轴力,因而称为**直接法**。

5.3 扭矩与扭矩图

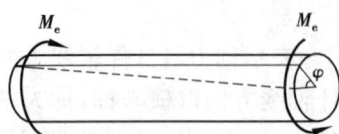

图 5.6

扭转变形是杆件的基本变形之一。图 5.6 中圆形截面杆受外力偶作用,外力偶位于垂直杆件轴线的平面内,此时,杆件的任意两横截面将绕杆件轴线发生相对转动,此种变形为扭转。

工程中受扭杆件很多,如机械中的各类传动轴、钻杆及门洞口雨篷过梁等,它们工作时都会发生扭转变形。

5.3.1 外力偶矩的计算

作用在扭转杆件上的外力偶矩 M_e,可以由外力向杆的轴线简化而得。但是对于传递功率的轴,通常都不是直接给出力或力偶矩,而是给定**功率**(power)用 P 表示和**转速**(rotate speed)用 n 表示。

$$\{M_e\}_{kN \cdot m} = 9.55 \frac{\{P\}_{kw}}{\{n\}_{r/min}} \tag{5.1}$$

5.3.2 扭矩与扭矩图

扭矩是扭转变形杆的内力,它是杆横截面上的分布内力向截面形心简化后的内力主矩沿过形心的法向分量,用 M_T 表示。

确定扭矩的方法仍用截面法。例如求图 5.7(a)所示圆截面杆 n-n 截面上的内力,可用假想平面将杆截开,任取其中之一为分离体,例如取左侧为分离体,见图 5.7(b)。由左段的平衡条件 $\sum M_x = 0$ 得

$$M_T = M_e$$

M_T 即为 n-n 截面上的扭矩。

同样,以右段见图 5.7(c),为分离体也可求得该截面的扭矩。为了使由左、右分离体求得的同一截面上扭矩的正负号一致,对扭矩的正负号作如下约定:采用右手螺旋法则,以右手四指弯曲方向表示扭矩的转向,拇指指向截面外法线方向时,扭矩为正;反之,拇指指向截面时为负。

当杆件上作用有多个外力偶时,杆件不同横截面上的扭矩也可能不相同,这时需用截面法确定各段横截面上的扭矩。

扭矩沿杆轴线方向变化的图形,称为**扭矩图**(diagram of torsional moment)。绘制扭矩图的

方法与绘制轴力图的方法相似。沿杆轴线方向取横坐标,表示截面位置,其垂直杆轴线方向的坐标代表相应截面的扭矩,正、负扭矩分别画在基线两侧,并标注 $\oplus$、$\ominus$ 号及控制截面处 $|M_T|$ 和单位,如图 5.7(d)所示。

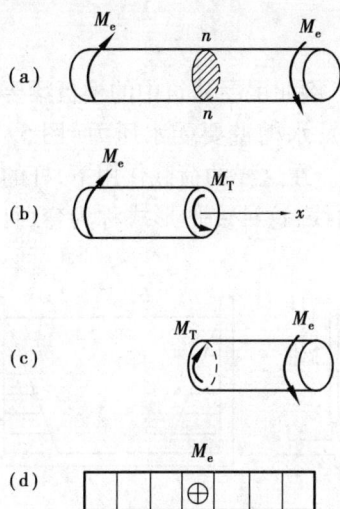

图 5.7

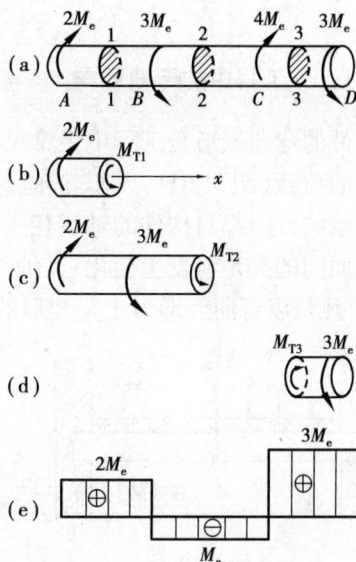

图 5.8

例 5.2　试画图 5.8(a)中杆的扭矩图。

解　画此杆的扭矩图需分三段。取 1-1 截面左侧分离体,其受力图如图 5.8(b)所示,由平衡方程 $\sum M_x = 0$, 得

$$M_{T1} = 2M_e$$

取 2-2 截面左侧分离体,其受力图如图 5.8(c)所示,由平衡方程 $\sum M_x = 0$, 得

$$M_{T2} = 2M_e - 3M_e = -M_e$$

取 3-3 截面右侧分离体,其受力图如图 5.8(d)所示,由平衡方程 $\sum M_x = 0$, 得

$$M_{T3} = 3M_e$$

杆件的扭矩图如图 5.8(e)所示。

由上面的计算可归纳出如下结论:**受扭杆件任一横截面上的扭矩,等于该截面任一侧所有外力对杆轴线力矩的代数和**。利用这一规律,可不画分离体受力图,简单地求出指定截面的扭矩值,因而称为**直接法**。

例 5.3　试画图 5.9(a)中杆的扭矩图。

解　画此杆的扭矩图需分三段,根据直接法可得:AB 段各横截面上的扭矩为 -3 kN · m,BC 段各横截面的扭矩为 3 kN · m,CD 段各横截面的扭矩为 2 kN · m。杆件的扭矩图如图 5.9(b)所示。

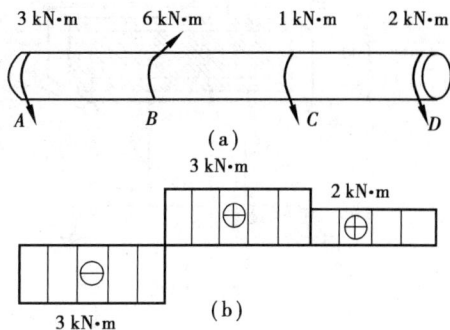

图 5.9

5.4 梁的内力

5.4.1 工程中的弯曲问题

杆件的弯曲变形是工程中最常见的一种基本变形形式。例如房屋建筑中的楼板梁要承受楼板上的荷载(图 5.10),火车轮轴要受车厢荷载(图 5.11),水槽壁要受水压力(图 5.12)。这些荷载的方向都与构件的轴线相垂直,所以称为**横向荷载**。在这样的荷载作用下,杆的两相邻横截面间的夹角将发生变化,其轴线由原来的直线变成曲线,这种变形形式称为**弯曲**(bending)。凡是以弯曲变形为主要变形的杆件称为**梁**(beam)。

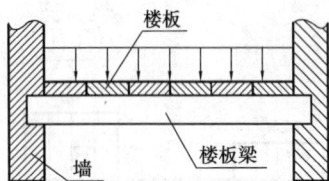
图 5.10

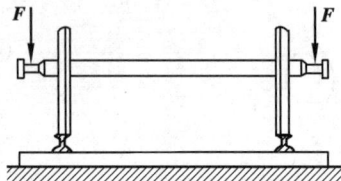
图 5.11

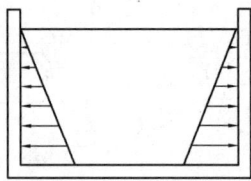
图 5.12

工程中常用的梁其横截面多采用对称形状,如矩形、工字形、T 形等,这类梁具有一个纵向对称面,而荷载一般是作用在梁的纵向对称面内(图 5.13),在这种情况下,梁发生弯曲变形的特点是:梁的轴线仍保持在同一平面内,即梁的轴线为一条平面曲线,这类弯曲称为**平面弯曲**(plane bending)。平面弯曲是弯曲问题最基本的形式,下面的讨论将限于直梁的平面弯曲。

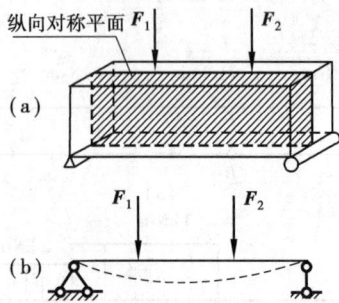
图 5.13

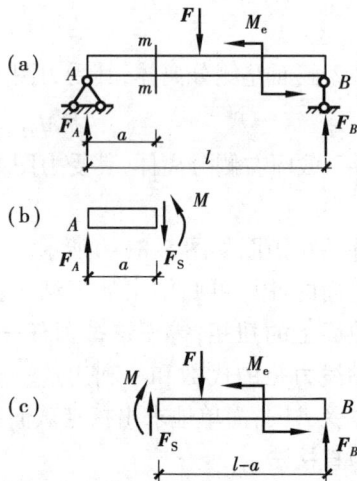
图 5.14

5.4.2 梁的内力——剪力和弯矩

为了分析和计算梁的强度与刚度,必须首先研究梁内横截面的内力及其沿梁轴线的变化规律。下面讨论梁在外力作用下,横截面上将产生哪些内力以及这些内力如何计算。

　　研究梁横截面上的内力仍采用截面法。图 5.14(a)为一简支梁受力后处于平衡状态,现讨论距支座 A 为 a 处的截面 m-m 上的内力。用一假想的垂直于梁轴线的平面将梁截为两段,取左段(或右段)为分离体,如图 5.14(b),(c)所示。在分离体上除作用有反力 F_A 外,在截开的横截面上还有右段梁对左段梁的作用,此作用就是梁截开面上的内力。梁原来是平衡的,截开后的每段梁也应该是平衡的。根据 $\sum F_y = 0$ 可知,在 m-m 截面上应该有向下的力 F_S 与 F_A 相平衡。而力 F_A 对 m-m 截面的形心 C 点又存在着顺时针转的力矩 $F_A a$,根据 $\sum M_C(F) = 0$,则 m-m 截面上还必定有一逆时针转的力偶矩 M 与 $F_A a$ 相平衡。力 F_S 称为 m-m 截面上的**剪力**,力偶矩 M 称为 m-m 截面上的**弯矩**。剪力 F_S 的量纲为[力],常用单位为 N 或 kN;弯矩 M 的量纲为[力]·[长度],常用单位为 N·mm 或 kN·m。m-m 截面上的剪力和弯矩可由左段的平衡条件求得,即

$$\sum F_y = 0,\ F_A - F_S = 0,\ F_S = F_A$$

$$\sum M_C(F) = 0,\ M - F_A a = 0,\ M = F_A a$$

(矩心 C 为 m-m 截面的形心。)

　　m-m 截面上的内力也可取右段梁为分离体求得。

　　在取分离体计算内力时,同一截面上的剪力和弯矩在梁的左段或右段上的实际方向是相反的。为了使由不同分离体求出同一截面上的内力,不但数值相等,正负号也相同,就有必要对截面上内力的正负号作如下规定:

　　(1)剪力的正负号约定　**当截面上的剪力使截开的微段绕其内部任意点有顺时针方向转动趋势时为正**,见图 5.15(a),**反之为负**,见图 5.15(b)。

　　(2)弯矩的正负号约定　**当截面上的弯矩使截开微段向下凸时(即下边受拉,上边受压)的弯矩为正**,见图 5.16(a),**反之为负**,见图 5.16(b)。

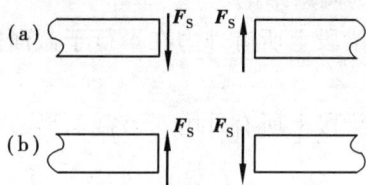
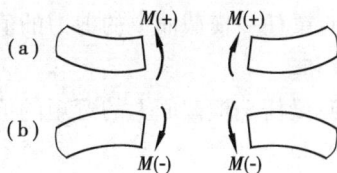

图 5.15　　　　　　　　　　　　　　　　　　图 5.16

　　计算某截面剪力 F_S、弯矩 M 时,仍按正方向假设。

　　下面举例说明梁中指定截面上剪力和弯矩的计算方法和步骤。

　　例 5.4　图 5.17(a)所示简支梁受一个集中力和局部均布荷载 q 作用。求跨中 C 截面的剪力 F_{SC} 和弯矩 M_C,$l = 4$ m。

　　解　(1)求支座反力。考虑梁的整体平衡

$$\sum M_A(F) = 0,\quad F_B \cdot l - q \cdot \frac{l}{2} \cdot \frac{3l}{4} - F \cdot \frac{l}{4} = 0$$

$$F_B = \frac{3}{8}ql + \frac{F}{4} = 4.25\ \text{kN}$$

$$\sum F_y = 0,\quad F_A + F_B - F - \frac{ql}{2} = 0$$

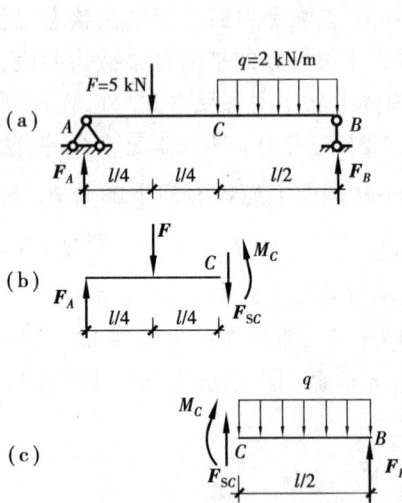

$$F_A = F + \frac{ql}{2} - F_B = 4.75 \text{ kN}$$

（2）求截面 C 的剪力 F_{SC} 与弯矩 M_C。取截面 C 左侧梁段为分离体，如图5.17（b）所示。考虑分离体平衡

$$\sum F_y = 0$$

$$F_A - F - F_{SC} = 0$$

$$F_{SC} = F_A - F = -0.25 \text{ kN}（负号说明与假设的方向相反）$$

$$\sum M_C(F) = 0$$

$$M_C + F \cdot \frac{l}{4} - F_A \cdot \frac{l}{2} = 0$$

$$M_C = F_A \cdot \frac{l}{2} - \frac{Fl}{4} = 4.5 \text{ kN} \cdot \text{m}$$

或者，取截面 C 右侧梁段为分离体，如图5.17（c）所示。考虑分离体平衡

图 5.17

$$\sum F_y = 0, \quad F_{SC} - q \cdot \frac{l}{2} + F_B = 0$$

$$F_{SC} = \frac{ql}{2} - F_B = -0.25 \text{ kN}$$

$$\sum M_C(F) = 0, \quad -M_C - q \cdot \frac{l}{2} \cdot \frac{l}{4} + F_B \cdot \frac{l}{2} = 0$$

$$M_C = F_B \cdot \frac{l}{2} - \frac{ql^2}{8} = 4.5 \text{ kN} \cdot \text{m}$$

通过上例分析，求梁指定截面上的内力的方法归纳为两条结论。

剪力：梁任一横截面上的剪力的值等于该截面一侧梁段上所有外力在平行于截面方向投影的代数和。

弯矩：梁任一横截面上的弯矩的值等于该截面一侧梁段上所有外力对该截面形心的力矩的代数和。

利用上述结论，可以不画分离体的受力图、不列平衡方程，直接写出横截面的剪力和弯矩。这种方法称为**直接法**。直接法将在以后求指定截面内力中被广泛使用。

例5.5 图5.18（a）所示悬臂梁，承受集中力 F 及集中力偶 M_e 作用。试确定截面 C、截面 D 及截面 E 上的剪力和弯矩。

解 （1）求截面 C 上的剪力 F_{SC} 和弯矩 M_C。取截面 C 右侧梁段为分离体，如图5.18（b）所示。考虑分离体的平衡

$$\sum F_y = 0, \quad F_{SC} - F = 0$$

$$F_{SC} = F$$

$$\sum M_C(F) = 0$$

$$-M_C + M_e - F \cdot l = 0$$

$$M_C = 0$$

（2）求截面 D 上的剪力 F_{SD} 和弯矩 M_D。取截面 D 右侧梁段为分离体,如图 5.18（c）所示。考虑分离体的平衡

$$\sum F_y = 0, F_{SD} - F = 0$$
$$F_{SD} = F$$
$$\sum M_D(\boldsymbol{F}) = 0,$$
$$- M_D - F \cdot l = 0$$
$$M_D = - Fl$$

（3）求截面 E 上的剪力 F_{SE} 和弯矩 M_E。仍取截面 E 右侧梁段为研究对象,如图 5.18（d）所示。由于截面 E 与截面 B 无限接近,且位于截面 B 的右侧,故所截梁段的长度 $\Delta \approx 0$。

$$\sum F_y = 0, F_{SE} - F = 0$$
$$F_{SE} = F$$
$$\sum M_E(\boldsymbol{F}) = 0, - M_E - F \cdot \Delta = 0$$
$$M_E = - F \cdot \Delta = 0$$

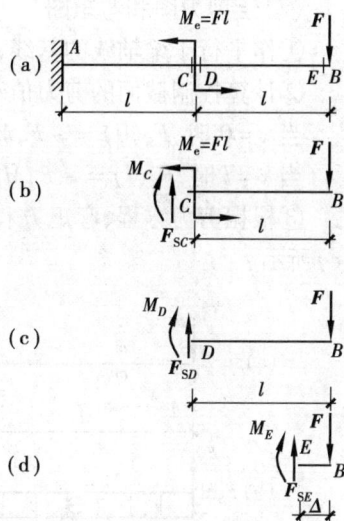

图 5.18

通过上例分析可知,集中力偶作用处的左、右邻截面上的剪力相等,但弯矩不相等。

5.4.3　剪力方程与弯矩方程　剪力图与弯矩图

在一般情况下,梁的不同截面上的内力是不同的,即剪力和弯矩是随横截面位置的改变而发生变化的。描述梁的剪力和弯矩沿长度方向变化的代数方程,分别称为**剪力方程**（equation of shearing force）和**弯矩方程**（equation of bending moment）。

为了建立剪力方程和弯矩方程,必须首先确定剪力方程和弯矩方程的分段数,其分段原则是:确保每段方程的函数图像连续、光滑。其次,在梁轴上选定各段的 x 坐标原点及正向。然后,用截面法写出各段任意截面上的剪力 $F_S(x)$,$M(x)$ 表达式,并标注 x 的区间。

为了便于形象地看到内力的变化规律,通常是将剪力、弯矩沿梁轴线的变化情况用图形来表示,这种表示剪力和弯矩变化规律的图形分别称为**剪力图**（shearing force diagram）和**弯矩图**（bending moment diagram）。

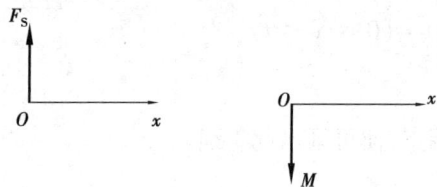

剪力图、弯矩图都是函数图形,其横坐标表示梁的截面位置,纵坐标表示相应截面的剪力值、弯矩值。值得注意的是:土建类行业,**将弯矩图绘在梁受拉的一侧**。考虑到剪力、弯矩的正负符号规定,默认剪力图、弯矩图的坐标系如图 5.19 所示。

下面通过几个例题说明剪力方程、弯矩方程的建立和剪力图、弯矩图的绘制方法。

图 5.19

例 5.6　图 5.20（a）所示悬臂梁,在自由端作用荷载 F,试画此梁的剪力图和弯矩图。

解　（1）建立剪力方程、弯矩方程。取距左端为 x 的任一横截面 m-m,按上节求指定截面内力的方法,列出 m-m 截面上的剪力和弯矩表达式分别为

$$F_S(x) = - F \quad (0 < x < l)$$

$$M(x) = -Fx \quad (0 \leqslant x \leqslant l)$$

（2）绘剪力图和弯矩图

①作平行于梁轴线的基线；

②计算控制截面的剪力值和弯矩值；

当 $x = 0$ 时，$F_S(0) = -F$，$M(0) = 0$

当 $x = l$ 时，$F_S(l) = -F$，$M(l) = -Fl$

③根据剪力方程、弯矩方程及控制截面上的内力值绘剪力图和弯矩图，如图 5.20（b）、（c）所示。

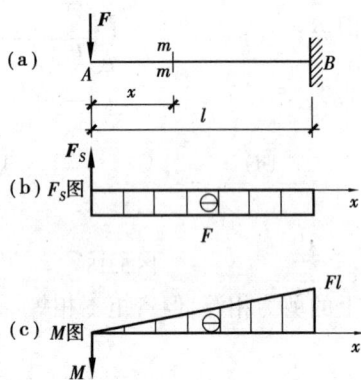
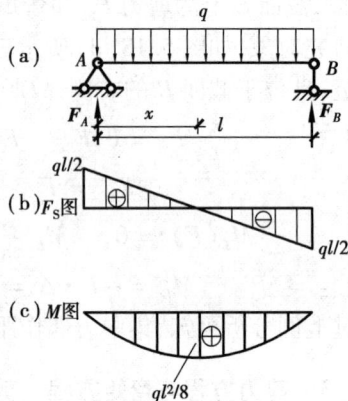

图 5.20 　　　　　　　　　　　　　　图 5.21

例 5.7 承受均布荷载的简支梁如图 5.21（a）所示，试画此梁的剪力图和弯矩图

解 （1）求支座反力。

$$F_A = F_B = \frac{1}{2}ql$$

（2）建立剪力方程和弯矩方程。取距左端为 x 的任一横截面 m-m，此截面的剪力和弯矩表达式分别为

$$F_S(x) = F_A - qx = q\left(\frac{l}{2} - x\right) \quad (0 < x < l)$$

$$M(x) = F_A x - qx \cdot \frac{x}{2} = \frac{q}{2}x(l - x) \quad (0 \leqslant x \leqslant l)$$

（3）绘剪力图和弯矩图

剪力表达式是 x 的一次函数，只要确定直线的两个端点，便可画出此直线。

当 $x = 0$ 时，$\qquad\qquad\qquad F_S(0) = \dfrac{ql}{2}$

当 $x = l$ 时，$\qquad\qquad\qquad F_S(l) = -\dfrac{ql}{2}$

画出剪力图如图 5.21（b）所示。

弯矩方程是 x 的二次函数，即弯矩图是一条二次抛物线，至少需要 3 个点才可画出弯矩图的大致图形。

当 $x = 0$ 时，$\qquad\qquad\qquad M(0) = 0$

当 $x = \dfrac{l}{2}$ 时, $\qquad M\left(\dfrac{l}{2}\right) = \dfrac{1}{8}ql^2$

当 $x = l$ 时, $\qquad M(l) = 0$

根据这三点画出弯矩图如图 5.21(c) 所示。从剪力图、弯矩图中看出,梁两端的剪力值最大(绝对值),其值为 $ql/2$,跨中央弯矩最大,其值为 $ql^2/8$。

例 5.8 图 5.22(a) 所示简支梁 AB,在截面 C 处作用一集中力 F,试画此梁的剪力图和弯矩图。

解 (1)求支座反力。

$$\sum M_B(\boldsymbol{F}) = 0, \ -F_A \cdot l + F \cdot b = 0, F_A = \frac{b}{l}F$$

$$\sum M_A(\boldsymbol{F}) = 0, \ -F \cdot a + F_B \cdot l = 0, F_B = \frac{a}{l}F$$

(2)建立剪力方程、弯矩方程。由于在截面 C 处有集中力作用,梁的内力在全梁范围内不能用一个统一的函数式来表达,必须以 F 的作用点 C 为界,分段来列内力表达式,因此需分段画出内力图。

AC 段 $\qquad F_S(x_1) = F_A = \dfrac{b}{l}F \quad (0 < x_1 < a)$

$$M(x_1) = F_A \cdot x_1 = \frac{b}{l}Fx_1 \quad (0 \leqslant x_1 \leqslant a)$$

CB 段 $\qquad F_S(x_2) = -F_B = -\dfrac{a}{l}F \quad (a < x_2 < l)$

$$M(x_2) = F_B(l - x_2) = \frac{a}{l}F(l - x_2) \quad (a \leqslant x_2 \leqslant l)$$

(3)绘剪力图和弯矩图。先计算控制截面的内力值

当 $x_1 = 0$ 时, $\qquad F_S(0) = \dfrac{b}{l}F, M(0) = 0$

当 $x_1 \to a$(左侧)时, $\qquad F_S(a) = \dfrac{b}{l}F, M(a) = \dfrac{ab}{l}F$

当 $x_2 \to a$(右侧)时, $\qquad F_S(a) = -\dfrac{a}{l}F, M(a) = \dfrac{ab}{l}F$

当 $x_2 = l$ 时, $\qquad F_S(l) = -\dfrac{a}{l}F, M(l) = 0$

根据这些控制截面的剪力值、弯矩值画出剪力图和弯矩图如图 5.22(b)、(c) 所示。

结论:在集中力的作用截面处剪力图发生突变,突变值等于该集中力的大小,弯矩图虽然连续,但不光滑。

例 5.9 图 5.23(a) 所示简支梁承受集中力偶 M_e 作用,试画此梁的剪力图和弯矩图。

解 (1)求支反座反力。

$$F_A = F_B = \frac{M_e}{l}$$

(2)建立剪力方程和弯矩方程。与上例一样,需分段建立方程。

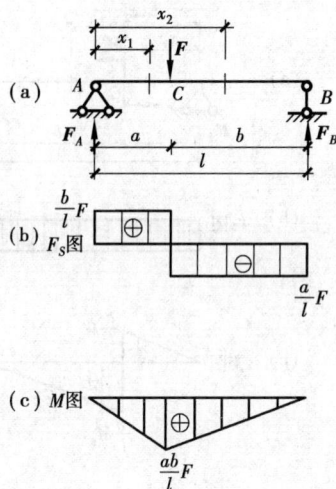

图 5.22

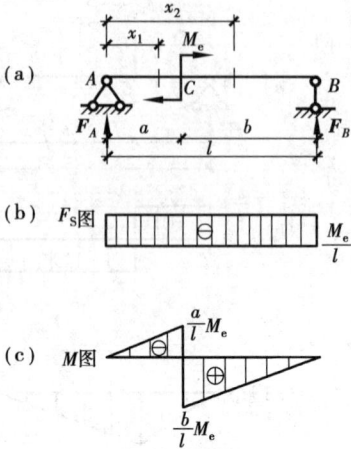

图 5.23

AC 段　　$F_S(x_1) = -F_A = -\dfrac{M_e}{l}$　（$0 < x_1 \leqslant a$）

$$M(x_1) = -F_A \cdot x_1 = -\dfrac{M_e}{l}x_1 \quad (0 \leqslant x_1 < a)$$

CB 段　　$F_S(x_2) = -F_B = -\dfrac{M_e}{l}$　（$a \leqslant x_2 < l$）

$$M(x_2) = F_B \cdot x_2 = \dfrac{M_e}{l}x_2 \quad (a < x_2 \leqslant l)$$

（3）绘剪力图和弯矩图。先计算控制截面的内力值

当 $x_1 = 0$ 时，　　$F_S(0) = -\dfrac{M_e}{l}, M(0) = 0$

当 $x_1 \to a$（左侧）时，　　$F_S(a) = -\dfrac{M_e}{l}, M(a) = -\dfrac{a}{l}M_e$

当 $x_2 \to a$（右侧）时，　　　　$F_S(a) = -\dfrac{M_e}{l}, M(a) = \dfrac{b}{l}M_e$

当 $x_2 = l$ 时，　　　　$F_S(l) = -\dfrac{M_e}{l}, M(l) = 0$

根据这些控制截面的内力值，画出剪力图和弯矩图如图 5.23（b）、（c）所示。

结论：在集中力偶作用截面处弯矩图发生突变，突变值等于该力偶的力偶矩。

5.4.4　弯矩、剪力与荷载集度之间的微分关系

1. 弯矩、剪力与荷载集度之间的微分关系

考察仅在 Oxy 平面有外力的情形，如图 5.24 所示，假设荷载集度 $q(x)$ 向上为正。

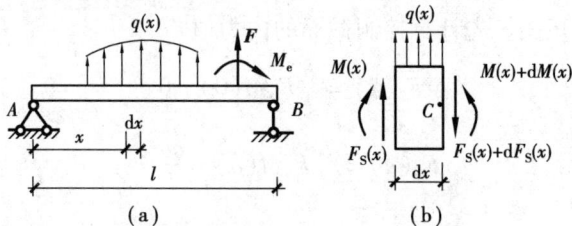

图 5.24

用坐标为 x 和 $x + \mathrm{d}x$ 的两个相邻横截面从受力的梁上截取长度为 $\mathrm{d}x$ 的微段，见图 5.24（b），微段的两侧横截面上的剪力和弯矩分别为

x 横截面　　　　　　　　　$F_S(x), M(x)$

$x + \mathrm{d}x$ 横截面　　　　　$F_S(x) + \mathrm{d}F_S(x), M(x) + \mathrm{d}M(x)$

由于 $\mathrm{d}x$ 为无穷小距离，因此微段梁上的分布荷载可以看成是均匀分布的。

考察微段的平衡，由平衡方程

$$\sum F_y = 0, F_S(x) + q(x)\mathrm{d}x - [F_S(x) + \mathrm{d}F_S(x)] = 0$$

$$\sum M_C(\boldsymbol{F}) = 0, -M(x) - F_S(x)\mathrm{d}x - q(x)\mathrm{d}x\left(\dfrac{\mathrm{d}x}{2}\right) + [M(x) + \mathrm{d}M(x)] = 0$$

略去二阶微量经整理得

$$\frac{\mathrm{d}F_\mathrm{S}(x)}{\mathrm{d}x} = q(x) \tag{5.2}$$

$$\frac{\mathrm{d}M(x)}{\mathrm{d}x} = F_\mathrm{S}(x) \tag{5.3}$$

$$\frac{\mathrm{d}^2M(x)}{\mathrm{d}x^2} = q(x) \tag{5.4}$$

即弯矩方程对 x 的一阶导数在某截面的取值等于相应截面上的剪力。剪力方程对 x 的一阶导数在某截面的取值等于相应截面位置分布荷载的集度。

以上三个方程即为梁上弯矩、剪力与荷载集度之间的微分关系。

一阶导数的几何意义是代表曲线的切线斜率，所以 $\dfrac{\mathrm{d}F_\mathrm{S}(x)}{\mathrm{d}x}$ 与 $\dfrac{\mathrm{d}M(x)}{\mathrm{d}x}$ 分别代表剪力图与弯矩图的切线斜率。$\dfrac{\mathrm{d}F_\mathrm{S}(x)}{\mathrm{d}x} = q(x)$ 表明：**剪力图中曲线上各点的切线斜率等于梁上各相应位置分布荷载的集度。**$\dfrac{\mathrm{d}M(x)}{\mathrm{d}x} = F_\mathrm{S}(x)$ 表明：**弯矩图中曲线上各点的切线斜率等于各相应截面上的剪力。**此外，二阶导数的正、负可以来判定曲线的凹凸。

根据上述微分关系及其几何意义，内力图的一些规律列成表 5.1。

表 5.1 几种常见荷载作用下梁段的剪力图与弯矩图的特征表

梁上外力情况	剪力图特征	弯矩图特征
 无外力段	水平直线 $\dfrac{\mathrm{d}F_\mathrm{S}(x)}{\mathrm{d}x} = q(x) = 0$	斜直线 $\dfrac{\mathrm{d}M(x)}{\mathrm{d}x} = F_\mathrm{S}(x) =$ 常数 （$F_\mathrm{S}(x) = 0$ 时，为水平线）
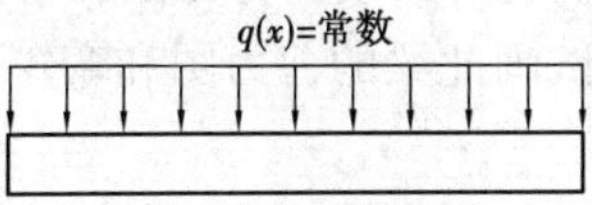 $q(x)=$常数 向下的均布荷载	斜向下的直线 $\dfrac{\mathrm{d}F_\mathrm{S}(x)}{\mathrm{d}x} = q(x) < 0$	凸向朝下的二次曲线 $\dfrac{\mathrm{d}^2M(x)}{\mathrm{d}x^2} = q(x) < 0$ $F_\mathrm{S}(x) = 0$ 处取极值
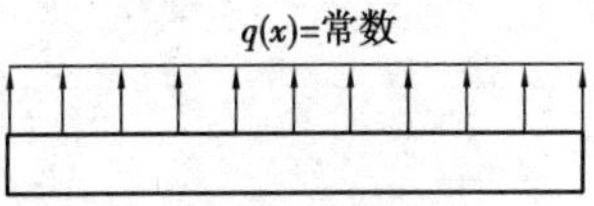 $q(x)=$常数 向上的均布荷载	斜向上的直线 $\dfrac{\mathrm{d}F_\mathrm{S}(x)}{\mathrm{d}x} = q(x) > 0$	凸向朝上的二次曲线 $\dfrac{\mathrm{d}^2M(x)}{\mathrm{d}x^2} = q(x) > 0$ $F_\mathrm{S}(x) = 0$ 处取极值
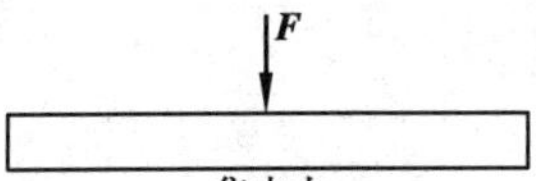 F 集中力	F 作用处发生突变，突变量等于 F 值	F 作用处连续但不光滑（尖点）
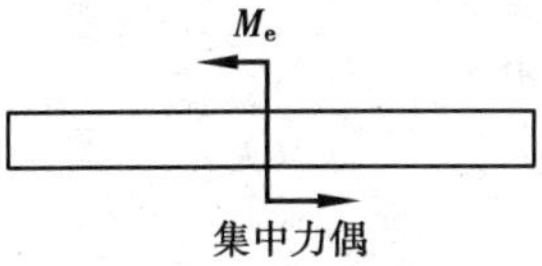 M_e 集中力偶	M_e 作用处无变化	M_e 作用处发生突变，突变值等于 M_e

续表

梁上外力情况	剪力图特征	弯矩图特征
举 例	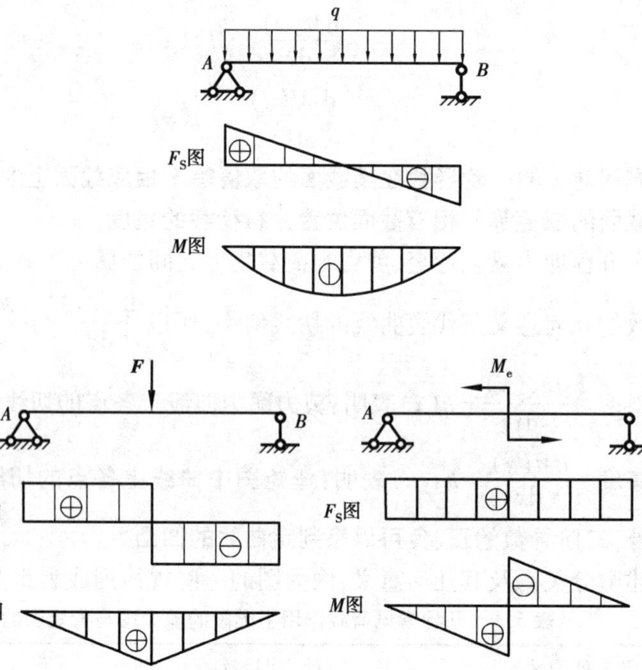	

2. 利用弯矩、剪力与荷载集度之间的微分关系画剪力图、弯矩图

利用弯矩、剪力与荷载集度之间的微分关系,根据梁上的外力情况,就可知道各段剪力图和弯矩图的形状。只要确定梁的控制截面的剪力值和弯矩图,就可画出梁的剪力图和弯矩图。

例 5.10 一简支梁,尺寸及梁上荷载如图 5.25(a)所示。试画此梁的剪力图和弯矩图。

解 由平衡条件求得支座反力为

$$F_A = 3 \text{ kN} \qquad F_C = 9 \text{ kN}$$

(1)剪力图

AB 段为无外力区段,剪力图为水平直线,且

$$F_S = F_A = 3 \text{ kN}$$

BC 段为均布荷载段,剪力图为斜直线,且

$$F_{SB} = 3 \text{ kN} \qquad F_{SC}^L = -9 \text{ kN}$$

画出剪力图如图 5.25(b)所示。

(2)弯矩图

AB 段为无外力区段,弯矩图为斜直线,且

$$M_A = 0, \ M_B^L = F_A \times 2 \text{ m} = 6 \text{ kN} \cdot \text{m}$$

BC 段为均布荷载区段,弯矩图为凸向朝下的二次抛物线,且

$$M_B^R = 12 \text{ kN} \cdot \text{m}, \ M_C = 0$$

根据剪力图,在距右端的距离为 a 的截面弯矩有极值,即

$$F_S = -F_C + qa = 0$$

$$a = \frac{F_C}{q} = 3 \text{ m}$$

$$M_{\max} = F_C a - \frac{1}{2}qa^2 = 13.5 \text{ kN} \cdot \text{m}$$

由 3 个控制截面的弯矩值画弯矩图如图 5.25(c)所示。

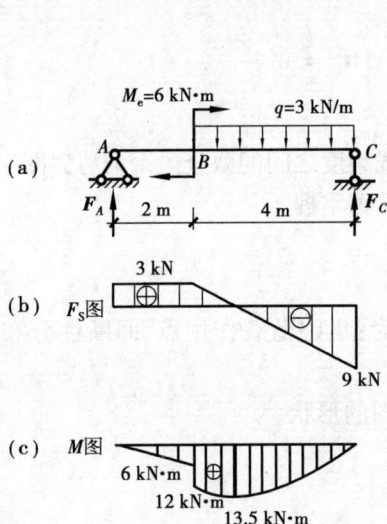

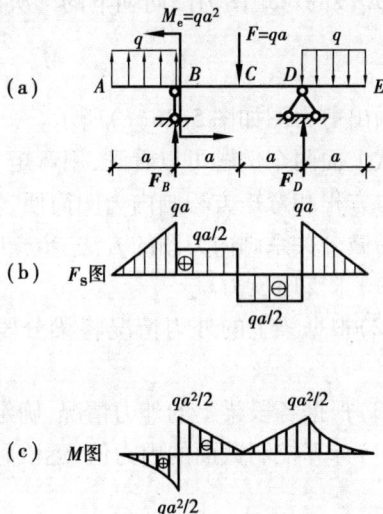

图 5.25　　　　　　　　　　　图 5.26

例 5.11　一外伸梁,梁上荷载如图 5.26(a)所示。试画此梁的剪力图和弯矩图。

解　求得支座反力为

$$F_B = -\frac{1}{2}qa \qquad F_D = \frac{3}{2}qa$$

(1)剪力图

AB 段的剪力图为斜直线,且

$$F_{SA} = 0, \qquad F_{SB}^{L} = qa$$

BC 段的剪力图为水平直线,且

$$F_S = qa + F_B = \frac{1}{2}qa$$

CD 段的剪力图为水平直线,且

$$F_S = qa + F_B - qa = -\frac{1}{2}qa$$

DE 段的剪力图为斜直线,且

$$F_{SD}^{R} = qa, F_{SE} = 0$$

画出剪力图如图 5.26(b)所示。

(2)弯矩图

AB 段的弯矩图为凸向朝上的二次抛物线,且

$$M_A = 0, M_B^{L} = \frac{1}{2}qa^2$$

79

BC 段的弯矩图为斜直线,且

$$M_B^R = \frac{1}{2}qa^2 - M_e = -\frac{1}{2}qa^2 \qquad M_C = \frac{3}{2}qa \cdot a - qa \cdot \frac{3}{2}a = 0$$

CD 段的弯矩图为斜直线,且

$$M_C = 0 \qquad M_D = -\frac{1}{2}qa^2$$

DE 段的弯矩图为凸向朝下的二次抛物线,且

$$M_D = -\frac{1}{2}qa^2 \qquad M_E = 0$$

画出剪力图如图 5.26(c)所示。

从上面两个例题可以看到,用弯矩、剪力与荷载集度之间的微分关系画剪力图、弯矩图,比列剪力方程和弯矩方程画内力图简便、快速,应该熟练掌握。

用微分关系画内力图的方法、步骤归纳为:

(1)求支座反力。

(2)根据梁上的外力情况将梁分段。分段点为:集中荷载作用点、间断性分布荷载起止点等。

(3)根据各段梁上的外力情况,确定各段内力图的形状。

(4)计算控制截面的内力值,逐段画出内力图。

习　题

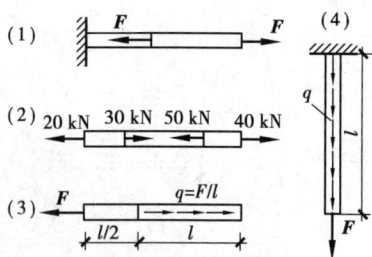
题 5.1 图

5.1　试求图示杆件各段的轴力,并画轴力图。

5.2　试画下列各杆的扭矩图。

5.3　图示传动轴,转速 $n = 350$ r/min,轮 2 为主动轮,输入功率 $P_2 = 70$ kW,轮 1,3,4 均为从动轮,输出功率分别为 $P_1 = P_3 = 20$ kW,$P_4 = 30$ kW。(1)试画轴的扭矩图;(2)若各轮位置可以互换,试判断怎样布置最合理。

5.4　试用截面法求下列梁中 1-1、2-2 截面上的剪力和弯矩。

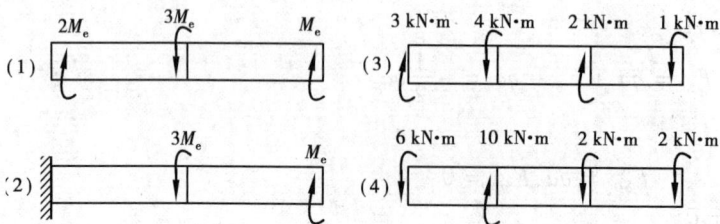
题 5.2 图

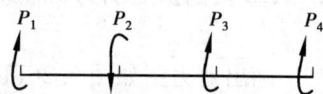
题 5.3 图

5.5　试用截面法求下列梁中 1-1、2-2 截面上的剪力和弯矩,并讨论 1-1、2-2 截面上的内力值有何特点,从而得出什么结论?（注:1-1、2-2 截面均非常靠近荷载的作用截面）。

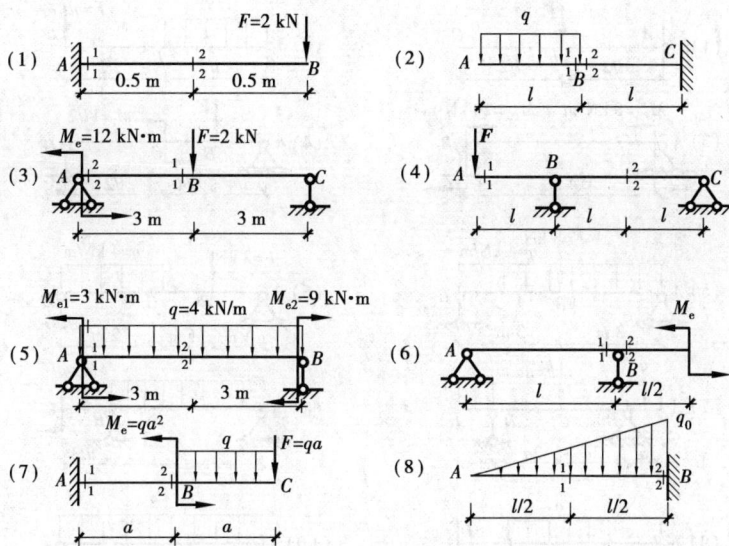

题 5.4 图

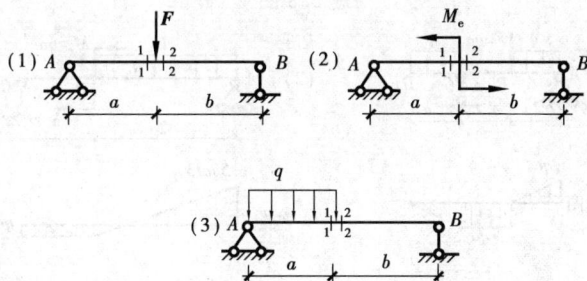

题 5.5 图

5.6　试用直接法求题 5.4 中 1-1、2-2 截面上的剪力和弯矩。

5.7　试列出下列梁的剪力方程和弯矩方程,并画出剪力图和弯矩图。

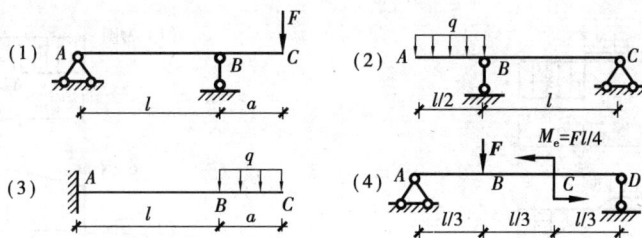

题 5.7 图

5.8　用微分关系画下列各梁的剪力图和弯矩图。

5.9　用微分关系画题 5.4 中各梁的剪力图和弯矩图。

5.10　检查下列各梁的剪力图和弯矩图是否正确,若不正确,请改正。

5.11　已知简支梁的剪力图,试根据剪力图画出梁的荷载图和弯矩图(已知梁上无集中力偶作用)。

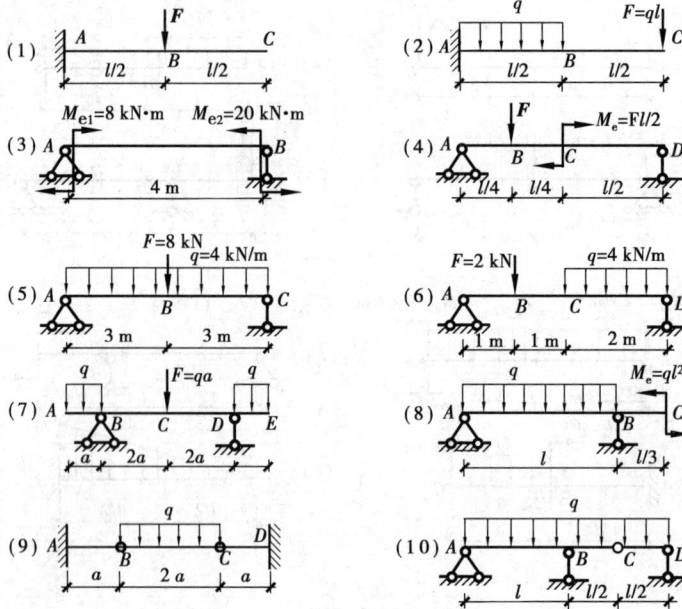

题 5.8 图

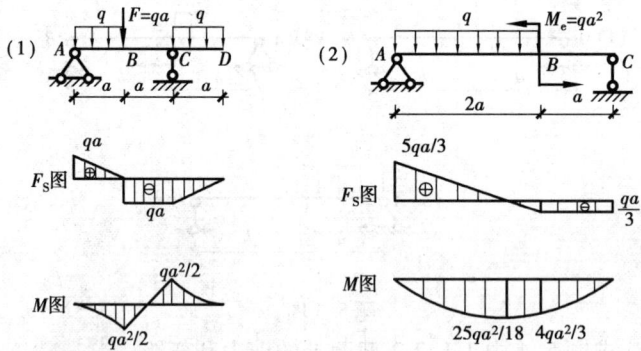

题 5.10 图

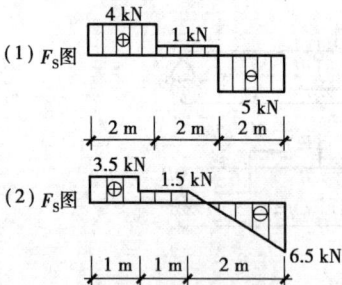

题 5.11 图

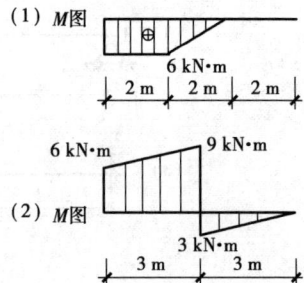

题 5.12 图

5.12 已知简支梁的弯矩图,试根据弯矩图画出梁的剪力图和荷载图(已知梁上无分布力偶作用)。

第 **6** 章
平面图形的几何性质

杆件的强度和刚度不仅与杆件长度、外力有关,还与杆件横截面(杆件的横截面可以视为平面图形)的形状和尺寸有关。这些反映平面图形形状和尺寸大小的一些几何量,例如面积 A,称为平面图形的**几何性质**(geometric properties of an area)。本章将学习形心、静矩、惯性矩、惯性积、极惯性矩及形心主惯性矩等。

6.1 形心和静矩

任一平面图形如图 6.1 所示,其面积为 A,y 轴和 z 轴为图形所在平面内的坐标轴。图形几何形状的中心称为**形心**(centroid of an area),由高等数学知识可知,其在 yOz 坐标系中的坐标(y_C, z_C)可由下式计算

$$\left.\begin{array}{l} y_C = \dfrac{1}{A}\displaystyle\int_A y\mathrm{d}A \\[3mm] z_C = \dfrac{1}{A}\displaystyle\int_A z\mathrm{d}A \end{array}\right\} \tag{6.1}$$

形心的力学意义为:若图形为构件截面,而截面上作用有法线方向的均布荷载,则合力作用点即为形心。

式(6.1)中的积分

$$\left.\begin{array}{l} S_z = \displaystyle\int_A y\mathrm{d}A \\[3mm] S_y = \displaystyle\int_A z\mathrm{d}A \end{array}\right\} \tag{6.2}$$

分别定义为图形对 z 轴和 y 轴的**静矩**,也称为**面积矩**或**一次矩**(moment of area)。

由式(6.1)和式(6.2)可以得到静矩与形心坐标的关系

$$\left.\begin{array}{l} S_z = Ay_C \\[2mm] S_y = Az_C \end{array}\right\} \tag{6.3}$$

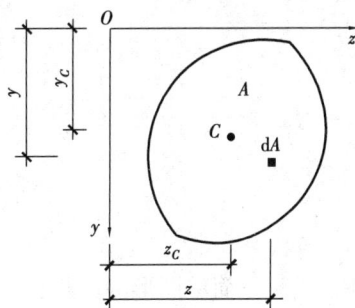

图 6.1

由形心和静矩的定义可知:

同一图形对不同的坐标轴可能有不同的静矩,其值可为正,可为负,也可为零。静矩的量纲为[长度]³。

通过形心的坐标轴称为**形心轴**(centroidal axis)。显然,图形对形心轴的静矩为零;反之,若图形对某轴的静矩为零,则该轴必为形心轴。

例 6.1 试计算图 6.2 所示等腰三角形对坐标轴 y 和 z 的静矩,并确定形心的位置。

解 (1)S_y

y 轴为对称轴,设左、右两部分的面积分别为 A_{I} 和 A_{II},由式(6.2)

$$S_y = \int_A z\mathrm{d}A = \int_{A_{\mathrm{I}}} z_1\mathrm{d}A + \int_{A_{\mathrm{II}}} z_2\mathrm{d}A$$

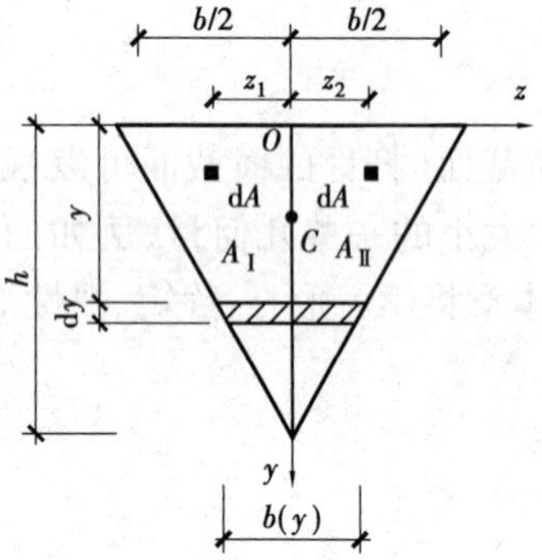

显然,$\int_{A_{\mathrm{I}}} z_1\mathrm{d}A$ 和 $\int_{A_{\mathrm{II}}} z_2\mathrm{d}A$ 数值相等,而符号相反,所以

$$S_y = 0$$

(2)S_z

取图示平行于 z 轴的微面积元(阴影部分),由相似三角形关系

$$b(y) = \frac{b}{h}(h - y) \quad \mathrm{d}A = b(y)\mathrm{d}y$$

$$S_z = \int_A y\mathrm{d}A = \int_0^h y\,\frac{b}{h}(h - y)\mathrm{d}y = \frac{bh^2}{6}$$

图 6.2

(3)形心的位置

根据对称性,形心 C 必在 y 轴上,由式(6.3)可得

$$y_C = \frac{S_z}{A} = \frac{\dfrac{bh^2}{6}}{\dfrac{bh}{2}} = \frac{h}{3}$$

由该例可知,若平面图形有对称轴,则形心在对称轴上,且图形对此轴的静矩为零。

在实际工程中,许多杆件的横截面形状为 Ⅰ,∟,⊥,[等,如图 6.3 所示。这种可看成若干个简单图形(如矩形、圆形、三角形等)所组成的复杂图形称为**组合图形**。设某组合图形由简单图形 $A_1, A_2, \cdots, A_i, \cdots, A_n$ 组合而成,则

$$\left.\begin{array}{l} y_C = \dfrac{S_z}{A} = \dfrac{\displaystyle\sum_{i=1}^n S_{zi}}{\displaystyle\sum_{i=1}^n A_i} = \dfrac{\displaystyle\sum_{i=1}^n A_i y_{Ci}}{\displaystyle\sum_{i=1}^n A_i} \\[6mm] z_C = \dfrac{S_y}{A} = \dfrac{\displaystyle\sum_{i=1}^n S_{yi}}{\displaystyle\sum_{i=1}^n A_i} = \dfrac{\displaystyle\sum_{i=1}^n A_i z_{Ci}}{\displaystyle\sum_{i=1}^n A_i} \end{array}\right\} \tag{6.4}$$

式中 A_i——简单图形的面积;

y_{Ci}, z_{Ci}——该简单图形的形心坐标。

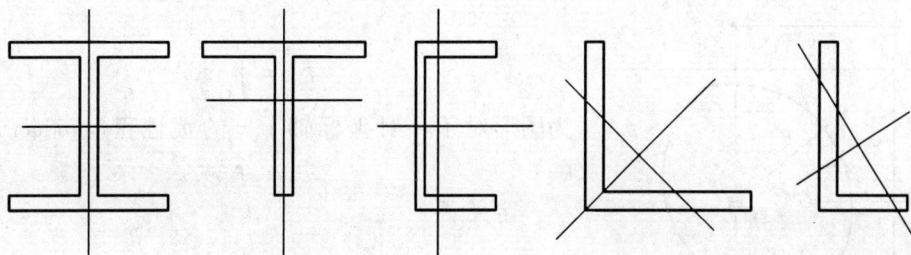

图 6.3

例 6.2　试确定图 6.4 所示 T 形截面的形心位置。

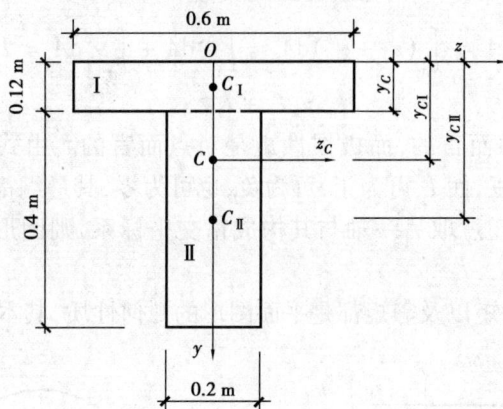

图 6.4

解　图形为对称 T 形,选 yOz 为参考坐标系,如图所示。形心 C 必位于 y 轴上,则只需确定 y_C 即可。将图形分为 Ⅰ,Ⅱ 两部分,则

$$y_C = \frac{\sum\limits_{i=1}^{n} A_i y_{Ci}}{\sum\limits_{i=1}^{n} A_i} = \frac{A_Ⅰ y_{CⅠ} + A_Ⅱ y_{CⅡ}}{A_Ⅰ + A_Ⅱ}$$

$$= \frac{(0.6 \text{ m} \times 0.12 \text{ m}) \times \frac{0.12}{2} \text{ m} + (0.4 \text{ m} \times 0.2 \text{ m}) \times (0.12 + \frac{0.4}{2}) \text{ m}}{0.6 \text{ m} \times 0.12 \text{ m} + 0.4 \text{ m} \times 0.2 \text{ m}} = 0.197 \text{ m}$$

6.2　惯性矩、惯性积和极惯性矩

图 6.5 所示平面图形,其面积为 A,定义

$$\left. \begin{aligned} I_z &= \int_A y^2 \mathrm{d}A \\ I_y &= \int_A z^2 \mathrm{d}A \end{aligned} \right\} \tag{6.5}$$

分别为图形对 z 轴和 y 轴的**惯性矩**(moment of inertia)。

85

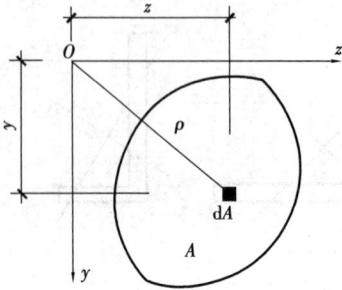

图 6.5

定义

$$I_{yz} = \int_A yz\mathrm{d}A \tag{6.6}$$

为图形对于一对坐标轴 y,z 的**惯性积**（product of inertia）。

定义

$$I_{\mathrm{p}} = \int_A \rho^2 \mathrm{d}A \tag{6.7}$$

为图形对 O 点的**极惯性矩**（polar moment of inertia）。结合式（6.5）可发现

$$I_{\mathrm{p}} = \int_A \rho^2 \mathrm{d}A = \int_A (z^2 + y^2)\mathrm{d}A = \int_A z^2 \mathrm{d}A + \int_A y^2 \mathrm{d}A = I_y + I_z$$

$$I_{\mathrm{p}} = I_y + I_z \tag{6.8}$$

惯性矩和惯性积是对轴而言的,而极惯性矩是对点而言的。由式（6.5）、式（6.6）及式（6.7）可知, I_z, I_y 和 I_{p} 恒为正,而 I_{yz} 可为正,可为负,也可为零,其量纲都是$[长度]^4$。

若平面图形有对称轴,任意取另一轴与其构成正交坐标系,则图形对这二轴的惯性积必为零。

惯性矩、惯性积、极惯性矩以及静矩都是平面图形的几何性质,其本身并无任何力学意义。

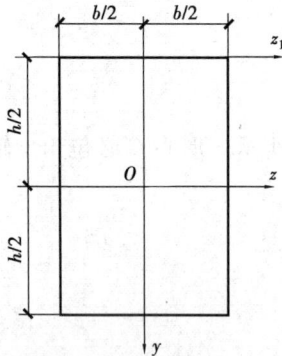

图 6.6

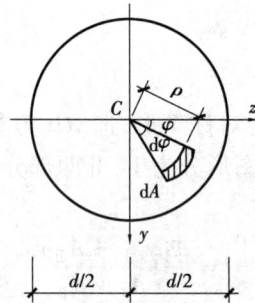

图 6.7

例 6.3 试求图 6.6 所示矩形截面对其对称轴 y 和 z 的惯性矩 I_y, I_z 和惯性积 I_{yz},以及对 z_1 轴的惯性矩 I_{z_1}。

解 由对称性可判定 $I_{yz} = 0$,或

$$I_{yz} = \int_A yz\mathrm{d}A = \int_{-h/2}^{h/2} y\mathrm{d}y \int_{-b/2}^{b/2} z\mathrm{d}z = 0$$

而

$$I_z = \int_A y^2 \mathrm{d}A = \int_{-h/2}^{h/2} y^2 \mathrm{d}y \int_{-b/2}^{b/2} \mathrm{d}z = \frac{bh^3}{12}$$

同理

$$I_y = \frac{hb^3}{12}$$

$$I_{z1} = \int_A \left(y + \frac{h}{2}\right)^2 \mathrm{d}A = \int_{-h/2}^{h/2} \left(y + \frac{h}{2}\right)^2 \mathrm{d}y \int_{-b/2}^{b/2} \mathrm{d}z$$

$$= \frac{bh^3}{3}$$

例 6.4　试求图 6.7 所示圆形截面对形心轴的惯性矩及对圆心的极惯性矩。

解　由于图形为圆形,取极坐标进行积分运算更为方便,注意 $\mathrm{d}A = \rho\mathrm{d}\rho\mathrm{d}\varphi$,可得

$$I_p = \int_A \rho^2 \mathrm{d}A = \int_0^{\frac{d}{2}} \rho^3 \mathrm{d}\rho \int_0^{2\pi} \mathrm{d}\varphi = \frac{\pi d^4}{32}$$

而

$$I_z = \int_A y^2 \mathrm{d}A = \int_0^{\frac{d}{2}} \rho^3 \mathrm{d}\rho \int_0^{2\pi} \sin^2\varphi\mathrm{d}\varphi = \frac{\pi d^4}{64}$$

由对称性,易知 $I_y = I_z$,也可以利用式(6.8),即

$$I_p = I_y + I_z = 2I_y = 2I_z$$

例 6.5　试求图 6.8(a)所示箱形截面和图 6.8(b)所示圆环形截面对形心轴的惯性矩 I_y 和 I_z,以及圆环形截面对 O 点的极惯性矩 I_p。

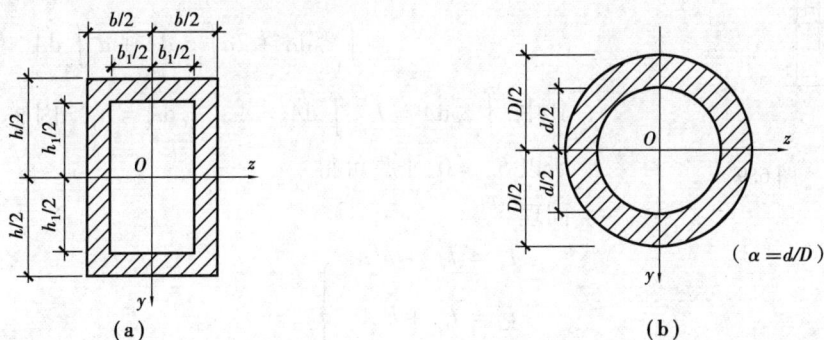

图 6.8

解　对于一些特殊截面(如箱形、圆环、工字形等)都可视为组合图形进行计算。

对于图 6.8(a)所示箱形,相当于矩形 $A_1(b \times h)$ 和矩形 $A_2(b_1 \times h_1)$ 的组合,即

$$I_z = \int_A y^2 \mathrm{d}A = \int_{A_1} y^2 \mathrm{d}A - \int_{A_2} y^2 \mathrm{d}A = \frac{bh^3}{12} - \frac{b_1 h_1^3}{12}$$

同理

$$I_y = \frac{hb^3}{12} - \frac{h_1 b_1^3}{12}$$

对于图 6.8(b)所示截面,设 $d/D = \alpha$,称为内、外径之比,则

$$I_z = I_y = \frac{\pi D^4}{64} - \frac{\pi d^4}{64} = \frac{\pi D^4}{64}(1 - \alpha^4)$$

$$I_p = \frac{\pi D^4}{32} - \frac{\pi d^4}{32} = \frac{\pi D^4}{32}(1 - \alpha^4)$$

6.3 惯性矩和惯性积的平行移轴公式　主轴和主惯性矩

6.3.1 惯性矩和惯性积的平行移轴公式

任一平面图形如图 6.9 所示,其面积为 A,形心为 C,坐标轴 y_C 和 z_C 为形心轴。正交坐标轴 y,z 与形心轴 y_C,z_C 平行,两对平行轴之间的间距分别为 a 和 b。截面对 y_C 轴、z_C 轴的惯性矩 I_{y_C},I_{z_C} 及惯性积 $I_{y_C z_C}$ 为已知,现求图形对 y、z 轴的惯性矩和惯性积。

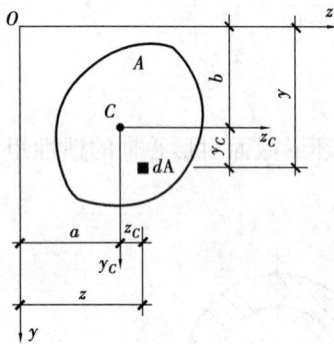

图中任一点在两坐标系下的坐标关系为

$$z = z_C + a$$
$$y = y_C + b$$

由式(6.5)

$$I_y = \int_A z^2 \mathrm{d}A = \int_A (z_C + a)^2 \mathrm{d}A$$

$$= \int_A z_C^2 \mathrm{d}A + 2a\int_A z_C \mathrm{d}A + a^2\int_A \mathrm{d}A$$

其中,$\int_A z_C^2 \mathrm{d}A = I_{y_C}$,$\int_A \mathrm{d}A = A$,$\int_A z_C \mathrm{d}A = S_{y_C}$。因 y_C 为形心轴,所以 $S_{y_C} = 0$,于是可得

同理

$$\left.\begin{array}{l} I_y = I_{y_C} + a^2 A \\ I_z = I_{z_C} + b^2 A \\ I_{yz} = I_{y_C z_C} + abA \end{array}\right\} \tag{6.9}$$

图 6.9

上式即为惯性矩和惯性积的**平行移轴公式**(parallel-axis theorem)。因为 $a^2 A$ 和 $b^2 A$ 均为正,所以在所有相互平行的轴中,同一图形对形心轴的惯性矩最小。

在应用公式(6.9)时需注意,a,b 是图形的形心 C 在 yOz 坐标下的坐标,有正、负之分。同时,y_C,z_C 轴一定是形心轴。

6.3.2 主轴和主惯性矩

由式(6.6)可知,同一图形对不同的一对直角坐标轴的惯性积是不同的,若图形对某一对直角坐标轴的惯性积等于零,则该直角坐标轴称为**主惯性轴**,或简称为**主轴**(principal axes)。图形对主轴的惯性矩称为**主惯性矩**(principal moment of inertia)。

通过图形形心的主轴称为**形心主轴**(centroidal axis),图形对形心主轴的惯性矩称为**形心主惯性矩**(principal moment of inertia for an area)。在所有形心轴的惯性矩中,图形的形心主惯性矩是极值。

对于具有对称轴的图形,如矩形、工字形、T 形等,其对称轴是形心轴,同时也是形心主轴。常见截面的形心主轴见图 6.3。

例 6.6　试求例 6.2 中(图 6.4)T 形截面的形心主惯性矩。

解 y 轴为对称轴,过形心 C 作 z_C 轴与 y 轴垂直,则 y,z_C 即为形心主轴。将截面分为 Ⅰ,Ⅱ 两部分,如图 6.4 所示,则

$$I_y = I_{yⅠ} + I_{yⅡ} = \frac{0.12 \text{ m} \times 0.6^3 \text{ m}^3}{12} + \frac{0.4 \text{ m} \times 0.2^3 \text{ m}^3}{12} = 2.43 \times 10^{-3} \text{ m}^4$$

$$I_{z_C} = I_{y_CⅠ} + I_{y_CⅡ}$$

$$I_{z_CⅠ} = \frac{0.6 \text{ m} \times 0.12^3 \text{ m}^3}{12} + \left(y_C - \frac{0.12}{2}\right)^2 \text{ m}^2 \times (0.6 \text{ m} \times 0.12 \text{ m})$$

$$I_{z_CⅡ} = \frac{0.2 \text{ m} \times 0.4^3 \text{ m}^3}{12} + \left(0.12 + \frac{0.4}{2} - y_C\right)^2 \text{ m}^2 \times (0.2 \text{ m} \times 0.4 \text{ m})$$

代入 $y_C = 0.197 \text{ m}$,可算出

$$I_{z_C} = 3.71 \times 10^{-3} \text{ m}^4$$

6.4 回转半径

任一平面图形,其面积为 A。y,z 为图形所在平面内的一对直角坐标轴。图形对 y,z 轴的惯性矩分别为 I_y,I_z。现定义

$$\left. \begin{array}{l} i_z = \sqrt{\dfrac{I_z}{A}} \\[3mm] i_y = \sqrt{\dfrac{I_y}{A}} \end{array} \right\} \tag{6.10}$$

为平面图形对 z 轴和 y 轴的**回转半径**或**惯性半径**(radius of gyration of radius of inertia),其量纲为[长度]。

例 6.7 试计算图 6.10 所示矩形和圆形对形心主轴的回转半径。

解 (1)矩形

矩形截面的对称轴为形心主轴,且 $I_z = \dfrac{bh^3}{12}$,

$I_y = \dfrac{hb^3}{12}$,所以

$$i_z = \sqrt{\frac{I_z}{A}} = \sqrt{\frac{\dfrac{bh^3}{12}}{bh}} = \frac{h}{2\sqrt{3}}$$

$$i_y = \frac{b}{2\sqrt{3}}$$

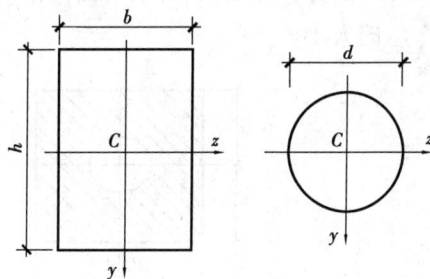

图 6.10

(2)圆形

圆形的任一直径轴都是形心主轴,且 $I_z = I_y = \dfrac{\pi d^4}{64}$,所以

$$i_z = i_y = \sqrt{\frac{\pi d^4/64}{\pi d^2/4}} = \frac{d}{4}$$

思 考 题

6.1 何为形心？对于均质等厚薄板，形心和重心位置有何特点？

6.2 为什么平面图形对形心轴的静矩为零？为什么平面图形对其对称轴的静矩为零？

6.3 例 6.2 中，若选取 Ⅰ，Ⅱ 两部分的交线为 z 轴，则形心至该轴的距离应如何计算？

6.4 若某平面图形有对称轴 y，再任意取一轴 z 和 y 轴垂直，为什么 $I_{yz}=0$？

6.5 图 6.11 所示 T 形截面，z 轴为形心主轴，z 轴将截面分为上、下两部分 Ⅰ 和 Ⅱ，试分析两部分对 z 轴的静矩 $S_{zⅠ}$ 和 $S_{zⅡ}$ 的大小关系。

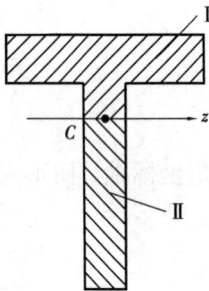

思考题 6.11

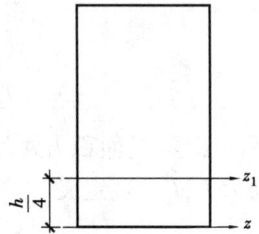

思考题 6.12

6.6 图 6.12 中，z 轴为过矩形截面底边的轴，z_1 轴与 z 轴平行，间距为 $\dfrac{h}{4}$，图形面积为 A，则 $I_{z_1}=I_z+\left(\dfrac{h}{4}\right)^2\cdot A$，对吗？

6.7 试分析图 6.13 所示平面图形对 z 轴的惯性矩 $(I_z)_a$ 与 $(I_z)_b$，对 y 轴的惯性矩 $(I_y)_a$ 与 $(I_y)_b$ 的大小。

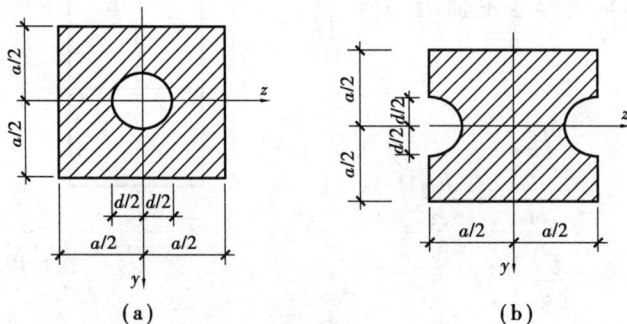

（a） （b）

思考题 6.13

6.8 什么是形心主轴？试判断图 6.14 所示截面的形心主轴的大致位置。

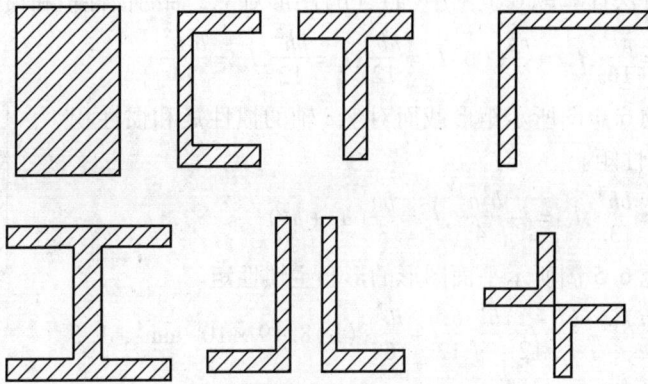

思考题 6.14

习　题

6.1 试确定题 6.1 图所示平面图形的形心位置。

答：(a)$(\dfrac{4r}{3\pi},\dfrac{4r}{3\pi})$；(b)$(\dfrac{b}{3},\dfrac{h}{3})$；(c)$(204,271)$；(d)$(180,120.6)$

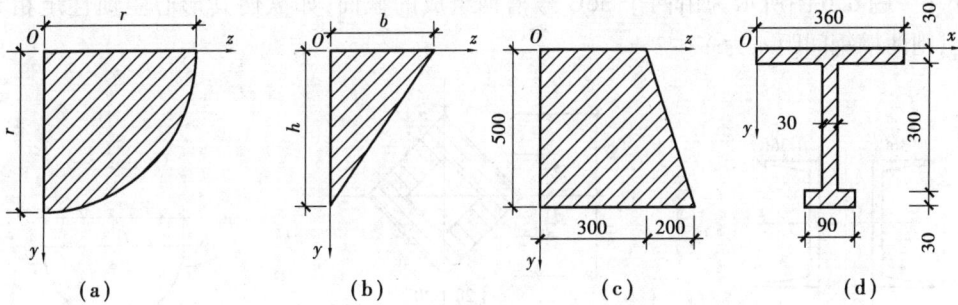

题 6.1 图

6.2 试计算题 6.2 图所示平面图形的阴影部分对 z 轴的静矩。

答：(a)$\dfrac{bh^2}{8}$；(b)$\dfrac{t^2}{2}(3b+t)$；(c)$\dfrac{t^2}{2}(3b+2t)$

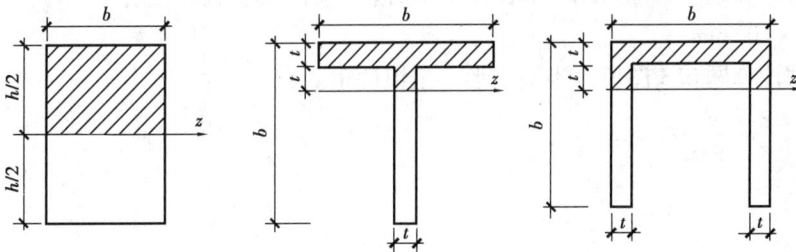

题 6.2 图

6.3 试用积分法计算题 6.1 图中(a)、(b)图形对 y,z 轴的惯性矩和惯性积。

答：(a)$I_z = I_y = \dfrac{\pi r^4}{16}$，$I_{yz} = \dfrac{r^4}{8}$；(b)$I_y = \dfrac{hb^3}{12}$，$I_z = \dfrac{bh^3}{12}$，$I_{yz} = \dfrac{b^2h^2}{24}$

6.4 试计算题 6.4 图所示矩形截面对 y,z 轴的惯性矩和惯性积以及对 O 点的极惯性矩。

答：$I_y = \dfrac{hb^3}{3}$，$I_z = \dfrac{bh^3}{3}$，$I_{yz} = -\dfrac{b^2h^2}{4}$，$I_p = \dfrac{bh}{3}(b^2 + h^2)$

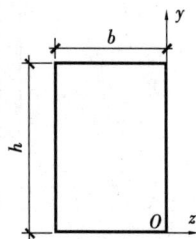

题 6.4 图

6.5 试计算题 6.5 图所示平面图形的形心主惯性矩。

答：(a)$\dfrac{b(b+2t)^3}{12} - \dfrac{(b-t)b^3}{12}$，$\dfrac{bt^3}{12} + \dfrac{tb^3}{6}$；(b)$8.19 \times 10^8$ mm^4，1.5×10^9 mm^4；(c)6.6×10^7 mm^4，5.1×10^6 mm^4

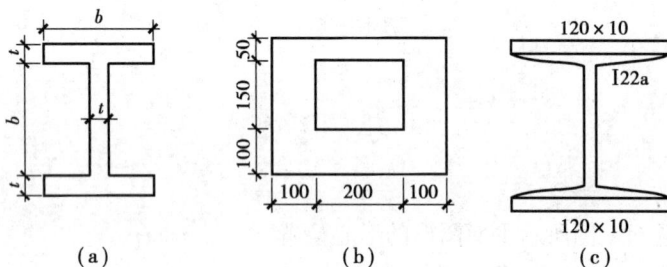

(a)   (b)   (c)

题 6.5 图

6.6 题 6.6 图所示为由两个 36C 号槽钢组成的截面，如欲使其形心主惯性矩相等，即 $I_z = I_y$，则两槽钢间距 a 为多少?

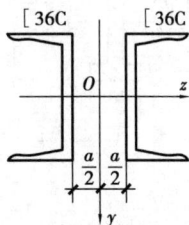

题 6.6 图

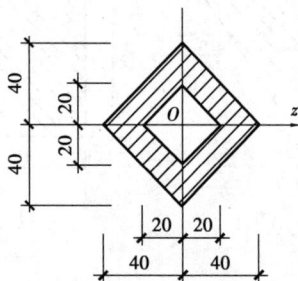

题 6.7 图

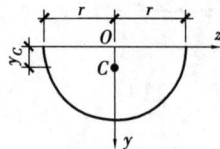

题 6.8 图

答：$a = 214.9$ mm

6.7 试计算题 6.7 图所示平面图形对形心轴主轴 z 的惯性矩。

答：8.0×10^5 mm^4

6.8 试计算题 6.8 图所示半圆的形心主惯性矩。

答：$I_z = \left(\dfrac{\pi}{8} - \dfrac{8}{9\pi}\right)r^4$，$I_y = \dfrac{\pi r^4}{8}$

第 7 章
应力及强度计算

7.1 应力及应变的基本概念

7.1.1 应力的概念

如第 5 章所述,内力是由外力引起的,仅表示某截面上分布内力向截面形心简化的结果。而构件的变形和强度不仅取决于内力,还取决于构件截面的形状和大小以及内力在截面上的分布情况。为此,需引入**应力**(stress)的概念。所谓应力是指截面上每点处单位面积内的分布内力,即内力集度。

图 7.1(a) 所示某构件的 m-m 截面上,围绕 M 点取微小面积 ΔA,现设 ΔA 上分布内力的合力为 ΔF。于是,ΔA 上内力的平均集度为

$$p_m = \frac{\Delta F}{\Delta A}$$

p_m 即为 ΔA 上的平均应力,随 M 点位置及 ΔA 的大小改变而改变。当 ΔA 趋于零时,p_m 的极限值为

$$p = \lim_{\Delta A \to 0} \frac{\Delta F}{\Delta A} \tag{7.1}$$

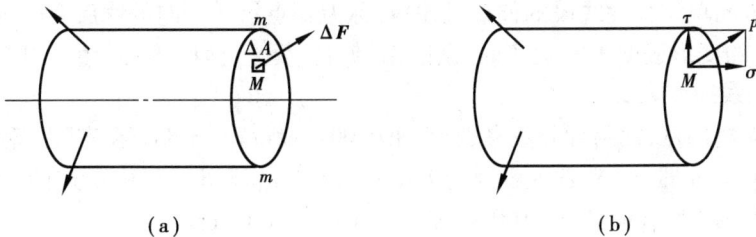

图 7.1

即为 $m-m$ 截面上 M 点的总应力。截面上一点的总应力 p 是矢量,其方向是当 $\Delta A \to 0$ 时,内力 $\Delta \boldsymbol{F}$ 的极限方向。

7.1.2 正应力、切应力

一般而言,截面上一点的总应力 p 既不与截面垂直,也不与截面相切。习惯将截面上一点的总应力 p 分解为一个与截面垂直的分量和一个与截面相切的分量,见图7.1(b)。与截面正交的应力称为**正应力**(normal stress),用 σ 表示;与截面相切的应力称为**切应力**(shear stress),用 τ 表示。

应力的正、负号规定:正应力 σ 以拉应力为正,压应力为负;切应力 τ 以使所作用的微段绕其内部任意点有顺时针转动趋势者为正,反之为负。

应力的量纲是[力]/[长度]^2,在国际单位制中常用应力单位是帕斯卡或帕(Pascal),用 Pa 表示,且 1 Pa = 1 N/m^2。常用单位还有 kPa(千帕)、MPa(兆帕)、GPa(吉帕),且 1 GPa = 10^3 MPa = 10^6 kPa = 10^9 Pa。工程上常用 MPa 或 GPa(1 MPa = 10^6 Pa = 1 N/mm^2)。

7.1.3 应变的概念

当力作用在构件上时,将引起构件的形状和尺寸发生改变,这种变化定义为变形。构件的形状和大小总可以用其各部分的长度和角度来表示,所以构件的变形归结为长度的改变即**线变形**(line deformation),以及角度的改变即**角变形**(angle deformation)两种形式。一般而言,同一构件上不同位置处的变形是不同的。为了研究构件的变形以及截面上的应力,围绕构件中某点 A 截取一个微小的正六面体(单元体),如图7.2(a)所示,其变形有下列两类:

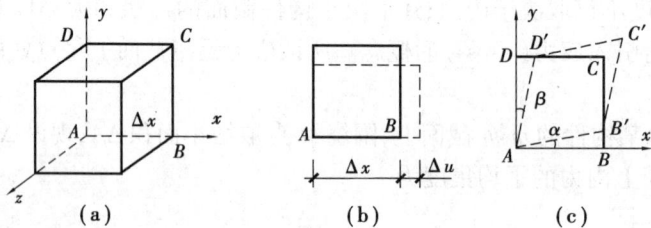

图7.2

(1)沿棱边方向的长度改变。设 x 方向的棱边 AB 长度为 Δx,变形后为 $\Delta x + \Delta u$,Δu 为 x 方向的线变形,如图7.2(b)所示。定义

$$\varepsilon_x = \lim_{\Delta x \to 0} \frac{\Delta u}{\Delta x} \tag{7.2}$$

代表 A 点沿 x 方向单位长度线段的伸长或缩短,称为 A 点沿 x 方向的**线应变**(linear strain),它度量了微段 AB 的变形程度。ε_x 为正时,微段 AB 伸长;反之,微段 AB 缩短。同样,可定义 A 点处沿 y,z 方向的线应变 $\varepsilon_y,\varepsilon_z$。

线应变是无量纲量,常用百分数来表示,如 0.001 m/m = 0.1%。在实际工程中,应变 ε 的测量单位常用 μm/m 即 $\mu\varepsilon$ 来表示。因为 1 μm = 10^{-6} m,所以工程中所述的 100 $\mu\varepsilon$,即 1 m 长线段的伸缩量为 100 μm,即 $\varepsilon = 100 \times 10^{-6} = 0.01\% = 100~\mu\varepsilon$。

(2)棱边之间所夹直角的改变。直角的改变量为**切应变**或**角应变**(shear strain or angle strain),以 γ 表示。以图7.2(c)所示微段 AB,AD 所成直角 DAB 为例,该直角改变了 $\alpha + \beta$,则

$\gamma = \alpha + \beta$。

切应变无量纲,单位为弧度(rad),其正、负号规定为:直角变小时,γ 取正;直角变大时,γ 取负。

需指出的是,构件中不同点处的线应变及切应变一般也是不同的,而且线应变与正应力相对应,切应变与切应力相对应,其具体关系将在 7.3 节和 7.6 节中加以讨论。

7.2　轴向拉压杆横截面和斜截面上的应力

轴向拉压杆的强度并不能完全由轴力决定,还与杆的截面面积以及轴力在截面上的分布情况有关,所以必须研究截面上的应力。

7.2.1　横截面上的应力

取一等直杆,如图 7.3 所示,其横截面上与 $\boldsymbol{F}_N$ 对应的应力是正应力 σ,但是横截面上正应力分布规律不知道,所以需要研究杆件的变形。在杆侧面画垂直于杆轴线的周线 ab 和 cd,然后施加轴向力 $\boldsymbol{F}$。我们所观察到的现象是:周线 ab 和 cd 分别平移到了 $a'b'$ 和 $c'd'$,仍然相互平行,且垂直于轴线。实际上,所有与杆轴线垂直的周线都发生平移,且保持平行。

根据观察到的杆件表面现象,可提出内部变形的假设:变形前原为平面的横截面,变形后仍保持为平面。这就是轴向拉压时的**平面假设**(plane assumption)。若假设杆件是由许多等截面纵向纤维组成的,则这些纤维的伸长均相同。又因为材料是均匀的,各纤维的性质相同,因此其受力也一样。据此可知横截面上的正应力是均匀分布的,按静力学求合力的方法,可得

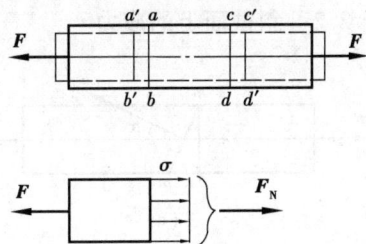

图 7.3

$$F_N = \int_A \sigma \mathrm{d}A = \sigma \int_A \mathrm{d}A = \sigma A$$

所以

$$\sigma = \frac{F_N}{A} \tag{7.3}$$

式(7.3)即为轴向拉压杆横截面上正应力 σ 的计算公式,式中 A 为横截面净面积。

例 7.1　图 7.4(a)所示三角托架中,AB 杆为圆截面钢杆,直径 $d = 30$ mm;BC 杆为正方形截面木杆,截面边长 $a = 100$ mm。已知 $F = 50$ kN,试求各杆的应力。

解　取结点 B 为分离体,其受力如图 7.4(b)所示,由平衡条件可得

$$F_{N_{AB}} = 2F = 100 \text{ kN}$$

$$F_{N_{BC}} = -\sqrt{3}F = -86.6 \text{ kN}$$

再由式(7.3)可得

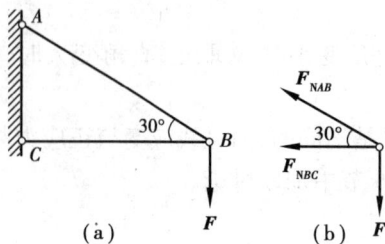

图 7.4

$$\sigma_{AB} = \frac{F_{N_{AB}}}{\frac{\pi d^2}{4}} = \frac{100 \times 10^3 \text{ N}}{\frac{1}{4} \times \pi \times 30^2 \text{ mm}^2} = 141.5 \text{ MPa}$$

$$\sigma_{BC} = \frac{F_{N_{BC}}}{a^2} = \frac{-86.6 \times 10^3 \text{ N}}{100^2 \text{ mm}^2} = -8.66 \text{ MPa}$$

例 7.2 图 7.5(a)所示一等截面柱,上端自由、下端固定,长为 l,横截面面积为 A,质量密度为 ρ,试分析该柱横截面上的应力沿柱长的分布规律。

解 由截面法,在距上端为 x 截面上的轴力为

$$F_N(x) = -\rho g A x$$

再由式(7.3)可得

$$\sigma(x) = \frac{F_N(x)}{A} = -\rho g x$$

可见横截面上的正应力沿柱长呈线性分布。

$$\left.\begin{array}{l} x = 0 \text{ 时}, \sigma(0) = \sigma_A = 0 \\ x = l \text{ 时}, \sigma(l) = \sigma_B = \sigma_{\max} = -\rho g l \end{array}\right\}$$

σ 沿柱长的分布规律如图 7.5(b)所示。

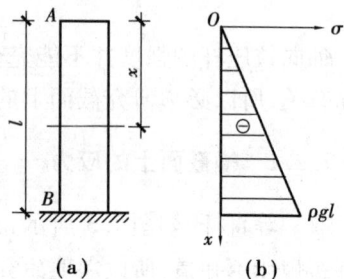

图 7.5

7.2.2 斜截面上的应力

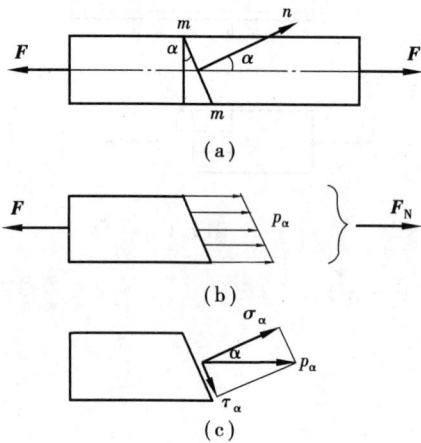

图 7.6

在下一节拉伸与压缩试验中我们会看到,铸铁试件压缩时,其断面并非横截面,而是斜截面,这说明仅仅计算拉压杆横截面上的应力是不够的,还需全面了解杆件内的应力情况,研究斜截面上的应力。

图 7.6(a)所示一等直杆,其横截面面积为 A,下面来研究与横截面成 α 角的斜截面 m-m 上的应力。此处 α 角以从横截面外法线到斜截面外法线逆时针向转动为正。沿 m-m 截面处假想将杆截成两段,研究左边部分,如图 7.6(b)所示,可得内力为

$$F_N = F$$

和横截面上正应力分布规律的研究方法相似,也可以得出斜截面上的总应力 p_α 也是均匀分布的,故

$$p_\alpha = \frac{F_N}{A_\alpha}$$

式中,A_α 为斜截面 m-m 的面积。因为 $A_\alpha = A/\cos\alpha$,所以

$$p_\alpha = \frac{F}{A}\cos\alpha = \sigma\cos\alpha \tag{7.4}$$

式(7.4)中,$\sigma = F/A$ 为杆件横截面上的正应力。

将总应力 p_α 分解为正应力 σ_α 和切应力 τ_α，见图 7.6(c)，并利用式(7.4)可得

$$\left.\begin{aligned}
\sigma_\alpha &= p_\alpha\cos\alpha = \sigma\cos^2\alpha = \frac{\sigma}{2}(1+\cos 2\alpha) \\
\tau_\alpha &= p_\alpha\sin\alpha = \sigma\sin\alpha\cos\alpha = \frac{\sigma}{2}\sin 2\alpha
\end{aligned}\right\} \tag{7.5}$$

由式(7.5)可以看出，σ_α 和 τ_α 随角 α 而改变，当 $\alpha = 0°$ 时即横截面上，σ_α 达到最大值 σ；绝对值最大的切应力发生在 $\alpha = \pm 45°$ 的斜截面上，$|\tau|_{max} = |\tau_{\pm 45°}| = \frac{\sigma}{2}$ 且 $\pm 45°$ 斜截面上的正应力 $\sigma_{\pm 45°} = \frac{\sigma}{2}$。

7.2.3　应力集中的概念

在实际工程中，由于构造上的要求，有些构件需要开孔或挖槽（如油孔、沟槽、轴肩或螺纹的部位），其横截面上的正应力不再是均匀分布的。如图 7.7(a)所示一板条，中部有一小圆孔。板条受拉时，圆孔直径所在横截面上的应力分布由试验或弹性力学结果可绘出，如图 7.7(b)所示，其特点是：在小孔附近的局部区域内，应力急剧增大，但在稍远处，应力又趋于均匀。这种由于截面尺寸突然改变而引起局部区域的应力急剧增大的现象称为**应力集中**(stress concentration)。

设应力集中截面上最大应力为 σ_{max}，同一截面按净面积 A_0 计算的名义应力为 σ_0，即 $\sigma_0 = F/A_0$，则比值

$$K_t = \frac{\sigma_{max}}{\sigma_0} \tag{7.6}$$

(a)　　　　(b)

图 7.7

称为**应力集中系数**(stress-concentration factor)，$K_t > 1$，它反映了应力集中的程度。在材料力学的理论计算中，对于变截面杆，可不考虑应力集中的影响，仍用公式 $\sigma = F_N/A$ 计算轴向拉压杆横截面上的应力。

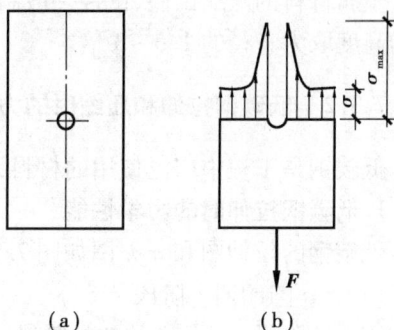

7.3　材料在拉伸与压缩时的力学性能

材料的力学性能是指在外力作用下材料在变形和破坏过程中所表现出的性能，其测定是对构件进行强度、刚度和稳定性计算的基础。

材料的力学性能除取决于材料的成分和组织结构外，还与应力状态、温度和加载方式等因素有关。本节重点讨论常温、静载条件下金属材料在拉伸与压缩时的力学性能。

7.3.1　材料的拉伸与压缩试验

为了使不同材料的试验结果能进行对比，对于钢、铁和有色金属材料，需将试验材料按《金属拉伸试验试样》的规定加工成**标准试件**，图7.8所示，分圆形截面试件和矩形截面试件。试件中部等直部分的长度为 l_0，称为原始标距，并记中部原始横截面面积为 A_0。l_0 与 $\sqrt{A_0}$ 的比

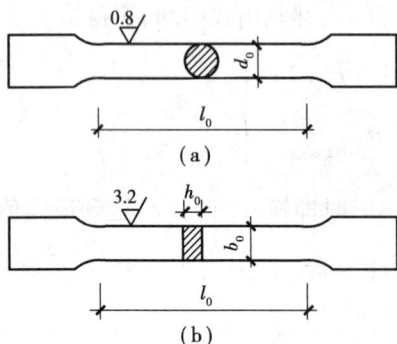

图 7.8

值若为 5.65,称为**短试件**;若为 11.3,称为**长试件**。对于圆形截面试件,设中部直径为 d_0,则 $l_0 = 5 d_0$ 称为五倍试件,$l_0 = 10 d_0$ 称为十倍试件。

将试件装入材料试验机的夹头中,启动试验机开始缓慢加载,直至试件最后拉断。加载过程中,试件所受的轴向力 F 可由试验机直接读出,而试件标距部分的伸长(称为**轴向线变形**,用 Δl 表示)可由变形仪读出。根据试验过程中测得的一系列数据,可以绘出 F 与 Δl 之间的关系曲线,称为**拉伸图**或**荷载位移曲线**。显然,拉伸图与试件的几何尺寸有关,为了消除其影响,用试件横截面上的正应力,即 $\sigma = F/A_0$ 作为纵坐标;而横坐标用试件沿长度方向的线应变 ε 表示(ε 表示单位长度试件的长度改变量,称为轴向线应变,$\varepsilon = \Delta l/l_0$)。于是可以绘出材料的 σ-ε 图,称为**应力-应变图**(stress-strain diagram)。

金属材料的压缩试验,试件一般制成短圆柱体。为了保证试验过程中试件不发生失稳,圆柱的高度取为直径的 1.5 ~ 3 倍。

7.3.2 低碳钢拉伸和压缩时的力学性能

低碳钢是工程中广泛使用的材料,其含碳量一般在 0.3% 以下,其力学性能具有代表性。

1. 低碳钢拉伸时的力学性能

低碳钢的拉伸图和 σ-ε 图如图 7.9(a),(b)所示,现讨论其力学性能。

(1)σ-ε 图的四个阶段

①弹性阶段。σ-ε 图的初始阶段(OE 段),试件的变形是弹性变形。当应力超过 E 点所对应的应力后,试件将产生塑性变形。我们将 OE 段最高点所对应的应力即只产生弹性变形的最大应力称为**弹性极限**(elastic limit),用 σ_e 表示。

在弹性阶段中有很大一部分是直线(OP 段),σ 与 ε 成正比,即

$$\sigma = E\varepsilon \qquad (\sigma \leqslant \sigma_p) \tag{7.7}$$

此即**胡克定律**(Hooke's law),它是由英国科学家 Hooke 于 1678 年率先提出的。式中的 E,即 OP 段的斜率,为材料的**弹性模量**(modulus of elasticity),表示材料的弹性性质,其值由实验测定。弹性模量 E 的量纲与应力量纲相同,常用单位是 GPa,如低碳钢的弹性模量为 200 GPa 左右。式(7.7)中的 σ_p 为直线 OP 段的最高点处的应力,称为**比例极限**(proportional limit)。可见当 $\sigma \leqslant \sigma_p$ 时,σ 与 ε 成正比。

对于低碳钢,σ_p 与 σ_e 的值相差不大,因此在工程应用中对二者不作严格区分。取 $\sigma_e \approx \sigma_p \approx 200$ MPa。

②屈服阶段。应力超过弹性极限后,试件中产生弹性变形和塑性变形,且应力达到一定数值后,应力会突然下降,然后在较小的范围内上下波动,曲线呈大体水平但微有起落的锯齿状。如图 7.9(b)中的 EA 段。这种应力基本保持不变,而应变却持续增长的现象称为**屈服**或**流动**(yield),并把屈服阶段最低点对应的应力称为**屈服极限**(yield limit),记作 σ_s。低碳钢的 $\sigma_s \approx 240$ MPa。

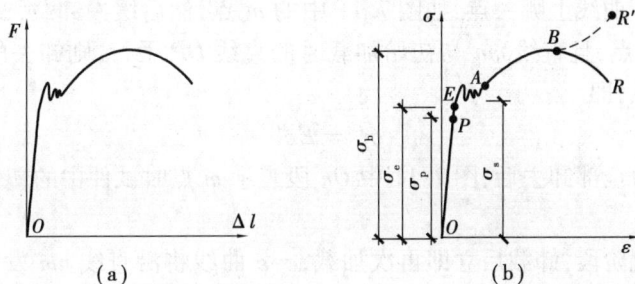

图7.9

表面经抛光的试件在屈服阶段,其表面出现与轴线大致成45°的倾斜条纹,称为**滑移线**。这是由于拉伸时,与轴线成45°截面上有最大切应力作用,使晶粒间相互滑移所留下的痕迹。

材料进入屈服阶段后将产生显著的塑性变形,这在工程构件中一般是不允许的,所以屈服极限 σ_s 是衡量材料强度的重要指标。

③**强化阶段**。试件经过屈服后,又有了抵抗新变形的能力,σ-ε 图表现为一段上升的曲线(AB 段)。这种现象称为**强化**(hardening),AB 段即为强化阶段。强化阶段最高点 B 所对应的应力,称为**强度极限**(strength limit),记作 σ_b。对于低碳钢,$\sigma_b \approx 400$ MPa。

④**局部变形阶段**。试件在 B 点之前,沿长度方向其变形基本上是均匀的,但是应力超过 σ_b 后,试件的某一局部范围内变形急剧增加,横截面面积显著减小,形成如图 7.10 所示的"颈",该现象称

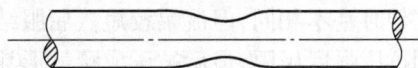

图7.10

为**颈缩**(necking)。由于颈部横截面面积急剧减小,使试件变形增加所需的拉力在下降,所以按原始面积算出的应力(即 $\sigma = F/A_0$,称为名义应力)随之下降,如图 7.9 中 BR 段,到 R 点试件被拉断。其实,此阶段的真实应力(即颈部横截面上的应力)随变形增加仍是增大的,如图 7.9(b)中的虚线 BR' 所示。

(2)两个塑性指标

试件拉断后,弹性变形全部消失,而塑性变形保留下来,工程中常用以下两个量作为衡量材料塑性变形程度的指标,即

①**延伸率**(percentage elongation)。设试件拉断后标距长度为 l_1,原始长度为 l_0,则延伸率 δ 定义为

$$\delta = \frac{l_1 - l_0}{l_0} \times 100\% \tag{7.8}$$

②**断面收缩率**(contraction percentage of area)。设试件标距范围内的横截面面积为 A_0,拉断后颈部的最小横截面面积为 A_1,则断面收缩率定义为

$$\psi = \frac{A_0 - A_1}{A_0} \times 100\% \tag{7.9}$$

δ 和 ψ 越大,说明材料的塑性变形能力越强。工程中将十倍试件的延伸率 $\delta \geqslant 5\%$ 的材料称为**塑性材料**,而把 $\delta < 5\%$ 的材料称为**脆性材料**,如低碳钢的延伸率约为 20% ~ 30%,是一种典型的塑性材料。

(3)卸载定律及冷作硬化

无论加载到 $\sigma\text{-}\varepsilon$ 曲线上哪一点,如图 7.11 中的 m 点,然后缓慢卸载,试验表明,$\sigma\text{-}\varepsilon$ 曲线将沿直线 mn 到达 n 点,且直线 mn 与初始加载时的直线 OP 平行,则卸去的应力与卸去的变形也保持为线性关系,即

$$\sigma' = E\varepsilon' \tag{7.10}$$

此即**卸载定律**。外力全部卸去后,图 7.11 中 On 段表示 m 点时试件中的塑性应变,而 nk 段表示消失的弹性变形。

预先加载到强化阶段,卸载后立即再次加载,$\sigma\text{-}\varepsilon$ 曲线将沿直线 nm 发展,到 m 点后大致沿曲线 mBR 变化,直到试件破坏。可见,第二次加载时,材料的比例极限提高到 m 点对应的应力,因为 nm 段的 σ, ε 都是线性关系。这种预先加载到强化阶段,通过卸载并立即再次加载而提高强度,但降低了塑性性能的现象称为**冷作硬化**(cold hardening)。

若第一次卸载到 n 点后,让试件"休息"几天后再加载,$\sigma\text{-}\varepsilon$ 曲线将沿 $nmm'B'R''$(图 7.11)发展,材料获得更高的比例极限和强度极限,这种现象称为**冷拉时效**(cold time-effect)。建筑施工中的钢筋常经过冷拉处理,以提高其强度,但是冷拉降低了塑性性能且不能提高抗压强度指标。

2. 低碳钢压缩时的力学性能

低碳钢压缩时的 $\sigma\text{-}\varepsilon$ 曲线如图 7.12 中实线所示。试验表明,其弹性模量 E、屈服极限 σ_s 与拉伸时基本相同,但流幅较短。屈服结束以后,试件抗压力不断提高,既没有颈缩现象,也测不到抗压强度极限,最后被压成腰鼓形甚至饼状。

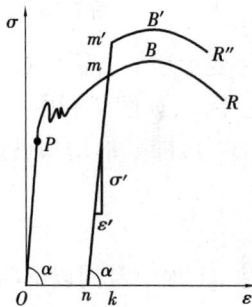

图 7.11

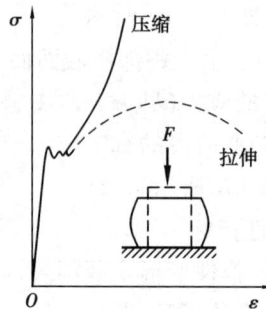

图 7.12

7.3.3 铸铁在拉伸和压缩时的力学性能

铸铁试件外形与低碳钢试件相同,其 $\sigma\text{-}\varepsilon$ 曲线如图 7.13 所示。铸铁拉伸时的 $\sigma\text{-}\varepsilon$ 曲线没有明显的直线部分,也没有明显的屈服和颈缩现象。工程中约定其弹性模量 E 为 $150 \sim 180$ GPa,而且遵循胡克定律。试件的破坏形式是沿横截面拉断,是材料间的内聚力抗抵不住拉应力所致。铸铁拉伸时的延伸率 $\delta = 0.4\% \sim 0.5\%$,是典型的脆性材料。抗拉强度极限 σ_b^t 等于 150 MPa 左右。

铸铁压缩破坏时,其断面法线与轴线大致成 $45° \sim 55°$,是斜截面上的切应力所致。铸铁抗压强度极限 σ_b^c 等于 800 MPa 左右,说明其抗压能力远远大于抗拉能力。

对于工程中常用的没有明显屈服阶段的塑性材料,如硬铝、青铜、高强钢等,国家标准规

定,试件卸载后有 0.2% 的塑性应变时的应力值作为**名义屈服极限**(offset yielding stress),用 $\sigma_{0.2}$ 表示(图 7.14)。

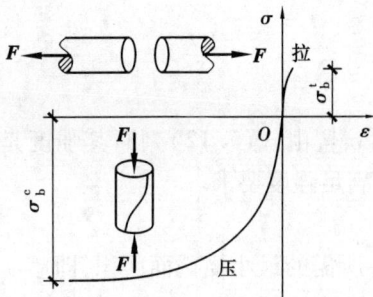

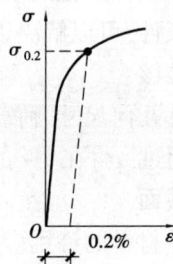

图 7.13   图 7.14

综上所述,塑性材料的延性较好,对于冷压冷弯之类的冷加工性能比脆性材料好,同时由塑性材料制成的构件在破坏前常有显著的塑性变形,所以承受动荷载能力较强。脆性材料如铸铁、混凝土、砖、石等延性较差,但其抗压能力较强,且价格低廉,易于就地取材,所以常用于基础及机器设备的底座。

7.4   轴向拉压杆件的强度计算

上两节我们讨论了杆件在拉伸和压缩时的应力计算,以及材料的力学性能,本节将在此基础上学习强度计算。

7.4.1   许用应力

材料发生断裂或出现明显的塑性变形而丧失正常工作能力时的状态为**极限状态**(state of limit),此时的应力为**极限应力**,用 σ^0 表示。对于脆性材料,$\sigma^0 = \sigma_b$,因为应力达到强度极限 σ_b 时会发生断裂。对于塑性材料,$\sigma^0 = \sigma_s$,因为应力达到屈服极限 σ_s 时虽未断裂,但是构件中出现显著的塑性变形,影响构件正常工作。

由于极限应力 σ^0 的测定是近似的而且构件工作时的应力计算理论有一定的近似性,所以不能把 σ^0 直接用于强度计算的控制应力。为安全起见,应把极限应力 σ^0 除以一个大于 1 的系数 n,作为构件工作时允许产生的最大应力值,即

$$[\sigma] = \frac{\sigma^0}{n} \tag{7.11}$$

式中,$[\sigma]$ 称为**许用应力**(allowable stress),n 称为**安全系数**(factor of safety),$n > 1$。

安全系数 n 的确定需考虑诸多因素如计算简图、荷载、构件工作状况及构件的重要性等,常由国家指定专门机构确定。

7.4.2   强度计算

轴向拉压杆**危险截面**(最大正应力所在截面)上的正应力应该不超过材料的许用应力,即

$$\sigma_{\max} = \left| \frac{F_N}{A} \right|_{\max} \leqslant [\sigma] \tag{7.12}$$

此即为轴向拉压杆的**强度条件**。

根据强条件,可以解决以下三种强度计算问题:

1. 强度校核

已知杆件几何尺寸、荷载以及材料的许用应力$[\sigma]$,由式(7.12)判断其强度是否满足要求。若$\sigma_{\max}$超过$[\sigma]$在5%的范围内,工程中仍认为满足强度要求。

2. 设计截面

已知杆件材料的许用应力$[\sigma]$及荷载,确定杆件所需的最小横截面面积,即

$$A \geqslant \frac{F_N}{[\sigma]} \tag{7.13}$$

3. 确定许用荷载

已知杆件材料的许用应力$[\sigma]$及杆件的横截面面积,确定许用荷载,即

$$F_N \leqslant A[\sigma] \tag{7.14}$$

例7.3 图7.15(a)所示三角托架的结点B受一重力$F = 10$ kN,杆①为钢杆,长1 m,横截面面积$A_1 = 600$ mm²,许用应力$[\sigma]_1 = 160$ MPa;杆②为木杆,横截面面积$A_2 = 10\ 000$ mm²,许用应力$[\sigma]_2 = 7$ MPa。(1)试校核三角托架的强度;(2)试求结构的许用荷载$[F]$;(3)当外力$F = [F]$时,重新选择杆的截面。

解 (1)取结点B为分离体,由图7.15(b)可得

$$F_{N1} = 2F = 20 \text{ kN} \tag{a}$$

$$F_{N2} = -\sqrt{3}F = -17.3 \text{ kN} \tag{b}$$

由强度条件即式(7.12)

$$\sigma_1 = \frac{F_{N1}}{A_1} = \frac{20 \times 10^3 \text{ N}}{600 \text{ mm}^2} = 33.3 \text{ MPa} < [\sigma]_1$$

$$= 160 \text{ MPa}$$

$$\sigma_2 = \left| \frac{F_{N2}}{A_2} \right| = \frac{17.3 \times 10^3 \text{ N}}{10\ 000 \text{ mm}^2} = 1.73 \text{ MPa} < [\sigma]_2$$

$$= 7 \text{ MPa}$$

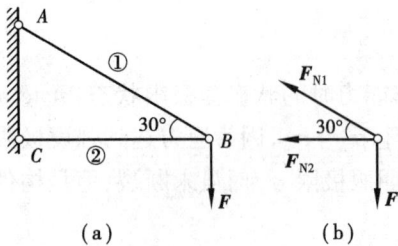

图7.15

故该三角托架的强度满足要求。

(2)考察①杆,其许用轴力$[F_{N1}]$为

$$[F_{N1}] = A_1[\sigma]_1 = 600 \text{ mm}^2 \times 160 \text{ MPa} = 9.6 \times 10^4 \text{ N} = 96 \text{ kN}$$

当①杆的强度被充分发挥时,即$F_{N1} = [F_{N1}]$,由式(a)可得

$$[F]_1 = \frac{1}{2}F_{N1} = \frac{1}{2}[F_{N1}] = 48 \text{ kN} \tag{c}$$

同理,考察②杆,其许用轴力$[F_{N2}]$为

$$[F_{N2}] = A_2[\sigma]_2 = 10\ 000 \text{ mm}^2 \times 7 \text{ MPa} = 70\ 000 \text{ N} = 70 \text{ kN}$$

当②杆的强度被充分发挥时,由式(b)可得

$$[F]_2 = \frac{1}{\sqrt{3}}F_{N2} = \frac{1}{\sqrt{3}}[F_{N2}] = 40.4 \text{ kN} \tag{d}$$

由式(c)和式(d),可得托架的许用荷载为

$$[F] = [F]_2 = 40.4 \text{ kN}$$

(3)外力 $F = [F]$ 时,②杆的强度已经被充分发挥,所以面积 A_2 不变。而①杆此时的轴力 $F_{N1} < [F_{N1}]$,重新计算其截面,由式(7.12)可得

$$A_1 \geqslant \frac{F_{N1}}{[\sigma]_1}$$

而 $F_{N1} = 2F = 2[F]$,所以

$$A_1 = \frac{2[F]}{[\sigma]_1} = \frac{2 \times 40.4 \times 10^3 \text{ N}}{160 \text{ MPa}} = 505 \text{ mm}^2$$

例 7.4 图 7.16(a)所示结构,①杆和②杆均为圆形钢杆,钢材的许用应力 $[\sigma] = 160$ MPa,直径分别为 $d_1 = 30$ mm、$d_2 = 20$ mm。试求结点 A 处所能承受的最大铅垂外力。

解 (1)静力计算

取结点 A 为分离体,如图 7.16(b)所示,列平衡方程

$$\left. \begin{array}{l} \sum F_x = 0 \quad -F_{N1} \sin 30° + F_{N2} \sin 45° = 0 \\ \sum F_y = 0 \quad F_{N1} \cos 30° + F_{N2} \cos 45° - F = 0 \end{array} \right\}$$

解出

$$F_{N1} = \frac{2F}{1 + \sqrt{3}} = 0.732F \tag{a}$$

$$F_{N2} = \frac{2F}{\sqrt{2} + \sqrt{6}} = 0.518F \tag{b}$$

(2)许用轴力

由式(7.12)计算①杆的许用轴力 $[F_{N1}]$

$$[F_{N1}] = A_1[\sigma] = \frac{\pi d_1^2}{4}[\sigma] = \frac{\pi}{4} \times 30^2 \text{ mm}^2 \times 160 \text{ MPa} = 113.1 \text{ kN} \tag{c}$$

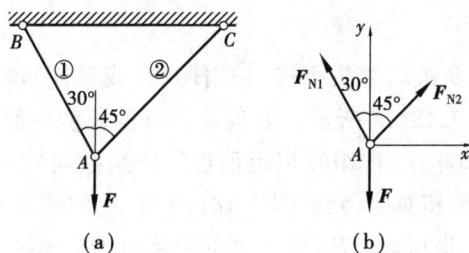

图 7.16

同理

$$[F_{N2}] = A_2[\sigma] = \frac{\pi}{4} \times 20^2 \text{ mm}^2 \times 160 \text{ MPa} = 50.3 \text{ kN} \tag{d}$$

(3)$[F]$

首先,设①杆的强度被充分发挥时,即 $F_{N1} = [F_{N1}]$,由式(a)(c)可得

$$[F]_1 = \frac{113.1}{0.732} \text{ kN} = 154.5 \text{ kN}$$

其次,设②杆的强度被充分发挥时,即 $F_{N2} = [F_{N2}]$,由式(b)(d)可得

$$[F]_2 = \frac{50.3}{0.518} \text{ kN} = 97.2 \text{ kN}$$

所以

$$[F] = [F]_2 = 97.2 \text{ kN}$$

7.5　连接件的实用计算

实际工程中许多结构或结构部件是由若干构件组合而成的。连接的作用就是通过一定的方式将不同的构件组合成整体结构或结构部件,以保证其共同工作。**连接件**(connective element)就是起着上述连接作用的部件,如螺栓、铆钉、销钉、键、焊缝、榫头等,如图 7.17 所示。连接部位的受力往往非常复杂,除受拉破坏以外,连接的破坏形式主要是剪切破坏和挤压破坏。本节以铆钉连接为例,介绍连接件的实用计算方法。

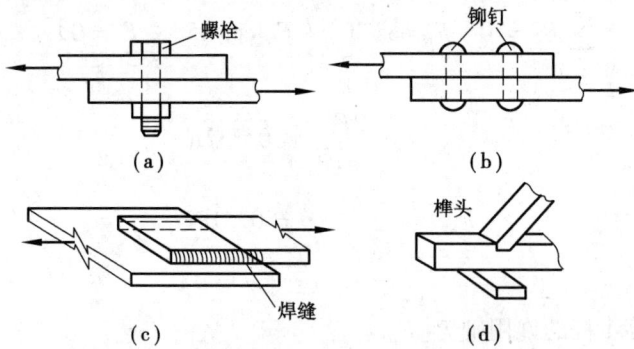

图 7.17

7.5.1　剪切的实用计算

图 7.18(a)所示 A 板和 B 板以端头相搭,并用铆钉(或螺栓)铆住的连接形式称为搭接。搭接中铆钉的受力分析如图 7.18(b)所示。因为铆钉杆的长度一般不大,可以认为铆钉杆的两侧分别受到大小相等、方向相反、作用线相距很近的两组横向外力的作用。当外力 **F** 足够大时,铆钉将沿 m-m 截面发生相对错动,如图 7.18(c)所示,即铆钉发生剪切破坏。m-m 截面称为**剪切面**(shear surface)。根据截面法,取下半部分铆钉为分离体,如图 7.18(d)所示,则剪切面 m-m 上有内力——剪力 F_S,且 $F_S = F$。

在实用计算中,假设与剪力 F_S 对应的剪切应力 τ_j 在剪切面 m-m 上是均匀分布的,则

$$\tau_j = \frac{F_S}{A_j} \tag{7.15}$$

式中,A_j 为剪切面的面积。以上述铆钉为例,其剪切面上的剪切应力为:$\tau_j = \dfrac{F}{\pi d^2/4}$,$d$ 为铆钉杆直径。

强度计算方法:由剪切破坏试验可以测出材料的极限剪切应力 τ_j^0,再除以安全系数 n 得

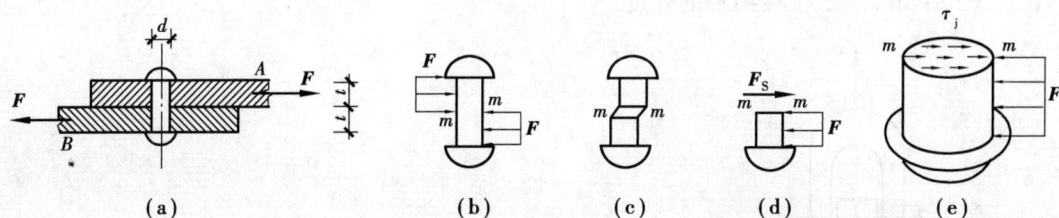

图 7.18

到许用剪切应力$[\tau_j]$,则剪切强度条件为

$$\tau_j = \frac{F_S}{A_j} \leqslant [\tau_j] \tag{7.16}$$

式中,$[\tau_j]$为连接件所用材料的许用剪切应力。

7.5.2 挤压的实用计算

前述搭接中,A、B 板在外力 F 作用下,必然通过铆钉和两板之间的相互**挤压**(bearing)来实现力的传递。如果外力足够大,铆钉板上接触面邻近的材料将产生过大塑性变形而出现挤压破坏,如图7.19(a)所示。A 板与铆钉之间接触并传递力的面是图 7.19(b)所示半个圆柱面,称为**挤压面**。挤压面上所传递的压力称为**挤压力**(bearing force),用 F_{bs} 表示。挤压面上所产生的正应力称为**挤压应力**(bearing stress)。图 7.19(b)所示挤压面为半个圆柱面时,其上挤压应力的分布比较复杂。

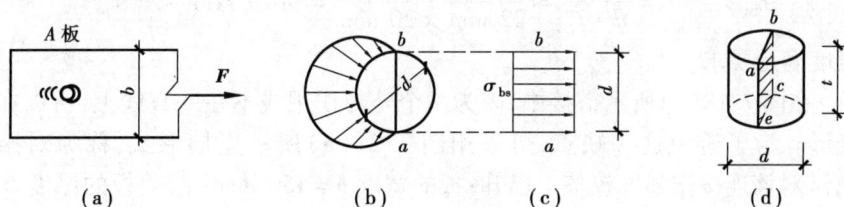

图 7.19

在实用计算中,采用计算挤压面即实际挤压面沿挤压方向的正投影(如图 7.19(d)所示直径面 $abcd$),其面积称为**计算挤压面面积**,用 A_{bs} 表示,并假设挤压力在计算挤压面内均匀分布。设 A 板的厚度为 t,则 A 板和铆钉之间的挤压应力为

$$\sigma_{bs} = \frac{F_{bs}}{A_{bs}} = \frac{F}{d \cdot t} \tag{7.17}$$

于是挤压强度条件为

$$\sigma_{bs} = \frac{F_{bs}}{A_{bs}} \leqslant [\sigma_{bs}] \tag{7.18}$$

式中,$[\sigma_{bs}]$为材料的许用挤压应力。

连接件和其他构件之间的挤压是相互的,其挤压应力相等,所以只需校核二者之中许用挤压应力较小的一个。

例 7.5 图 7.20(a)所示一吊具,它由销轴将吊钩与吊板连接而成。已知 $F = 40$ kN,销轴直径 $d = 22$ mm,$t_1 = 20$ mm,$t_2 = 12$ mm,销轴材料的许用剪切应力$[\tau_j] = 60$ MPa,许用挤压应

力$[\sigma_{bs}]=120$ MPa。试校核销轴的强度。

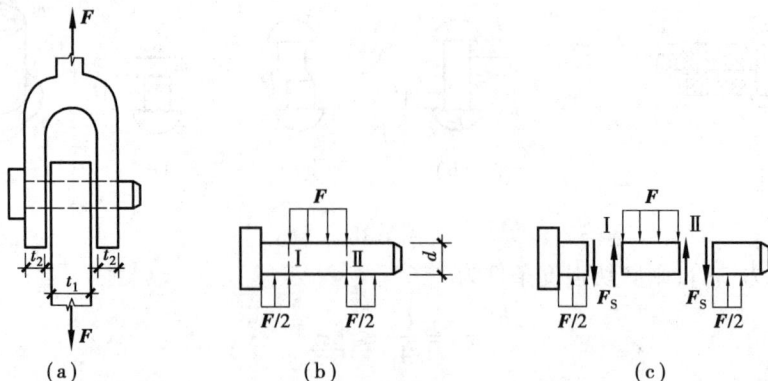

图 7.20

解 首先分析销轴的受力,如图 7.20(b)所示,可见销轴有两个剪切面 I ,II 同时存在,我们称为**双剪**。由图 7.20(c)可得,$F_S=\dfrac{F}{2}$,$A_j=\dfrac{1}{4}\pi d^2$,则

$$\tau_j=\frac{F_S}{A_j}=\frac{F/2}{\pi d^2/4}=\frac{2\times 40\times 10^3\ \text{N}}{\pi\times 22^2\ \text{mm}^2}=52.6\ \text{MPa} < [\tau_j]$$

所以销轴满足抗剪强度条件。

现校核挤压强度。因为 $t_1=20$ mm $<2t_2=24$ mm,所以只需校核销轴中部的强度即可。则

$$\sigma_{bs}=\frac{F_{bs}}{A_{bs}}=\frac{F}{d\cdot t_1}=\frac{40\times 10^3\ \text{N}}{22\ \text{mm}\times 20\ \text{mm}}=90.9\ \text{MPa} < [\sigma_{bs}]$$

故销轴的强度满足要求。

例 7.6 在图 7.18(a)所示搭接中,因为两个外力作用线不在一直线上,所以在连接处会产生弯曲变形。为了避免这一缺点,可采用图 7.21(a)所示连接形式,称为**对接**。设外力 $F=300$ kN,试对该连接作强度校核。已知:板的宽度 $b=150$ mm ,两盖板的厚度 $t_1=10$ mm,两主板的厚度 $t_2=20$ mm,铆钉直径 $d=28$ mm 。连接中各部分材料相同,其许用拉应力 $[\sigma]=160$ MPa,许用剪切应力 $[\tau_j]=100$ MPa,许用挤压应力 $[\sigma_{bs}]=280$ MPa。

解 主板、铆钉、盖板的受力图如图 7.21(b)、(c)、(d)所示。此处假设连接所传递的力 F 由铆钉平均分担,以最左侧铆钉(图中标为 K)为例,左侧主板 B 施加给它的力为 $F/3$(B 板有 3 个铆钉),而它传给上、下盖板的力则都为 $F/6$。

(1)铆钉的强度校核

①剪切强度校核。铆钉的剪切变形为双剪(一个铆钉有两个剪切面),$F_S=F/6$,$A_j=\pi d^2/4$,则

$$\tau_j=\frac{F_S}{A_j}=\frac{300\times 10^3\ \text{N}/6}{\pi\times 28^2\ \text{mm}^2/4}=81.2\ \text{MPa} < [\tau_j]=100\ \text{MPa}$$

故铆钉的剪切强度满足要求。

②挤压强度校核。铆钉和主板、盖板之间的挤压力分别为 $F/3$ 和 $F/6$,而其计算挤压面积分别为 $dt_2=28\times 20$ mm^2 和 $dt_1=28\times 10$ mm^2,可见其挤压应力相同。则

$$\sigma_{bs}=\frac{F_{bs}}{A_{bs}}=\frac{300\times 10^3\ \text{N}/3}{28\ \text{mm}\times 20\ \text{mm}}=178.6\ \text{MPa} < [\sigma_{bs}]=280\ \text{MPa}$$

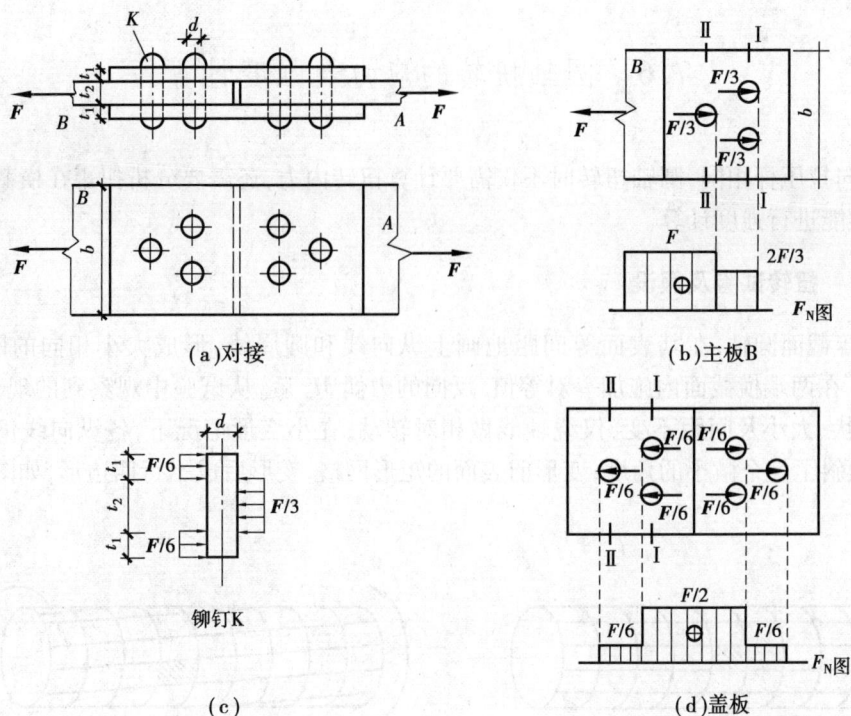

（a）对接 （b）主板B

铆钉K

（c） （d）盖板

图 7.21

故铆钉的挤压强度满足要求。

（2）主板的强度校核

主板与铆钉的挤压应力相同，强度满足要求。

拉伸强度校核。其轴力图如图 7.21（b）所示，需校核 Ⅰ，Ⅱ 截面。

$$\sigma_{\text{I}} = \frac{F_{N\text{I}}}{A_{\text{I}}} = \frac{2F/3}{bt_2 - 2dt_2} = \frac{2 \times 300 \times 10^3 \text{ N}/3}{(150 \text{ mm} - 2 \times 28 \text{ mm}) \times 20 \text{ mm}}$$
$$= 106 \text{ MPa} < [\sigma] = 160 \text{ MPa}$$

$$\sigma_{\text{II}} = \frac{F_{N\text{II}}}{A_{\text{II}}} = \frac{F}{bt_2 - dt_2} = \frac{300 \times 10^3 \text{ N}}{(150 \text{ mm} - 28 \text{ mm}) \times 20 \text{ mm}} = 123 \text{ MPa} < [\sigma]$$

故主板拉伸强度满足要求。

（3）盖板的强度校核

盖板与铆钉的挤压应力相同，满足强度要求。

拉伸强度校核。其轴力图如图 7.21（d）所示，危险截面为 Ⅰ 截面：

$$\sigma'_{\text{I}} = \frac{F'_{N\text{I}}}{A'_{\text{I}}} = \frac{F/2}{bt_1 - 2dt_1} = \frac{300 \times 10^3 \text{ N}/2}{(150 \text{ mm} - 2 \times 28 \text{ mm}) \times 10 \text{ mm}} = 159.6 \text{ MPa} < [\sigma]$$

所以，该连接的强度满足要求。

7.6 圆轴扭转的应力及强度计算

与轴向拉压杆相同,圆轴扭转时不仅需要计算扭转内力,还需要分析扭矩在横截面上的分布规律,才能进行强度计算。

7.6.1 扭转试验及假设

取一等截面圆轴,在其表面等间距地画上纵向线和圆周线,形成大小相同的网格,见图7.22(a)。在两端横截面内施加一对等值、反向的力偶 M_e 后,从试验中观察到的现象是:各圆周线的形状、大小及间距不变,仅绕轴线做相对转动;在小变形情况下,各纵向线仍近似是直线,只是倾斜了一个微小的角度;变形前表面的矩形网格,变形后成平行四边形,如图7.22(b)所示。

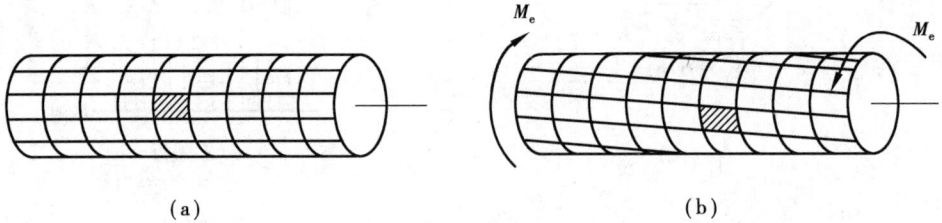

图 7.22

根据上述试验现象,由表及里,做出如下推断:因任意相邻圆周线之间的间距不变,故横截面上无正应力;因圆周线绕轴线相对转动,其形状、大小不变,且轴线不动,故横截面上必有切应力存在,其方向垂直于半径。据此,可以作出圆轴扭转时的**平面假设**:横截面在变形后仍保持为平面,其形状和大小也不变,且半径仍为直线。

7.6.2 圆轴扭转时横截面上的应力

根据上述假设,现从几何、物理和静力学三方面进行分析。

1.几何方面

现用相距为 dx 的两个横截面以及夹角微小的两个径向截面从轴中切取一个微小的楔形体,如图7.23(a)所示,其变形如图7.23(b)所示,表面层 $ABCD$ 变为 $ABC'D'$,距轴线为 ρ 处的矩形 $abcd$ 变为平行四边形 $abc'd'$。a 点处直角 $\angle bad$ 变为 $\angle bad'$,其改变量 $\angle dad'$ 即是切应变,设为 γ_ρ。$\angle DO_2D'$ 代表楔形体左右两截面相对转过的角度,称为**相对扭转角**,用 $d\varphi$ 表示。φ 是衡量两个截面间相对转动大小的物理量,表述时常用下标来表示这两个截面,如图7.24所示圆轴,φ_{AB} 和 φ_{AC} 分别表示 A,B 两截面间和 A,C 两截面间的相对扭转角。

由图7.23(b)可以看出

$$\gamma_\rho = \frac{\overline{dd'}}{\overline{ad}} = \frac{\rho \cdot d\varphi}{dx} = \rho \cdot \frac{d\varphi}{dx} \tag{a}$$

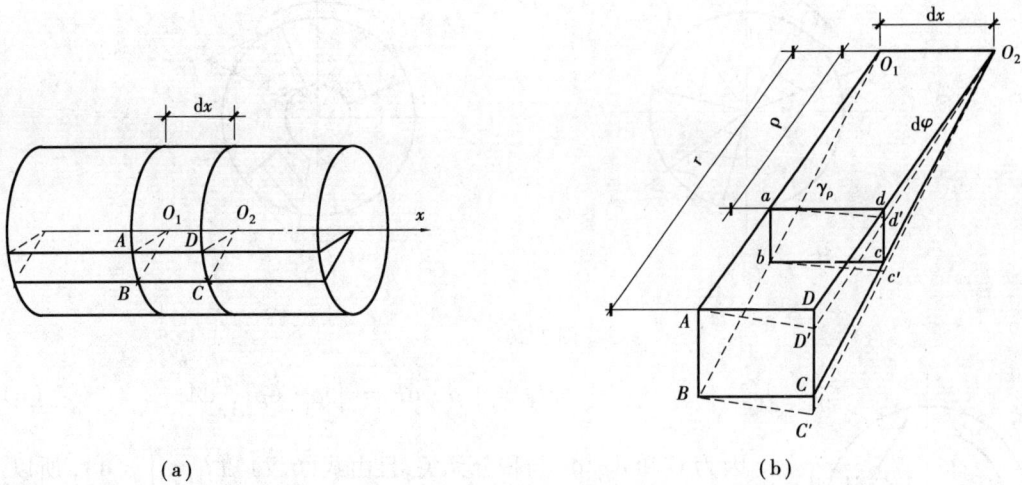

(a)　　　　　　　　　　　　　　　　　(b)

图 7.23

式中,$\dfrac{\mathrm{d}\varphi}{\mathrm{d}x}$为扭转角沿轴线 x 的变化率,令 $\dfrac{\mathrm{d}\varphi}{\mathrm{d}x}=\theta$,称为**单位长度扭转角**,表示扭转变形程度。在同一横截面上,$\dfrac{\mathrm{d}\varphi}{\mathrm{d}x}$是常数,可见 γ_ρ 与 ρ 成正比。

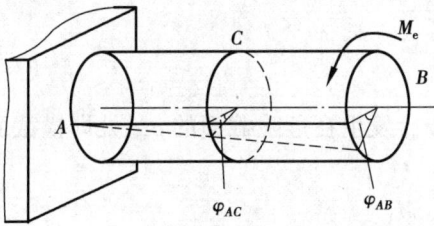

图 7.24

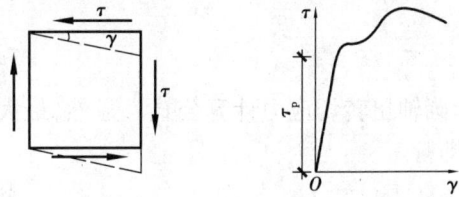

图 7.25

2. 物理方面

对于线弹性材料,试验表明,当切应力不超过材料的剪切比例极限 τ_p 时,切应力 τ 与切应变 γ 保持线性关系,图 7.25 所示低碳钢试件测得的 τ-γ 图,可得

$$\tau = G\gamma \quad (\tau \leqslant \tau_p) \tag{7.19}$$

此式即为**剪切胡克定律**(Hooke's law in shear)。比例系数 G 称为**切变模量**(shear modulus),量纲与应力量纲相同,常用单位为 GPa。

由式(a)和式(7.19),可得横截面上半径为 ρ 处的切应力为

$$\tau_\rho = G\rho \frac{\mathrm{d}\varphi}{\mathrm{d}x} \tag{b}$$

于是横截面上任一点的 τ_ρ 与半径垂直,沿半径方向呈线性变化,图 7.26 所示为实心和空心圆截面扭转切应力在横截面上的分布规律。

3. 静力学方面

由图 7.27 不难写出内力扭矩 M_T 与 $\mathrm{d}F = \tau_\rho \cdot \mathrm{d}A$ 之间的静力学关系

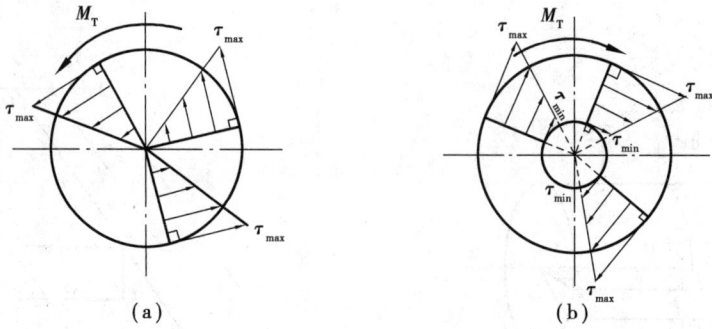

（a）　　　　　　　　　　　　　（b）

图 7.26

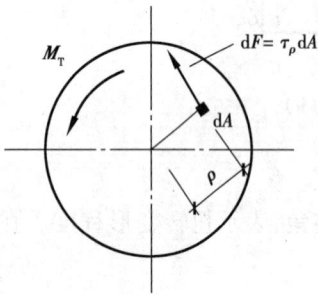

图7.27

$$M_T = \int_A \rho \cdot dF = \int_A \rho \cdot G\rho \frac{d\varphi}{dx} dA \qquad (c)$$

因为 G 和 $d\varphi/dx$ 与积分无关,且由式(6.7)知 $I_p = \int_A \rho^2 dA$,所以

$$M_T = G \frac{d\varphi}{dx} I_p$$

则

$$\frac{d\varphi}{dx} = \frac{M_T}{GI_p} \qquad (d)$$

将上式代入式(b),得

$$\tau_\rho = \frac{M_T}{I_p} \rho \qquad (7.20)$$

此即圆轴扭转切应力计算公式。显然,最大切应力 τ_{max} 发生在危险截面的 ρ_{max} 处即横截面边缘,即

$$\tau_{max} = \frac{M_T}{I_p} \rho_{max} = \frac{M_T}{I_p/\rho_{max}}$$

令 $I_p/\rho_{max} = W_p$,有

$$\tau_{max} = \frac{M_T}{W_p} \qquad (7.21)$$

式中,W_p 称为**抗扭截面系数**或**抗扭截面模量**(section modulus of torsion),其量纲为[长度]^3。

对于实心圆截面,设直径为 d,$\rho_{max} = d/2$,则

$$W_p = \frac{I_p}{\rho_{max}} = \frac{\frac{\pi d^4}{32}}{\frac{d}{2}} = \frac{\pi d^3}{16} \qquad (7.22)$$

对于空心圆截面,内、外径分别为 d 和 D,且 $\alpha = d/D$,则

$$W_p = \frac{\frac{\pi}{32}(D^4 - d^4)}{\frac{D}{2}} = \frac{\pi D^3}{16}\left[1 - \left(\frac{d}{D}\right)^4\right] = \frac{\pi D^3}{16}(1 - \alpha^4) \qquad (7.23)$$

110

7.6.3 切应力互等定理

从受扭圆轴中取一单元体(图7.28),其左、右两侧面上只有切应力 τ,合力均为 $\tau \cdot \mathrm{d}y\mathrm{d}z$,构成一力偶,其矩为 $(\tau\mathrm{d}y\mathrm{d}z) \cdot \mathrm{d}x$。因为单元体处于平衡状态,所以上、下两面上也存在大小相等、方向相反的切应力,设为 τ',且 τ' 的合力构成的力偶与前述力偶平衡,即

$$(\tau\mathrm{d}y\mathrm{d}z) \cdot \mathrm{d}x = (\tau' \cdot \mathrm{d}x\mathrm{d}z) \cdot \mathrm{d}y$$

于是

$$\tau' = \tau \tag{7.24}$$

以上推证可表述为:在微体的两个相互垂直截面上,垂直于两截面交线的切应力总是成对出现的,且大小相等,方向均指向或背离两面的交线。此即为**切应力互等定理**(theorem of conjugate shearing stress)。

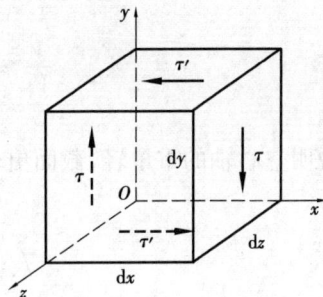

图7.28

图7.28所示单元体4个侧面上只存在切应力而无正应力的情况称为纯剪切应力状态。

7.6.4 扭转圆轴的强度计算

与轴向拉压杆的强度计算方法相似,圆轴扭转时可以通过扭转试验测定材料的极限应力 τ^0(对于塑性材料,τ^0 取扭转屈服极限 τ_s;对于脆性材料,τ^0 取扭转强度极限 τ_b),再考虑安全储备,可得许用切应力

$$[\tau] = \frac{\tau^0}{n} \tag{7.25}$$

式中,n 为安全系数,据此可得圆轴扭转时的强度条件

$$\tau_\mathrm{max} = \frac{M_\mathrm{T,max}}{W_\mathrm{p}} \leqslant [\tau] \tag{7.26}$$

式(7.26)也可解决3个方面的问题,即强度校核、设计截面和确定许用荷载。

例7.7 某实心圆轴,承受最大扭矩为 2 kN·m,材料的许用切应力 $[\tau] = 40$ MPa,直径 $d = 64$ mm。(1)校核该轴的强度;(2)若改用空心圆轴,且内、外径之比 $\alpha = 0.85$,确定截面尺寸,并比较两种截面的材料用量。

解 (1)由题意知,$M_\mathrm{T,max} = 2$ kN·m,由式(7.26)可得

$$\tau_\mathrm{max} = \frac{M_\mathrm{T,max}}{W_\mathrm{p}} = \frac{M_\mathrm{T,max}}{\dfrac{\pi}{16}d^3} = \frac{2 \times 10^6 \text{ N} \cdot \text{mm}}{\dfrac{\pi}{16} \times 64^3 \text{ mm}^3} = 38.9 \text{ MPa} < [\tau] = 40 \text{ MPa}$$

故实心轴满足强度要求。

(2)设空心轴内、外直径为 d_1 和 D_1($\dfrac{d_1}{D_1} = 0.85$),由式(7.26)和式(7.23)可得

$$\tau_\mathrm{max} = \frac{M_\mathrm{T,max}}{W_\mathrm{p}} = \frac{M_\mathrm{T,max}}{\dfrac{\pi D_1^3}{16}(1 - \alpha^4)} \leqslant [\tau]$$

解出

$$D_1 \geqslant \sqrt[3]{\frac{16 \times 2 \times 10^6 \text{ N} \cdot \text{mm}}{\pi \times (1 - 0.85^4) \times 40 \text{ MPa}}} = 81.1 \text{ mm}$$

所以取 $D_1 = 82$ mm, $d_1 = \alpha D_1 \approx 70$ mm。

比较用量:设实心截面轴和空心截面轴的体积分别为 V 和 V_1,因为两轴长度相同,所以

$$\frac{V}{V_1} = \frac{\frac{\pi}{4}d^2}{\frac{\pi}{4}(D_1^2 - d_1^2)} = \frac{64^2}{82^2 - 70^2} = 2.2$$

这说明空心轴的重量轻,截面更合理。

7.7 梁的应力及强度计算

在 5.4 节中我们学习了梁的内力即 F_S 和 M 的计算,为了解决梁的强度问题,须研究横截面上的应力。根据 F_S,M 的概念,M 仅与横截面上的正应力 σ 有关,F_S 仅与横截面上的切应力 τ 有关。本节先讨论弯曲正应力,再讨论弯曲切应力,最后学习强度计算。

7.7.1 梁的正应力

首先从纯弯曲入手,推导出正应力计算公式,再推广到一般的横力弯曲。所谓**纯弯曲**(pure bending),是指横截面上剪力为零,而弯矩为常数的梁或梁段。图 7.29 所示梁的 CD 段即为纯弯曲。而梁横截面上既有弯矩又有剪力,即为**横力弯曲**。

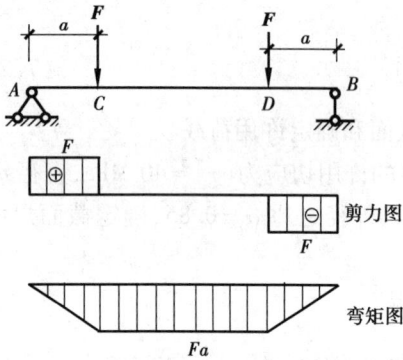

图 7.29

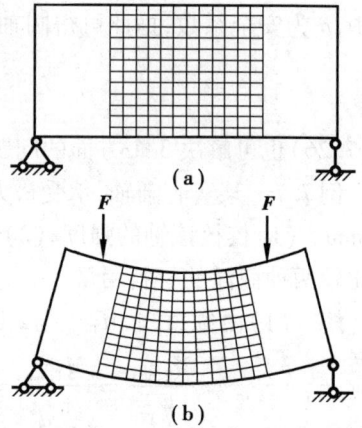

图 7.30

1.试验及假设

取矩形截面橡皮梁,加力前,在梁的侧面画上等间距的水平纵向线和等间距的横向线,图 7.30(a)所示。然后对称加载使梁中间一段发生纯弯曲变形,图 7.30(b)所示,可观察到以下现象:

(1)纵向线由相互平行的水平直线变为相互平行的曲线,上部的纵向线缩短,下部的纵向线伸长,且纵向线之间的间距无改变;

（2）横向线变形后仍保持为直线,但发生了相对转动,且与变形后的纵向线垂直。

根据上述现象,由表及里,可以作出如下假设:

（1）梁的横截面在变形后仍保持为平面,并与变形后的轴线垂直,只是转动了一个角度。这就是梁弯曲变形时的**平面假设**。

（2）设想梁是由许多层与上、下底面平行的纵向纤维叠加而成,变形后,这些纤维层发生了纵向伸长或缩短,但相邻纤维层之间不受力,称为**纵向纤维层间互不挤压假设**。

（3）因为变形的连续性,上部纤维层缩短,下部纤维层伸长,则中间必然有一层纤维的长度不变,这一层纤维称为**中性层**（neutral surface）。中性层与横截面的交线称为**中性轴**（neutral axis）,如图 7.31 所示。

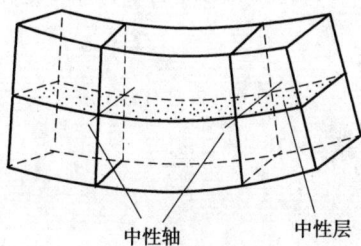

图 7.31

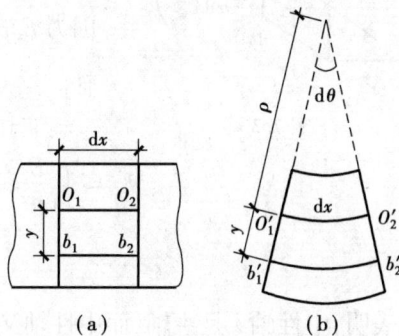

图 7.32

2.纯弯曲正应力公式推导

下面从几何、物理和静力学等三方面入手推导正应力公式。

（1）几何方面

如图 7.32（a）所示从纯弯曲梁中取微段 dx 研究,其变形后如图 7.32（b）所示。设中性层为 O_1O_2,变形后为 $O_1'O_2'$,其长度仍为 dx,且 $dx = \rho d\theta$,ρ 为中性层的曲率半径。现研究距中性层为 y 的任一层纤维 b_1b_2 的变形

$$\varepsilon = \frac{\overline{b_1'b_2'} - \overline{b_1b_2}}{\overline{b_1b_2}} = \frac{\overline{b_1'b_2'} - \overline{O_1O_2}}{\overline{O_1O_2}} = \frac{\overline{b_1'b_2'} - \overline{O_1'O_2'}}{\overline{O_1'O_2'}} = \frac{(\rho + y)d\theta - \rho d\theta}{\rho d\theta}$$

可得

$$\varepsilon = \frac{y}{\rho} \tag{a}$$

上式表明,纵向线应变与点到中性层的距离成正比。

（2）物理方面

由前述假设（2）可知,梁中各层纤维之间无挤压,即各层纤维处于单向受力状态,则由胡克定律

$$\sigma = E\varepsilon = E\frac{y}{\rho} \tag{b}$$

（3）静力学方面

从纯弯曲段中任取一横截面,设中性轴为 z,建立图 7.33 所示的坐标系。在横截面上取微面积 dA,其上正应力合力为 σdA。各处的 σdA 形成一个与横截面垂直的空间平行力系,其简

化结果应与该截面上的内力相对应,即

$$F_N = \int_A \sigma dA = 0 \tag{c}$$

$$M_y = \int_A z\sigma dA = 0 \tag{d}$$

$$M_z = \int_A y\sigma dA = M \tag{e}$$

由式(b)和式(c),可得

$$F_N = \int_A \frac{E}{\rho} y dA = \frac{E}{\rho}\int_A y dA = 0$$

因为 E/ρ 不为零,所以 $\int_A y dA = S_z = 0$,则说明中性轴 z 是形心轴。

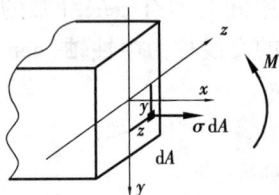

图 7.33

再由式(d),可得

$$M_y = \int_A \frac{E}{\rho} yz dA = \frac{E}{\rho}\int_A yz dA = \frac{E}{\rho} I_{yz} = 0$$

所以

$$I_{yz} = 0 \tag{f}$$

上式表明,中性轴 z 是主轴,而中性轴又是形心轴,所以**中性轴是横截面的形心主轴**。

最后由式(e)

$$M_z = \int_A \frac{E}{\rho} y^2 dA = \frac{E}{\rho}\int_A y^2 dA = \frac{E}{\rho} I_z = M$$

所以

$$\frac{1}{\rho} = \frac{M}{EI_z} \tag{7.27}$$

上式说明,中性层曲率 $1/\rho$ 与 M 成正比,与 EI_z 成反比。EI_z 称为梁的**抗弯刚度**(flexural rigidity),表示梁抵抗弯曲变形的能力。式(7.27)是计算梁变形的基本公式。

将式(7.27)代入式(b),可得纯弯曲时横截面上正应力公式

$$\sigma = \frac{M}{I_z} y \tag{7.28}$$

式中 M——欲求正应力点所在横截面上的弯矩;

I_z——横截面对中性轴的惯性矩;

y——所求应力的点的 y 坐标值。

由式(7.28)可看出,在某一横截面上,M 和 I_z 为常数,所以 σ 与 y 成正比,即正应力沿横截面高度方向呈线性变化规律,沿宽度方向无变化,如图 7.34 所示。中性轴将横截面分成两部分,一部分受拉,另一部分受压。

由式(7.28)可知,σ_{max} 发生在离中性轴最远处,即

$$\sigma_{max} = \frac{M}{I_z} y_{max} = \frac{M}{\dfrac{I_z}{y_{max}}}$$

令 $\dfrac{I_z}{y_{max}} = W_z$,称 W_z 为**抗弯截面系数**或**抗弯截面模量**(section modulus in bending),其量纲

为[长度]³。于是

$$\sigma_{max} = \frac{M}{W_z} \qquad (7.29)$$

对于宽为 b，高为 h 的矩形截面

$$W_z = \frac{I_z}{y_{max}} = \frac{\frac{bh^3}{12}}{\frac{h}{2}} = \frac{bh^2}{6} \qquad (g)$$

对于直径为 d 的圆形截面

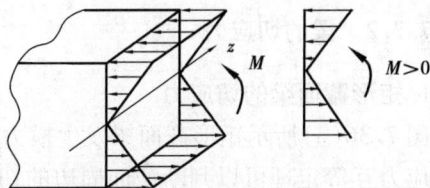

图 7.34

$$W_z = W_y = \frac{\frac{\pi d^4}{64}}{\frac{d}{2}} = \frac{\pi d^3}{32} \qquad (h)$$

各种型钢的抗弯截面系数 W_z 可以从型钢表中查到。

3. 纯弯曲正应力公式的推广

对于横力弯曲，由于剪力的存在，横截面不再保持为平面，且纵向纤维层之间也存在相互的挤压，即平面假设、纵向纤维无挤压的假设均不成立，严格地说，纯弯曲模型推导出的正应力公式不适合横力弯曲问题。但是对于工程中常见的细长梁（跨度与横截面高度之比大于5），根据试验和更精确的分析发现，用纯弯曲正应力公式(7.28)计算横力弯曲时横截面上的正应力，并不会引起较大的误差。所以，横力弯曲横截面上的正应力仍然按式(7.28)计算。

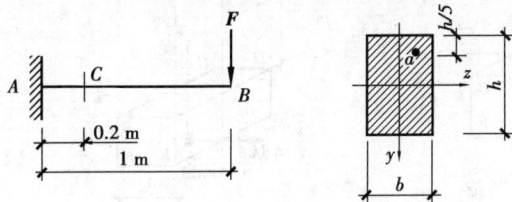

图 7.35

例 7.8 图 7.35 所示悬臂梁，已知 $F = 10$ kN，$b = 100$ mm，$h = 150$ mm，求 C 截面上 a 点的正应力及全梁横截面上的最大正应力。

解 C 截面弯矩 $M_C = -10 \text{ kN} \times (1 - 0.2)$ m $= -8 \text{ kN·m}$，a 点的 y 坐标 $y_a = -\left(\frac{h}{2} - \frac{h}{5}\right)$

$= -\frac{3}{10}h = -45$ mm ，代入式(7.28)可得

$$\sigma_a = \frac{M_C}{I_z} \cdot y_a$$

$$= \frac{-8 \times 10^6 \text{ N · mm}}{\frac{1}{12} \times 100 \text{ mm} \times 150^3 \text{ mm}^3} \times (-45 \text{ mm})$$

$$= 12.8 \text{ MPa}$$

$$\sigma_{max} = \frac{M_{max}}{W_z} = \frac{M_A}{W_z} = \frac{10 \times 1 \times 10^6 \text{ N · mm}}{\frac{1}{6} \times 100 \text{ mm} \times 150^2 \text{ mm}^2}$$

注：式(7.28)中的 M 和 y 也可代入绝对值，最后由 M 的正负及点的位置判断 σ 的符号。

7.7.2 梁的切应力

1. 矩形截面梁的切应力

图 7.36(a)所示矩形截面梁发生横力弯曲,现从梁中任取一横截面如图 7.36(b)所示,根据切应力互等定理可以判断截面周边的切应力必与周边相切。当截面高度 h 大于宽度 b 时,可以进一步作出如下假设:横截面上各点的切应力与剪力 $\boldsymbol{F}_S$ 方向相同,即与截面侧边平行;切应力沿截面宽度 b 均匀分布,如图 7.36(b)所示。

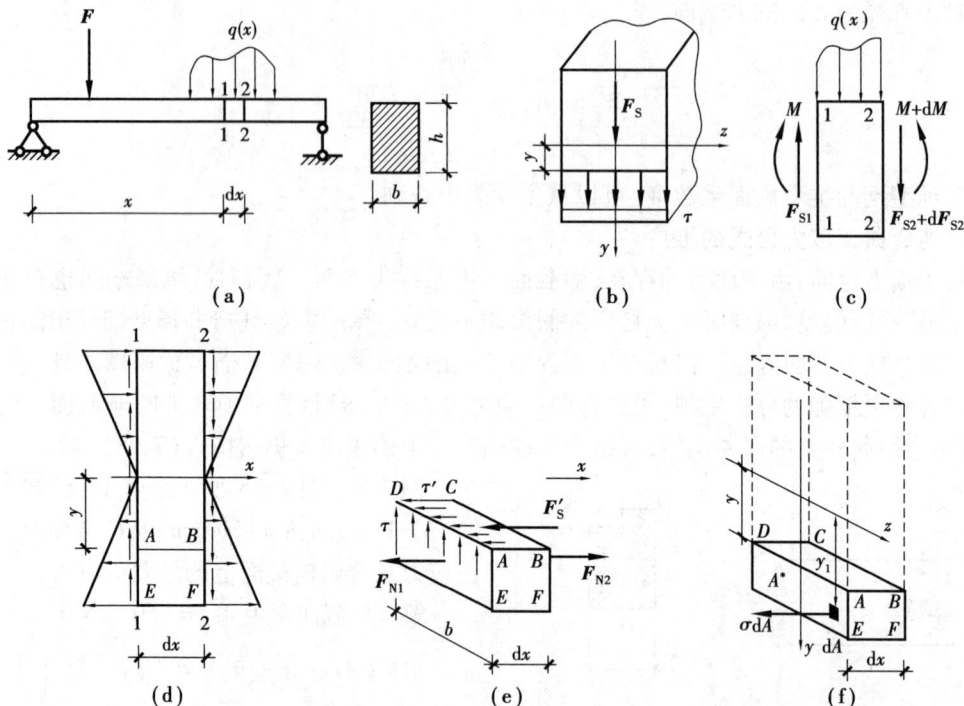

图 7.36

现从梁中截取长为 $\mathrm{d}x$ 的微段,其受力如图 7.36(c)所示,1-1 截面上的内力为 $\boldsymbol{F}_S$ 和 M,2-2 截面上的内力为 $\boldsymbol{F}_S + \mathrm{d}\boldsymbol{F}_S$ 和 $M + \mathrm{d}M$。据此再画出微段左、右截面上的应力分布如图 7.36(d)所示,显然因为两截面上的弯矩不同,所以正应力也不同。下面来求解横截面上距中性轴为 y 处的切应力。为此,以平行于中性层且距中性层为 y 的平面 $ABCD$,从图 7.36(d)所示微段中截取该平面以下的部分,如图 7.36(e)所示,现在来研究它在轴线方向的平衡。该微体左、右两面上正应力的合力 $\boldsymbol{F}_{N1}$ 和 $\boldsymbol{F}_{N2}$ 不相等,其差和顶面 $ABCD$ 上的水平切应力 τ' 的合力相平衡。此处 τ' 和横截面上 AD 处的切应力 τ 相等(切应力互等定理),而且 $ABCD$ 面上 τ' 的合力 $\boldsymbol{F}_S' = \tau' \cdot b\mathrm{d}x$(因为 $\mathrm{d}x \to 0$),所以

$$\sum F_x = 0, \quad F_{N2} - F_{N1} - \tau' \cdot b\mathrm{d}x = 0 \tag{i}$$

其中,$F_{N1} = \displaystyle\int_{A^*} \sigma \mathrm{d}A$,$A^*$ 为图 7.36(f)所示实线部分左侧面面积;$\sigma = \dfrac{M}{I_z}y_1$,$y_1$ 为 A^* 上任取一点至中性轴的距离,故

$$F_{N1} = \int_{A^*} \sigma dA = \int_{A^*} \frac{M}{I_z} y_1 dA = \frac{M}{I_z} S_z \tag{j}$$

式中,$S_z = \int_{A^*} y_1 dA$ 为 A^* 对中性轴的静矩。将式(j)代入式(i)

$$\frac{M + dM}{I_z} S_z - \frac{M}{I_z} S_z - \tau' b dx = 0$$

$$\tau' = \frac{dM}{dx} \frac{S_z}{b I_z}$$

因为 $dM/dx = F_S, \tau' = \tau$,所以

$$\tau = \frac{F_S S_z}{b I_z} \tag{7.30}$$

式中　F_S——欲求切应力点所在横截面上的剪力;

　　　b——截面宽度;

　　　I_z——横截面对中性轴的惯性矩;

　　　S_z——欲求切应力点处水平线以下部分面积

　　　　　A^*(或以上部分)对中性轴的静

　　　　　矩。即

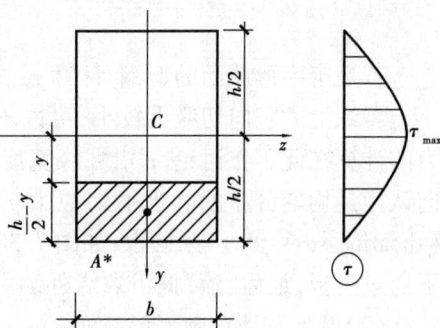

图 7.37

$$S_z = A^* \cdot y^* = \left[b \cdot \left(\frac{h}{2} - y \right) \right] \cdot \left(y + \frac{h/2 - y}{2} \right)$$

$$= \frac{b}{2} \left(\frac{h^2}{4} - y^2 \right) \tag{k}$$

式(k)代入式(7.30)可得

$$\tau = \frac{6F_S}{bh^3} \left(\frac{h^2}{4} - y^2 \right)$$

可见切应力沿横截面高度方向按抛物线规律变化(图 7.37 所示)。在上、下边缘处,$\tau = 0$;$y = 0$ 即中性轴处切应力取极大值

$$\tau_{max} = \frac{3F_S}{2bh} = \frac{3}{2} \frac{F_S}{A} \tag{7.31}$$

2. 其他常见截面梁的最大切应力

(1)工字形截面

工字形截面由腹板和上、下翼缘构成,腹板上的切应力方向与剪力 F_S 相同,即与腹板侧边平行,且 τ 沿厚度均匀分布。和矩形截面梁的切应力公式推导相似,切应力计算公式也相同,即

$$\tau = \frac{F_S S_z}{d I_z} \tag{7.32}$$

式中　d——腹板厚度;

　　　S_z——欲求切应力点水平线以下部分,即图 7.38(a)中的阴影部分对中性轴的静矩。

横截面上的竖向切应力沿截面高度的变化规律,如图 7.38(a)所示,可见腹板上的 τ 变化不大,且翼缘上的竖向 τ 较小(因为 $b \gg d$),所以工程上可近似认为 F_S 全部由腹板承担而且腹

板上的τ是均匀分布的,即$\tau = \dfrac{F_S}{d(h-2t)}$。

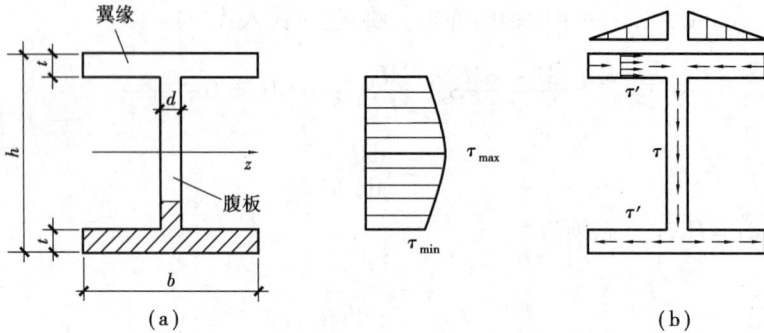

图7.38

若是工字形截面的型钢,计算τ_{max}时可以从附录的型钢表中查出d和$I_z/S_{z,max}$。

翼缘上的竖向切应力较小,可以不予考虑,但是翼缘上还存在水平切应力τ'。水平切应力的计算在此不作讨论,τ'沿翼缘宽度方向呈线性变化规律,见图7.38(b),τ'沿翼缘厚度方向认为是均匀分布的。水平切应力τ'的方向可以根据腹板上切应力τ的方向及**切应力流**(shearing stress flow)来确定:如图7.38(b)所示,当τ向下时,上翼缘的τ'由外向内"流"动,向下通过腹板,最后"流"向下翼缘外侧。当然,由内力F_S的方向也可以确定τ'的方向。

(2)圆形和薄壁圆环形截面

圆形与薄壁圆环形截面的最大切应力也都发生在中性轴上,并沿中性轴均匀分布,其值分别为

圆形截面

$$\tau_{max} = \frac{4}{3}\frac{F_S}{A}$$

薄壁圆环形截面

$$\tau_{max} = 2\frac{F_S}{A}$$

式中 A——横截面面积。

7.7.3 梁的强度计算

前面讨论了梁的正应力和切应力计算,为了保证梁能安全工作,就必须使这两种应力都满足强度条件。

1. 梁的正应力强度计算

梁中的最大弯曲正应力发生在危险截面的上边缘或下边缘处,而这些点的弯曲切应力为零,据此可以建立正应力强度条件

$$\sigma_{max} = \frac{M}{W_z} \leqslant [\sigma] \tag{7.33}$$

对于由抗拉和抗压性能相同的材料(即许用拉应力$[\sigma_t]$与许用压应力$[\sigma_c]$相等)制成的等截面梁,危险截面即是弯矩最大截面。对于铸铁这类$[\sigma_t] \neq [\sigma_c]$的脆性材料制成的梁,其危险截面并非一定是$M_{max}$所在截面,这时需分别对拉应力和压应力建立强度条件

$$\left.\begin{array}{r} \sigma t,max \leqslant [\sigma_t] \\ \sigma c,max \leqslant [\sigma_c] \end{array}\right\} \tag{7.34}$$

2. 梁的切应力强度

梁的最大弯曲切应力发生在最大剪力 $F_{S,max}$ 所在截面的中性轴处,而这些点的弯曲正应力为零,据此可以建立切应力强度条件

$$\tau_{max} = \frac{F_{S,max}S_{z,max}}{bI_z} \leqslant [\tau] \tag{7.35}$$

梁的强度条件式(7.33)和式(7.35)都有 3 个方面的应用,即强度校核,计算截面和确定许用荷载,其基本原理与轴向拉压杆类似,在此不再赘述。

需指出的是,在对梁进行强度计算时,必须同时满足正应力和切应力强度条件。但是,对于工程中常见的细长梁,其强度主要是由正应力强度条件控制。所以,在截面设计时,常由式(7.33)即正应力强度条件选择截面,再按式(7.35)即切应力强度条件进行校核。

例 7.9 一外伸梁受力如图 7.39(a)所示,横截面为倒 T 形,已知 $a = 40$ mm,$b = 30$ mm,$c = 80$ mm;外力 $F_1 = 40$ kN,$F_2 = 15$ kN;材料的许用拉应力 $[\sigma_t] = 45$ MPa,许用压应力 $[\sigma_c] = 175$ MPa。试校核梁的强度。

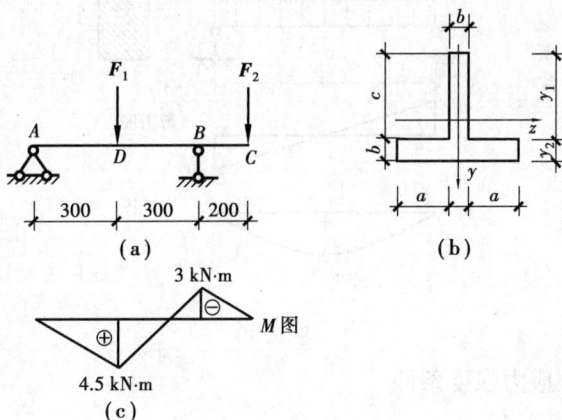

图 7.39

解 (1)几何性质

$$y_2 = \frac{bc \cdot \left(b + \dfrac{c}{2}\right) + (2a + b)b \cdot \dfrac{b}{2}}{bc + (2a + b)b} = 38 \text{ mm}$$

$$y_1 = 72 \text{ mm}$$

$$I_z = \frac{(2a + b) \cdot b^3}{12} + (2a + b)b \cdot \left(y_2 - \frac{b}{2}\right)^2 + \frac{bc^3}{12} + bc \cdot \left(y_1 - \frac{c}{2}\right)^2$$

$$= 5.73 \times 10^6 \text{ mm}^4$$

(2)校核最大拉应力

由弯矩图可以发现,梁的正、负弯矩段皆有极值且 $M_D > M_B$,但是因为梁的截面为倒 T 形,即 $y_1 > y_2$,所以需对 D 截面最大拉应力 $\sigma_{t,max}^D = \dfrac{M_D}{I_z}y_2$ 和 B 截面最大拉应力 $\sigma_{t,max}^B = \dfrac{M_B}{I_z}y_1$ 进行比

较。注意

$$M_D y_2 < M_B y_1$$

所以 $\sigma_{t,max} = \sigma_{t,max}^B$，则

$$\sigma_{t,max} = \frac{M_B}{I_z} y_1 = \frac{3 \times 10^6 \text{ N} \cdot \text{mm}}{5.73 \times 10^6 \text{ mm}^4} \times 72 \text{ mm} = 37.7 \text{ MPa} < [\sigma_t]$$

$\sigma_{t,max}$ 发生在 B 截面的上边缘处。

（3）校核最大压应力

同理，因为 $M_D y_1 > M_B y_2$，所以 $\sigma_{c,max}$ 发生在 D 截面的上边缘处，即

$$\sigma_{c,max} = \frac{M_D}{I_z} y_1 = \frac{4.5 \times 10^6 \text{ N} \cdot \text{mm}}{5.73 \times 10^6 \text{ mm}^4} \times 72 \text{ mm} = 54.5 \text{ MPa} < [\sigma_c]$$

所以该梁的强度满足要求。

例 7.10 图 7.40 所示一木制矩形截面简支梁，受均布荷载 q 作用，已知 $l = 4$ m，$b = 140$ mm，$h = 210$ mm，木材的许用正应力 $[\sigma] = 10$ MPa，许用切应力 $[\tau] = 2.2$ MPa，试计算许用荷载 $[q]$。

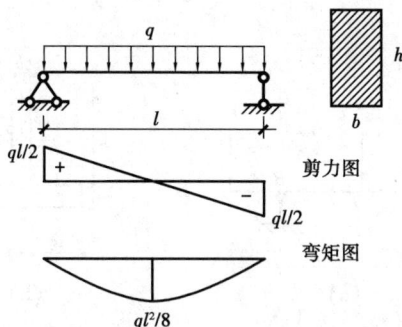

图 7.40

解 （1）先考虑正应力强度条件

由弯矩图可知 $M_{max} = \frac{1}{8} q l^2$，代入式（7.33）

$$\sigma_{max} = \frac{M_{max}}{W_z} = \frac{\frac{1}{8} q l^2}{\frac{1}{6} b h^2} = \frac{\frac{1}{8} \times q \times 4^2 \times 10^6 \text{ N} \cdot \text{mm}}{\frac{1}{6} \times 140 \text{ mm} \times 210 \text{ mm}} \leqslant [\sigma] = 10 \text{ MPa}$$

所以 $\qquad q \leqslant 5.15 \text{ kN/m} = [q]_1$

（2）再考虑切应力强度条件

由剪力图可知，$F_{S,max} = \frac{1}{2} q l$。于是

$$\tau_{max} = \frac{3}{2} \frac{F_{S,max}}{A} = \frac{3}{2} \times \frac{\frac{1}{8} \times q \times 4 \times 10^3 \text{ N}}{140 \text{ mm} \times 210 \text{ mm}} \leqslant [\tau] = 2.2 \text{ MPa}$$

所以 $\qquad q \leqslant 21.56 \text{ kN/m} = [q]_2$

$[q]_1 < [q]_2$，所以梁的许用荷载 $[q] = [q]_1 = 5.15$ kN/m。

例 7.11　图 7.41(a) 所示外伸梁,截面为 Ⅰ 22a,已知材料的许用应力 $[\sigma] = 170$ MPa, $[\tau] = 100$ MPa。试校核梁的强度。

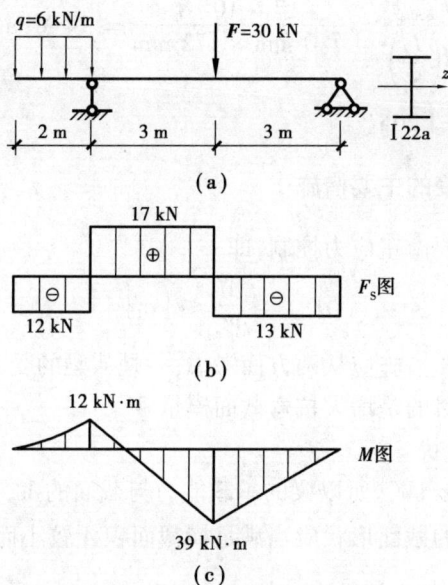

(a)

(b)

(c)

图 7.41

解　画出梁的剪力图和弯矩图如图 7.41(b),(c) 所示,可以看出

$$M_{max} = 39 \text{ kN} \cdot \text{m}, \quad F_{S,max} = 17 \text{ kN}$$

截面为 Ⅰ 22a,查型钢表,得

$$W_z = 309 \text{ cm}^3, d = 7.5 \text{ mm}, \frac{I_z}{S_z} = 18.9 \text{ cm}$$

所以

$$\sigma_{max} = \frac{M_{max}}{W_z} = \frac{39 \times 10^6 \text{ N} \cdot \text{mm}}{309 \times 10^3 \text{ mm}^3} = 126 \text{ MPa} < [\sigma] = 170 \text{ MPa}$$

$$\tau_{max} = \frac{F_{S,max}}{d\left(\dfrac{I_z}{S_z}\right)} = \frac{17 \times 10^3 \text{ N}}{7.5 \text{ mm} \times 189 \text{ mm}} = 12 \text{ MPa} < [\tau] = 100 \text{ MPa}$$

故梁的强度满足要求。

例 7.12　试重新为例 7.11 中的梁选择合适的工字钢型号。

解　(1) 由正应力强度选择截面。由

$$\sigma_{max} = \frac{M_{max}}{W_z} \leqslant [\sigma]$$

可得

$$W_z \geqslant \frac{M_{max}}{[\sigma]} = \frac{39 \times 10^6 \text{ N} \cdot \text{mm}}{170 \text{ MPa}} = 229.4 \times 10^3 \text{ mm}^3 = 229 \text{ cm}^3$$

查型钢表,选 Ⅰ 20a,其 $W_z = 237$ cm^3 > 229 cm^3。

(2) 校核所选择工字钢梁的切应力强度。对 Ⅰ 20a,其

$$d = 7.0 \text{ mm}, I_z/S_z = 17.2 \text{ cm}$$

所以

$$\tau_{\max} = \frac{F_{\text{S,max}}}{d\left(\dfrac{I_z}{S_z}\right)} = \frac{17 \times 10^3 \text{ N}}{7.0 \text{ mm} \times 172 \text{ mm}} = 14 \text{ MPa} < [\tau]$$

故合适的工字钢型号为 I 20a。

7.7.4 提高梁弯曲强度的主要措施

前已提及,梁的强度主要由正应力控制,即

$$\sigma_{\max} = \frac{M}{W_z} \leqslant [\sigma] \tag{7.36}$$

所以,提高梁弯曲强度的主要措施应从两方面考虑,一是从梁的受力着手,目的是减小弯矩 M;二是从梁的截面形状入手,目的是增大抗弯截面模量 W_z。

1. 合理选择梁的截面形状

由式(7.36)可得 $M \leqslant [\sigma] W_z$,所以梁的承载能力与截面的 W_z 成正比。因此,结合经济性和梁的重量控制要求,合理的截面形状应当满足横截面积 A 较小而其 W_z 较大。

现以矩形截面和圆形截面为例进行比较。设矩形截面 $A_1 = b \times h$,圆形截面 $A_2 = \frac{1}{4}\pi d^2$,而且 $A_1 = A_2$,即 $bh = \frac{1}{4}\pi d^2$,则

$$\frac{(W_z)_{矩形}}{(W_z)_{圆形}} = \frac{\dfrac{1}{6}bh^2}{\dfrac{\pi d^3}{32}} = \sqrt{\frac{h}{0.716b}}$$

可见,在材料用量相同的前提下,当矩形截面的高度 h 大于宽度 b 的 0.716 倍时,其抗弯性能优于圆形截面。

为了增大 I_z 及 W_z,可以将截面设计成工字形、箱形、槽形等,如图 7.42(a)所示。这些截面的抗弯性能比矩形截面更为优越。但是,如果材料的抗拉和抗压能力不同,就可以采取 L 形、T 形等截面形状,如图 7.42(b)所示。

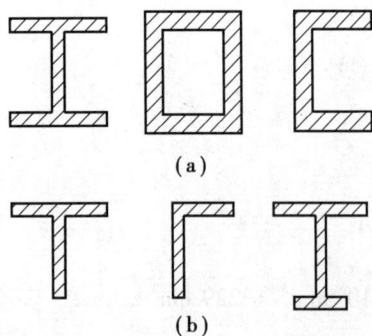

(a)

(b)

图 7.42

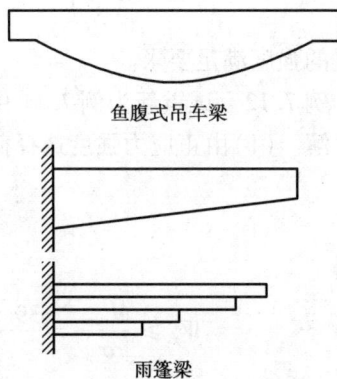

鱼腹式吊车梁

雨篷梁

图 7.43

当然,梁的截面形状的选择不仅仅是增大 I_z 或者 W_z 的问题,还涉及梁的抗剪能力、材料性能及施工工艺等方面,应综合考虑。

2. 变截面梁

梁中不同横截面上的弯矩一般是不同的,若只根据危险截面的抗弯强度而设计为等截面梁,则其他截面的抗弯性能没有被充分发挥。为了节约材料、减轻自重,可以根据梁的受力特点将梁设计为变截面梁,如图 7.43 所示。

3. 合理配置支座,改变梁的受力

在满足使用要求的前提下,合理配置支座,可以达到减小最大弯矩从而提高抗弯强度的目的。例如,图 7.44(a)所示受均布荷载作用的简支梁,其 $M_{max} = ql^2/8$,而当左、右支座向内移动 1/5 跨长时,如图 7.44(b)所示,则其 $M_{max} = ql^2/40$。

另外,通过改变加载方式也可以减小梁的最大弯矩。如图 7.44(c)所示简支梁,其 $M_{max} = Fl/4$。当增加辅助小梁时,如图 7.44(d)所示,其 $M_{max} = Fl/8$,是未加辅助梁时最大弯矩的 1/2。

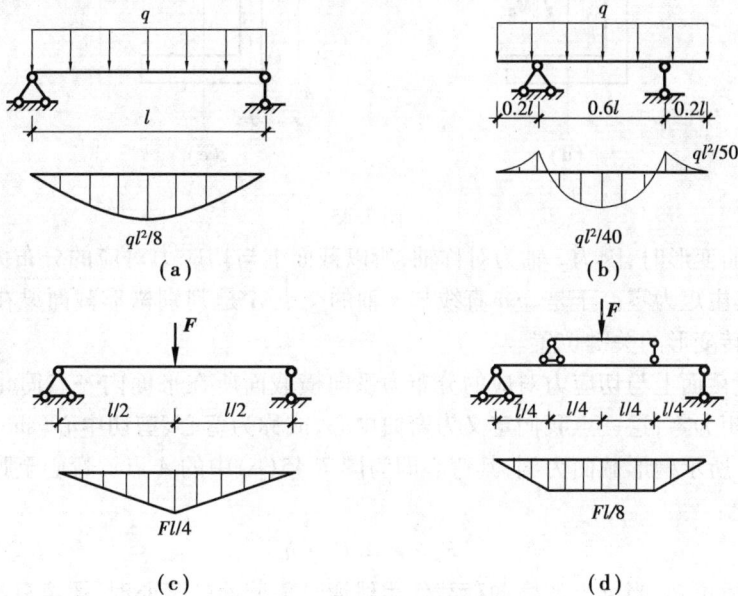

图 7.44

7.7.5 弯心的概念

前面学习的平面弯曲都是对称弯曲,即横向外力都作用在梁的纵向对称平面内。如果横向外力作用于形心主惯性平面内,而此平面不是纵向对称平面,梁将产生什么变形形式呢?现以图 7.45(a)所示槽形截面梁为例进行分析。

根据切应力流的概念,该梁横截面上的切应力方向如图 7.45(b)所示,腹板和翼缘上切应力的合力分别为 F_S、F_T、F_T' 如图 7.45(c)所示。现将 F_S、F_T、F_T' 向截面形心 C 简化,可得主矢 F_S 和主矩 $M_C(M_C \neq 0)$,如图 7.45(d)所示。可见当外力 F 作用线和形心主轴 y 重合时,梁除了产生弯曲变形外,还将产生扭转变形。

要使主矩 $M = 0$,只有将简化中心取在腹板的外侧,如图 7.45(e)所示与 y 轴平行的 mn 直线上。当外力 F 移动到与 mn 直线重合时,梁将只在 xy 平面内产生平面弯曲。同理,梁绕 y

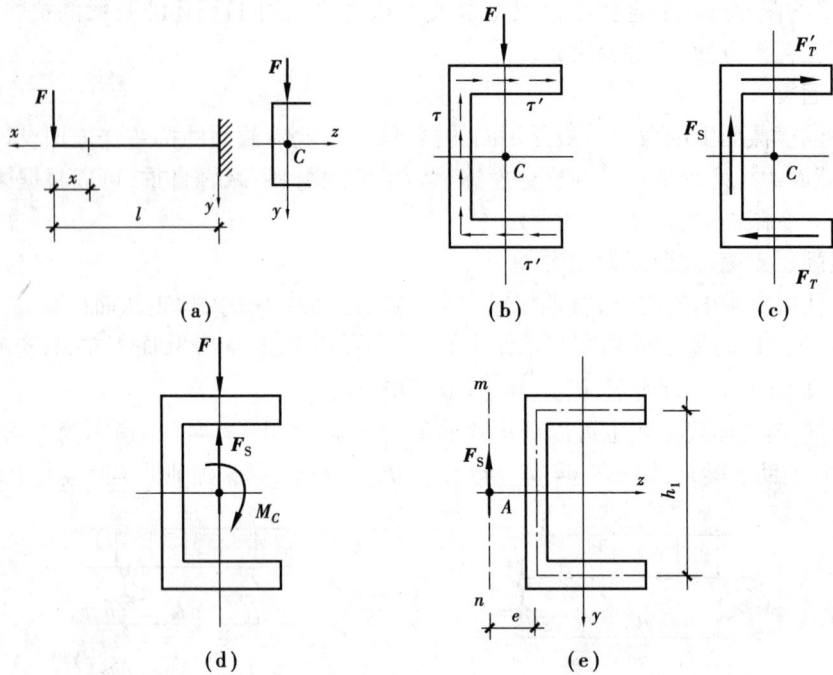

图 7.45

轴产生平面弯曲变形时,因为 z 轴为对称轴,所以截面上与切应力对应的分布力系向 z 轴上任一点简化时,其主矩为零。于是,mn 直线与 z 轴的交点 A 是判别槽形截面梁在横向外力作用下是否产生扭转变形的关键位置。

这样,薄壁截面上与切应力对应的分布力系向横截面所在平面内一点简化结果所得的主矢不为零而主矩为零,这一点我们定义为**弯曲中心**,或称为**弯心、剪切中心**(shearing center)。

以图 7.45 所示槽形截面为例,其弯心即为图 7.45(e)中的 A 点。弯心至腹板中线的距离 e 可由下式确定:

$$F_S \cdot e = F_T \cdot h_1$$

由上述分析可知,当梁上的**横向荷载作用线通过横截面的弯心时,梁将只产生弯曲变形而无扭转变形**。

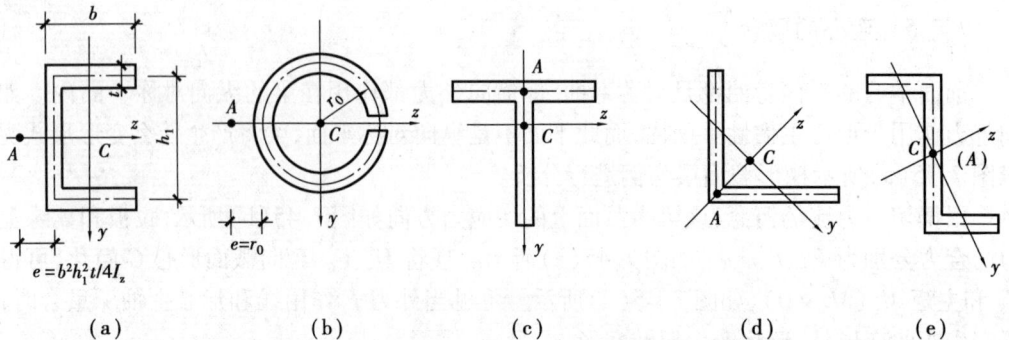

图 7.46

几种常见截面的弯心位置如图 7.46 所示,其特点是:有对称轴及反对称轴的截面,弯心在对称轴(反对称轴)上;由若干狭长矩形组成的截面,当各狭长矩形的中线交于一点时,其弯心在交点上。

思 考 题

7.1 什么是一点的应力?杆件截面上的应力与内力是什么关系?

7.2 什么是线应变?什么是切应变?试分析图 7.47 所示各单元体在 A 点的切应变。

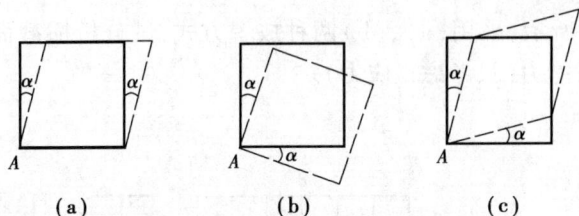

(a)　　　　(b)　　　　(c)

图 7.47

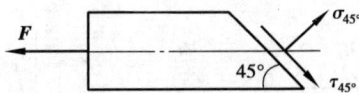

图 7.48

7.3 什么是平面假设?试分别说明杆件在发生轴向拉伸(压缩)、扭转、弯曲时的平面假设。三种情况有何不同之处?

7.4 设图 7.48 所示等直杆的横截面面积为 A,则横截面上 $\sigma = F/A$,45°斜截面上的应力为:$\sigma_{45°} = \sigma/2$,$\tau_{45°} = \sigma/2$。试分析图示分离体的平衡并列出平衡方程。

7.5 试证明:若正应力在杆的横截面上均匀分布,则与正应力对应的分布力系的合力必通过横截面的形心。

7.6 为什么延伸率 δ 和截面收缩率 ψ 能作为材料的塑性指标?

7.7 铸铁试件在拉伸、压缩时如何破坏,原因何在?

7.8 三种材料的 σ-ε 图如图 7.49 所示,试问强度最高、刚度最大、塑性最好的分别是哪一种?

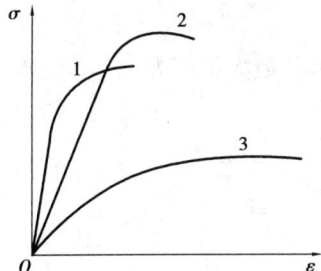

图 7.49

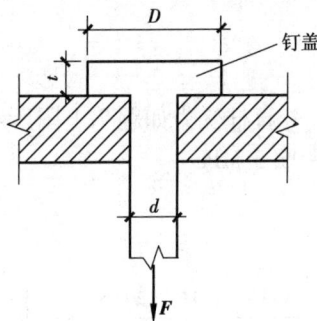

图 7.50

7.9 试写出图 7.50 所示钉盖的剪切面面积 A_j 和挤压面面积 A_{bs}。

7.10 圆轴受扭矩作用如图 7.51 所示,试画出横截面上与扭矩对应的切应力分布图。

7.11 直径为 d 的实心圆轴受扭如图 7.52(a)所示,其材料为理想弹塑性材料,τ-γ 图如图

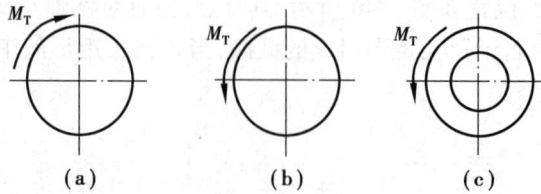

图 7.51

7.52(b)。试求:(1)计算该轴的弹性极限外力偶矩 M_{e1}(即 $\tau_{max} = \tau_s$ 时);(2)计算该轴的塑性极限外力偶矩 M_{e2}(即截面上各点处的 $\tau = \tau_s$ 时);(3)求 M_{e2}/M_{e1}。

7.12 什么是中性层、中性轴,二者的关系是什么?

7.13 T形截面铸铁梁受力如图 7.53 所示,采用(a)、(b)两种放置方式,试分析横截面上弯曲正应力分布规律,并比较二者的承载能力(只考虑正应力)。

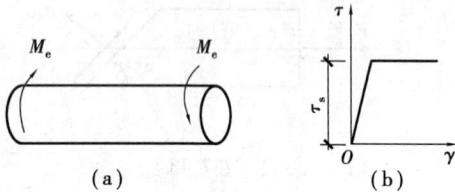

图 7.52

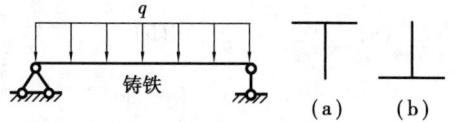

图 7.53

7.14 某组合梁由两根完全相同的梁黏合而成,图 7.54 所示,若该梁破坏时胶合面纵向开裂,试分析其破坏机理。

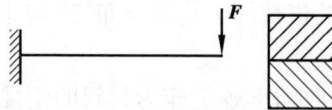

图 7.54

习 题

7.1 等直杆受力如题 7.1 图所示,直径为 20 mm,试求其最大正应力。

答:-95.5 MPa

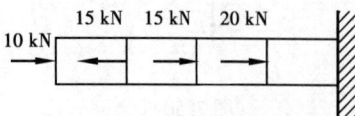

题 7.1 图

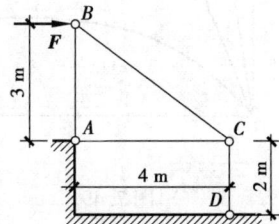

题 7.2 图

7.2　在题2.2图所示结构中,各杆横截面面积均为3 000 mm²,水平力 $F = 100$ kN,试求各杆横截面上的正应力。

答: $\sigma_{AB} = 25$ MPa; $\sigma_{BC} = -41.7$ MPa; $\sigma_{AC} = 33.3$ MPa; $\sigma_{CD} = -25$ MPa

7.3　一正方形截面的阶梯柱受力如题7.3图所示。已知 $a = 200$ mm, $b = 100$ mm, $F = 100$ kN,不计柱的自重,试计算该柱横截面上的最大正应力。

答: $\sigma_{\max} = -10$ MPa

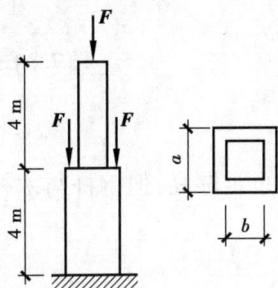 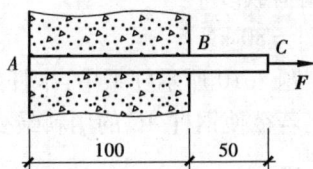

题7.3图　　　　　　　　　　　　　　　　　　　题7.4图

7.4　如题7.4图所示,设浇在混凝土内的钢杆所受黏结力沿其长度均匀分布,在杆端作用的轴向外力 $F = 20$ kN。已知杆的横截面面积 $A = 200$ mm²,试作图表示横截面上正应力沿杆长的分布规律。

答: $\sigma_{\max} = 100$ MPa

7.5　钢杆受轴向力如题7.5图所示,横截面面积为500 mm²,试求 ab 斜截面上的应力。

答: $\sigma_{\alpha} = 30$ MPa, $\tau_{\alpha} = 17.3$ MPa

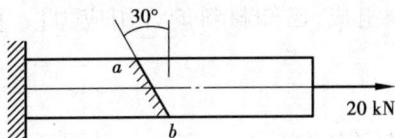 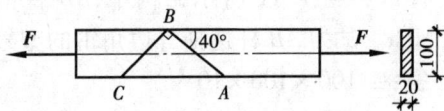

题7.5图　　　　　　　　　　　　　　　　　　　题7.6图

7.6　矩形截面等直杆如题7.6图所示,轴向力 $F = 200$ kN。试计算互相垂直面 AB 和 BC 上的正应力、切应力以及杆内最大正应力和最大切应力。

答: $\sigma_{AB} = 41.3$ MPa, $\tau_{AB} = 49.2$ MPa; $\sigma_{BC} = 58.7$ MPa, $\tau_{BC} = -49.2$ MPa; $\sigma_{\max} = 100$ MPa, $\tau_{\max} = 50$ MPa

7.7　题7.7图所示钢筋混凝土组合屋架,受均布荷载 q 作用。屋架中的杆 AB 为圆截面钢拉杆,长 $l = 8.4$ m,直径 $d = 22$ mm,屋架高 $h = 1.4$ m,其许用应力 $[\sigma] = 170$ MPa,试校核该拉杆的强度。

答: $\sigma_{AB} = 165.7$ MPa

7.8　题7.8图所示结构中,杆①和杆②均为圆截面钢杆,直径分别为 $d_1 = 16$ mm, $d_2 = 20$ mm,已知 $F = 40$ kN,钢材的许用应力 $[\sigma] = 160$ MPa,试分别校核二杆的强度。

答:杆①:103 MPa;杆②:93.2 MPa

7.9　题7.9图所示结构中,杆①为5号槽钢,其许用应力 $[\sigma]_1 = 160$ MPa;杆②为 100×50 mm² 的矩形截面木杆,许用应力 $[\sigma]_2 = 8$ MPa。试求:(1)当 $F = 50$ kN 时,校核该结构的强

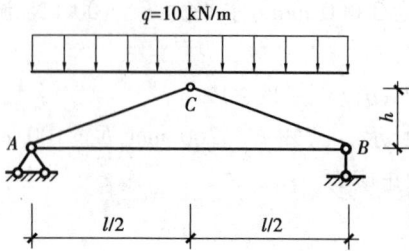

题 7.7 图

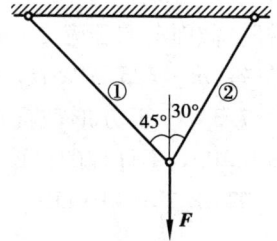

题 7.8 图

度;(2)许用荷载[F]。

答:[F] = 80 kN

7.10 题 7.10 所示杆系中,木杆的长度 a 不变,其强度也足够高,但钢杆与木杆的夹角 α 可以改变。若欲使钢杆 AC 的用料最少,夹角 α 应取多大?

答:45°

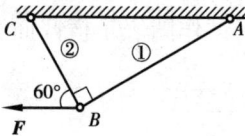

题 7.9 图

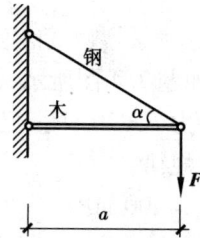

题 7.10 图

7.11 题 7.11 所示结构中,AB 杆由两根等边角钢组成,已知材料的许用应力[σ] = 160 MPa。试为 AB 杆选择等边角钢的型号。

答:∟100×100×10

7.12 题 7.12 图所示结构中,横杆 AB 为刚性杆,斜杆 CD 为直径 d = 20 mm 的圆杆,材料的许用应力[σ] = 160 MPa,试求许用荷载[F]。

答:15.1 kN

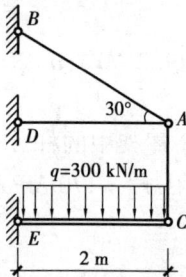

题 7.11 图

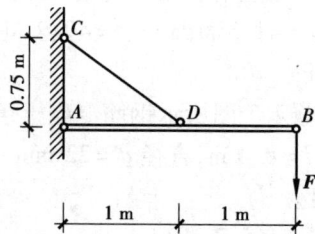

题 7.12 图

7.13 题 7.13 图所示销钉连接中,F = 100 kN,销钉材料许用剪切应力[τ_j] = 60 MPa,试确定销钉的直径 d。

答:32.6 mm

7.14　题 7.14 图所示冲床的冲头。在 **F** 作用下冲剪钢板,设板厚 $t = 10$ mm,板材料的剪切强度极限为 360 MPa。现需要冲剪一个直径 $d = 20$ mm 的圆孔,试计算所需的冲力 **F**。

答:226 kN

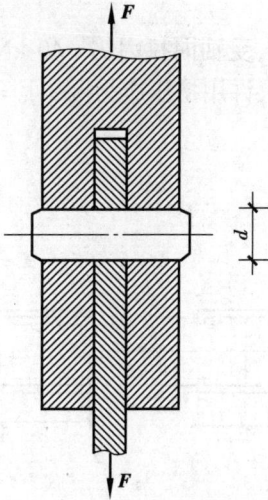

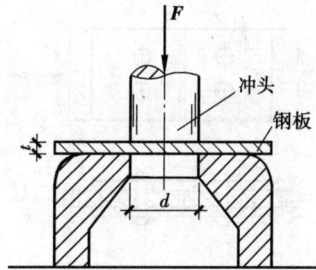

题 7.13 图

题 7.14 图

7.15　题 7.15 图所示的铆接接头受轴向力 **F** 作用,试校核其强度。已知 $F = 80$ kN,$b = 80$ mm,$\delta = 10$ mm,$d = 16$ mm,铆钉和板的材料相同,其许用正应力 $[\sigma] = 160$ MPa,许用剪切应力 $[\tau_j] = 120$ MPa,许用挤压应力 $[\sigma_{bs}] = 320$ MPa。

答:$\sigma = 125$ MPa;$\tau_j = 99.5$ MPa;$\sigma_{bs} = 125$ MPa

7.16　题 7.16 图所示一正方形截面的混凝土柱,浇筑在混凝土基础上。基础分两层,每层厚为 t。

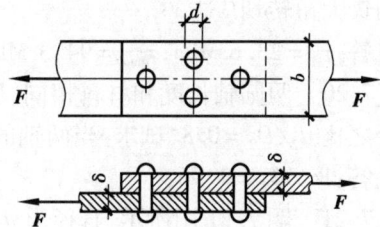

题 7.15 图

已知 $F = 200$ kN,假设地基对混凝土板的反力均匀分布,混凝土的许用剪切应力 $[\tau_j] = 1.5$ MPa。为使基础不被剪坏,试计算基础厚度 t。

答:95.5 mm

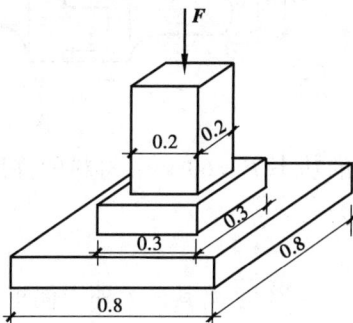

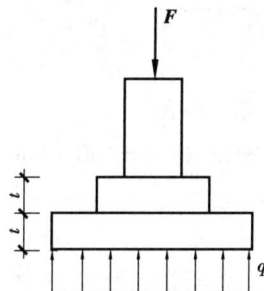

题 7.16 图

7.17 题7.17图所示对接接头中,受轴向力 F 作用。已知 $F=100$ kN, $b=150$ mm, $t_1=10$ mm, $t_2=20$ mm, $d=17$ mm,铆钉和板的材料相同,其许用正应力 $[\sigma]=160$ MPa,许用剪切应力 $[\tau_j]=120$ MPa,许用挤压应力 $[\sigma_{bs}]=320$ MPa。

答: $\sigma_{max}=43.1$ MPa; $\tau_j=110.1$ MPa; $\sigma_{bs}=147.1$ MPa

7.18 题7.18图所示两矩形截面木杆,用两块钢板连接,受轴向拉力 $F=40$ kN。已知截面的宽度 $b=200$ mm,木材顺纹方向许用拉应力 $[\sigma]=8$ MPa,许用挤压应力 $[\sigma_{bs}]=5$ MPa,顺纹许用剪切压力 $[\tau_j]=1$ MPa。试求接头处的尺寸 a,l 和 δ。

答: $a=65$ mm; $l=100$ mm; $\delta=20$ mm

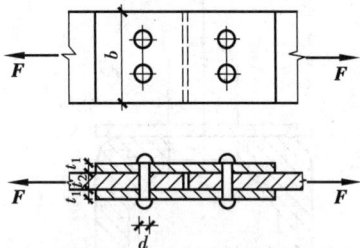

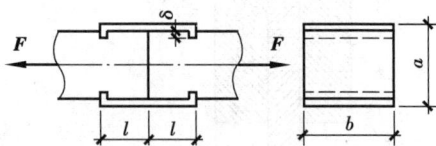

题7.17图   题7.18图

7.19 直径 $d=60$ mm 的圆轴受扭如题7.19图所示,试求 I-I 截面上 A 点的切应力和轴中的最大扭转切应力。

答: $\tau_A=23.6$ MPa; $\tau_{max}=94.3$ MPa

7.20 两圆轴长度和材料相同,所受扭矩也相同。其中实心轴的直径为 d_1,空心轴的内外径之比 $d_2/D_2=0.8$,试求:当两轴的最大切应力相等时,它们的重量之比。

答: $W_1/W_2=1.96$

7.21 题7.21图所示,直径为 $d_1=40$ mm 的实心圆轴与内外径分别为 $d_2=40$ mm, $D_2=50$ mm 的空心圆轴通过牙嵌离合器连接。已知二轴所传递的扭矩 $M_T=1$ kN·m,材料的许用切应力 $[\tau]=80$ MPa,试校核二轴的强度。

答: $\tau_{1,max}=79.6$ MPa; $\tau_{2,max}=69$ MPa

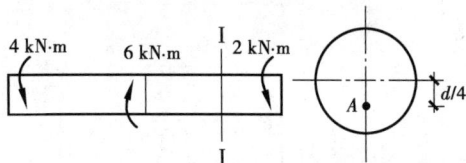

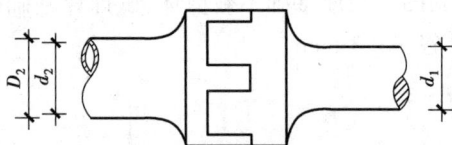

题7.19图   题7.21图

7.22 某传动轴,转速 $n=150$ r/min,传递的功率 $P=60$ kW,材料的许用切应力 $[\tau]=60$ MPa,试设计轴的直径。

答: $d=68.7$ mm

7.23 某实心圆轴受扭如题7.23图(a)所示,直径为 d,其最大外力偶矩设为 M_{T1}。现将轴线附近 $d/2$ 范围内的材料去掉,如题7.23图(b)所示,试计算此时该轴的最大外力偶矩 M_{T2} 与 M_{T1} 相比减少的百分比。

答:6.2%

7.24　一托架如题 7.24 图所示,已知外力 $F = 24$ kN,铆钉直径 $d = 20$ mm,所用的 3 个铆钉都受单剪。试指出最危险铆钉的位置,并求出最危险的铆钉横截面上切应力的数值(不要求计算剪应力的作用方位)。

答:上下两个,其 $\tau_{max} = 98.8$ MPa

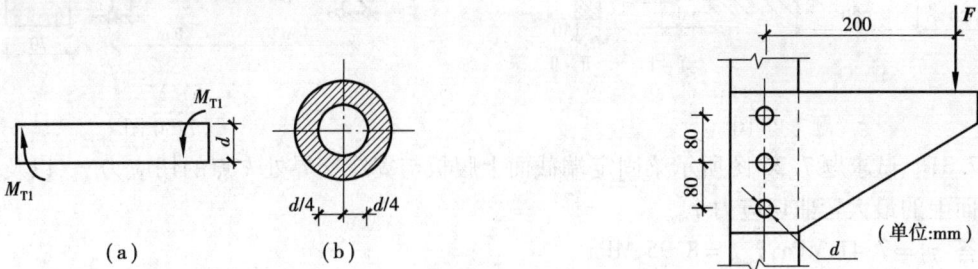

题 7.23 图　　　　　　　　　　　　题 7.24 图

7.25　矩形截面梁受力如题 7.25 图所示,试求 Ⅰ-Ⅰ 截面(固定端)上 a,b,c,d 四点处的正应力。

答:$\sigma_a = 9.26$ MPa;$\sigma_b = 0$;$\sigma_c = -4.63$ MPa;$\sigma_d = -9.26$ MPa

7.26　工字形截面悬臂梁受力如题 7.26 图所示,试求固定端截面上腹板与翼缘交界处 k 点的正应力 σ_k。

答:$\sigma_k = 123.6$ MPa

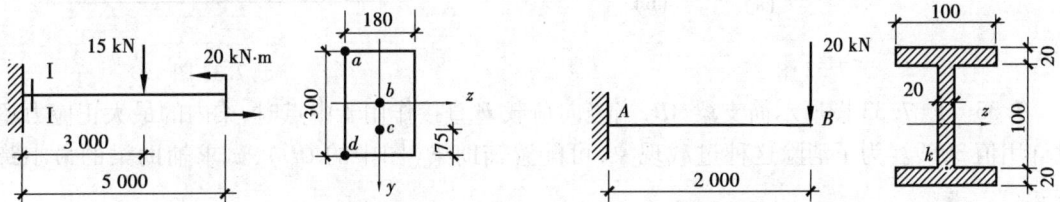

题 7.25 图　　　　　　　　　　　　题 7.26 图

7.27　厚度 $h = 1.5$ mm 的钢带,卷为内径 $D = 3$ m 的圆环,材料的弹性模量 $E = 210$ GPa。假设钢带仍处于线弹性范围,试求此时钢带横截面上产生的最大正应力。

答:105 MPa

7.28　某机床割刀如题 7.28 图所示,受到的切削力 $F = 1$ kN,试求割刀内的最大弯曲正应力。

答:2 MPa

7.29　一外径为 250 mm,壁厚为 10 mm,长度为 12 m 的铸铁水管,两端搁在支座上,管中充满着水。铸铁的重度 $\gamma_1 = 76$ kN/m^3,水的重度 $\gamma_2 = 10$ kN/m^3。试求管的最大拉、压正应力。

答:± 40.9 MPa

7.30　矩形截面简支梁如题 7.30 图所示,已知 $F = 18$ kN,试求 D 截面上 a,b 点处的弯曲切应力。

答:$\tau_a = 0.67$ MPa;$\tau_b = 1.38$ MPa

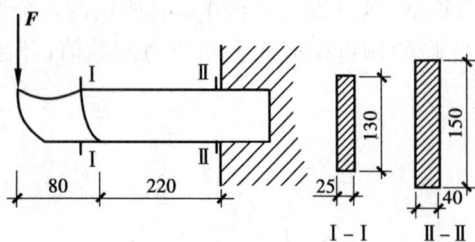

题 7.28 图

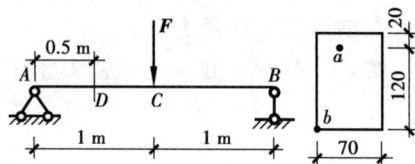

题 7.30 图

7.31 试求题 7.26 图所示梁固定端截面上腹板与翼缘交界处 k 点的切应力 τ_k，以及全梁横截面上的最大弯曲切应力 τ_{max}。

答：$\tau_k = 7.41$ MPa；$\tau_{max} = 8.95$ MPa

7.32 题 7.32 图所示矩形截面梁采用(a)、(b)两种放置方式，从弯曲正应力强度观点出发，试计算(b)的承载能力是(a)的多少倍？

答：2 倍

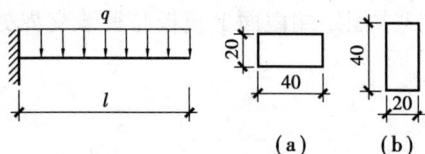

题 7.32 图

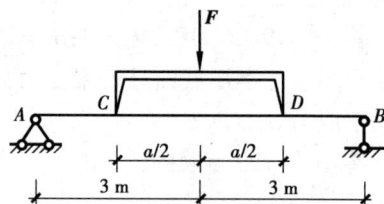

题 7.33 图

7.33 题 7.33 图所示简支梁 AB，当竖向荷载 F 直接作用于中点时，梁内的最大正应力超过许用值 30%。为了消除这种过载现象，可配置辅助梁(图中的 CD)，试求辅助梁的最小跨度 a。

答：$a = 1.39$ m

7.34 题 7.34 图所示简支梁，$d_1 = 100$ mm 时，在 q_1 的作用下，$\sigma_{max} = 0.8[\sigma]$。材料的 $[\sigma] = 12$ MPa，试计算：(1) q_1 的大小。(2)当直径改用 $d_2 = 2d_1$ 时，该梁的许用荷载 $[q]$ 为 q_1 的多少倍？

答：$q_1 = 0.47$ kN/m；8 倍

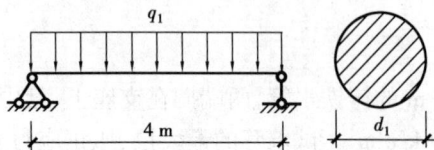

题 7.34 图

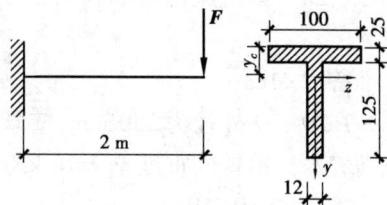

题 7.35 图

7.35 T 形简支梁受力如题 7.35 图所示，材料的许用拉应力 $[\sigma_t] = 80$ MPa，许用压应力 $[\sigma_c] = 160$ MPa。试求许用荷载 $[F]$。

答：$[F] = 5.4$ kN

7.36 题 7.36 图所示 T 形截面外伸梁，已知材料的许用拉应力 $[\sigma_t] = 80$ MPa，许用压应力 $[\sigma_c] = 160$ MPa，截面对形心轴 z 的惯性矩 $I_z = 735 \times 10^4$ mm^4，试校核梁的正应力强度。

答：$\sigma_{t,max} = 74.4$ MPa；$\sigma_{c,max} = 148.8$ MPa

7.37 题 7.37 图所示工字形截面外伸梁，材料的许用拉应力和许用压应力相等。当只有 $F_1 = 12$ kN 作用时，其最大正应力等于许用正应力的 1.2 倍。为了消除此过载现象，现于右端再施加一竖直向下的集中力 F_2，试求力 F_2 的变化范围。

答：2 kN $\leqslant F_2 \leqslant 5$ kN

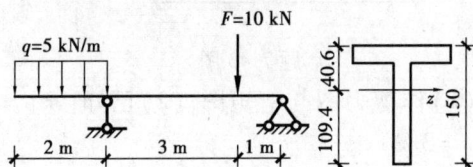

题 7.36 图

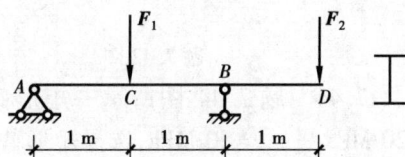

题 7.37 图

7.38 悬臂梁受力如 7.38 题所示，试证明 $\dfrac{\sigma_{max}}{\tau_{max}} = \dfrac{2l}{h}$。

7.39 题 7.39 图所示悬臂梁由三块矩形截面的木板胶合而成，胶合缝的许用切应力 $[\tau] = 0.35$ MPa，试按胶合缝的抗剪强度求此梁的许用荷载 $[F]$。

答：3.94 kN

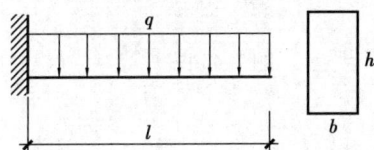

题 7.38 图

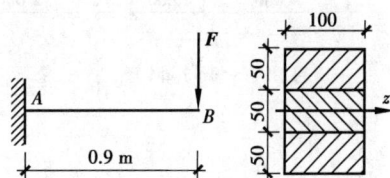

题 7.39 图

7.40 题 7.40 图所示矩形截面梁，已知材料的许用正应力 $[\sigma] = 170$ MPa，许用切应力 $[\tau] = 100$ MPa。试校核梁的强度。

答：$\sigma_{max} = 144$ MPa；$\tau_{max} = 3.6$ MPa

7.41 题 7.41 图所示一简支梁受集中力和均布荷载作用。已知材料的许用正应力 $[\sigma] = 170$ MPa，许用切应力 $[\tau] = 100$ MPa，试选择工字钢的型号。

答：No. 22b

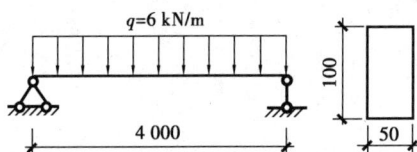

题 7.40 图

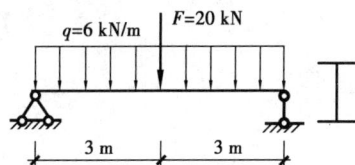

题 7.41 图

7.42 题 7.42 图所示矩形截面木梁，已知木材受弯的许用正应力 $[\sigma] = 8$ MPa，许用切应力 $[\tau] = 0.8$ MPa。试确定许用荷载 $[F]$。

答：$[F] = 3$ kN

7.43 题 7.43 图所示 16 号工字钢梁,材料的 $E = 210$ GPa,在 Ⅰ - Ⅰ 截面的底层处测得轴向应变 $\varepsilon = 400 \times 10^{-6}$,试求作用于梁上的载荷 F。

答:$F =$ kN

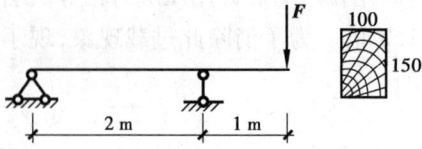

题 7.42 图

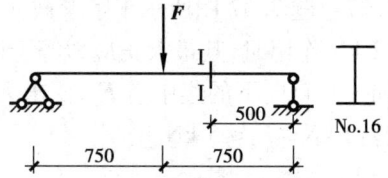

题 7.43 图

7.44 题 7.44 图所示一矩形截面多跨梁,试:(1)作剪力图与弯矩图;(2)已知 $[\sigma] = 120$ MPa,$[\tau] = 80$ MPa,选择矩形截面尺寸(假设 $h/b = 3/2$)。

答:$h = 183$ mm;$b = 122$ mm

7.45 指出题 7.45 图所示各截面弯心的大致位置。若各截面上的剪力指向均向下,画出各截面上切应力流的方向。

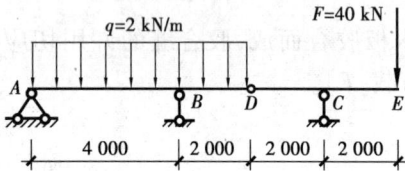

题 7.44 图

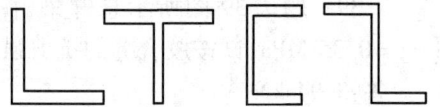

题 7.45 图

第 **8** 章
变形及刚度计算

结构构件在满足强度要求条件下,若其变形过大,会影响正常使用。本章将学习杆件的变形及刚度计算。

8.1 轴向拉压杆的变形

杆件在发生轴向拉伸或轴向压缩变形时,其纵向尺寸和横向尺寸一般都会发生改变,现分别予以讨论。

8.1.1 轴向变形

图 8.1 所示一等直圆杆,变形前原长为 l,横向直径为 d;变形后长度为 l',横向直径为 d',则称

$$\Delta l = l' - l \tag{8.1}$$

为**轴向线变形**,Δl 代表杆件总的伸长量或缩短量,其量纲是[长度]。而称

$$\varepsilon = \frac{\Delta l}{l} \tag{8.2}$$

为**轴向线应变**(axial linear strain)。ε 反映了杆件的纵向变形程度。图 8.1 所示杆件,拉伸时,$\Delta l > 0$,$\varepsilon > 0$;缩短时,$\Delta l < 0$,$\varepsilon < 0$。

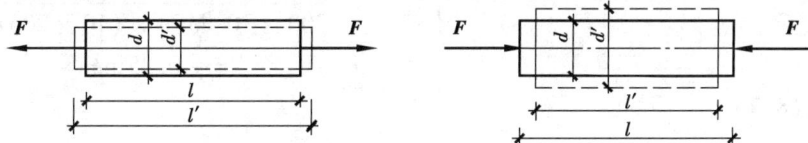

图 8.1

根据胡克定律知 $\sigma = E\varepsilon$,而 $\sigma = F_N/A$,可得

$$\Delta l = \frac{F_N l}{EA} \tag{8.3}$$

上式表明,在线弹性范围内(即 $\sigma \leqslant \sigma_p$),杆件的变形 Δl 与 EA 成反比。EA 称为杆的**抗拉刚度**

(axial rigidity)。

式(8.3)的适用条件是:线弹性条件下,杆件在 l 长范围内 EA 和 F_N 均为常数。即杆件的变形是均匀的,沿杆长 $\varepsilon = $ 常数。

若杆件的轴力 F_N 及抗拉刚度 EA 沿杆长分段为常数,则

$$\Delta l = \sum_i \frac{F_{Ni} l_i}{(EA)_i} \tag{8.4}$$

式中, F_{Ni} , $(EA)_i$ 和 l_i 为杆件第 i 段的轴力、抗拉刚度和长度。

若杆件的轴力和抗拉刚度沿杆长为连续变化时,则

$$\Delta l = \int_l \frac{F_N(x)}{EA(x)} \mathrm{d}x \tag{8.5}$$

8.1.2 横向变形及泊松比

定义

$$\varepsilon' = \frac{d' - d}{d} \tag{8.6}$$

为杆件的**横向线应变**(lateral linear strain)。显然, ε' 与 ε 是反号的,而且根据实验表明:对于线弹性材料, ε' 与 ε 的比值为一常数,即

$$\varepsilon' = -\mu\varepsilon \tag{8.7}$$

式中, μ 称为**泊松比**(Poisson ration),其值由试验测定。

例 8.1 图 8.2 所示一等直钢杆,横截面为 $b \times h = 10 \times 20 \text{ mm}^2$ 的矩形,材料的弹性模量 $E = 200 \text{ GPa}$ 。试计算:(1)每段的轴向线变形;(2)每段的线应变;(3)全杆的总伸长。

解 (1)设左、右两段分别为 1,2 段,由轴力图: $F_{N1} = 20 \text{ kN}$, $F_{N2} = -5 \text{ kN}$ 。根据式(8.3)

$$\Delta l_1 = \frac{F_{N1} l_1}{EA}$$

$$= \frac{20 \times 10^3 \text{ N} \times 1\,000 \text{ mm}}{200 \times 10^3 \text{ MPa} \times (10 \times 20) \text{ mm}^2}$$

$$= 0.5 \text{ mm}$$

$$\Delta l_2 = \frac{F_{N2} l_2}{EA}$$

$$= \frac{-5 \times 10^3 \text{ N} \times 2\,000 \text{ mm}}{200 \times 10^3 \text{ MPa} \times (10 \times 20) \text{ mm}^2}$$

$$= -0.25 \text{ mm}$$

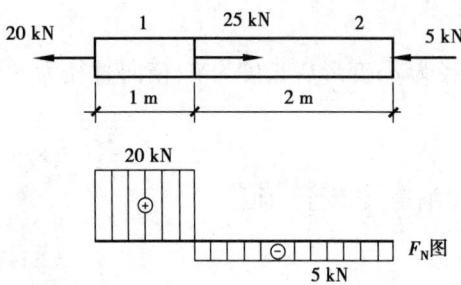

图 8.2

(2)由式(8.2)

$$\varepsilon_1 = \frac{\Delta l_1}{l_1} = \frac{0.5 \text{ mm}}{1\,000 \text{ mm}} = 0.05\%$$

$$\varepsilon_2 = \frac{\Delta l_2}{l_2} = \frac{-0.25 \text{ mm}}{2\,000 \text{ mm}} = -0.012\,5\%$$

(3)全杆的总伸长

$$\Delta l = \Delta l_1 + \Delta l_2 = 0.25 \text{ mm}$$

例 8.2　试计算图 7.5(a)所示等截面柱在自重作用下其顶部的位移 δ。已知密度 ρ，长度 l，抗拉刚度 EA = 常数。

解　由截面法可计算出距上端为 x 截面上的轴力：$F_N(x) = -\rho g A x$，而柱的 EA 为常数，由式(8.5)可得

$$\Delta l = \int_l \frac{F_N(x)}{EA}dx = \int_0^l -\frac{\rho g}{E}x dx = -\frac{\rho g l^2}{2E}$$

因为柱下端固定，所以其顶部的位移 δ 为

$$\delta = |\Delta l| = \frac{\rho g l^2}{2E} \quad (\downarrow)$$

8.2　圆轴扭转时的变形和刚度计算

8.2.1　圆轴扭转时的变形

在 7.6 节中提到，圆轴扭转时的变形可用相对扭转角 φ 来表示，而扭转变形程度可用单位长度扭转角 θ 来表示。由 7.6.2 节中的式(d)，即

$$\theta = \frac{d\varphi}{dx} = \frac{M_T}{GI_p} \tag{8.8}$$

可得相距为 dx 的两个横截面间的相对扭转角为

$$d\varphi = \frac{M_T}{GI_p}dx$$

若相距为 l 的两横截面之间 GI_p、M_T 为常数，则

$$\varphi = \frac{M_T l}{GI_p} \tag{8.9}$$

上式中的 GI_p 称为圆轴的**抗扭刚度**(torsional rigidity)。

如圆轴的扭矩和抗扭刚度分段为常数，则

$$\varphi = \sum_i \frac{M_{Ti}l_i}{(GI_p)_i} \tag{8.10}$$

如圆轴的扭矩和抗扭刚度沿杆长为连续变化时，则

$$\varphi = \int_l \frac{M_T(x)}{GI_p(x)} \cdot dx \tag{8.11}$$

8.2.2　刚度计算

有些轴，除了满足强度条件外，还需要对其变形加以限制，如机械工程中受力较大的主轴。工程中常限制单位长度扭转角 θ 不超过其许用值，刚度条件表述为

$$\theta_{max} = \frac{M_T}{GI_p} \le [\theta] \tag{8.12}$$

式中，$[\theta]$ 为单位长度许用扭转角，其单位通常是工程单位(°)/m，这时式(8.12)为

$$\theta_{max} = \frac{M_T}{GI_p} \times \frac{180}{\pi} \le [\theta] \tag{8.13}$$

例 8.3 圆轴受扭如图 8.3 所示,已知轴的直径 $d = 80$ mm,材料的切变模量 $G = 80$ GPa,单位长度许用扭转角 $[\theta] = 0.8(°)/$m。试:(1)求左、右端截面间的相对扭转角 φ_{AC};(2)校核轴的刚度。

解 (1)轴的扭矩图如图 8.3 所示,则 $\varphi_{AC} = \varphi_{AB} + \varphi_{BC}$,即

$$\varphi_{AC} = \frac{M_{TAB}l_{AB}}{GI_p} + \frac{M_{TBC}l_{BC}}{GI_p}$$

$$= \frac{(2 \times 10^6 \times 0.6 \times 10^3 - 1 \times 10^6 \times 0.4 \times 10^3) \text{N} \cdot \text{mm}^2}{80 \times 10^3 \text{ MPa} \times \frac{\pi \times 80^4}{32} \text{ mm}^4}$$

$$= 2.49 \times 10^{-3} \text{ rad}$$

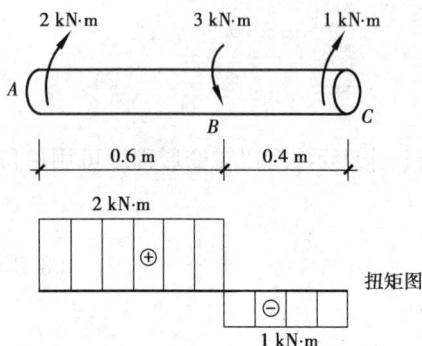

图 8.3

(2)AB 段扭矩大,所以 θ_{max} 发生在 AB 段:

$$\theta_{max} = \frac{M_{TAB}}{GI_p}$$

$$= \frac{2 \times 10^6 \text{ N} \cdot \text{mm}}{80 \times 10^3 \text{ MPa} \times \frac{\pi \times 80^4}{32} \text{ mm}^4} \times \frac{180}{\pi} \times 10^3$$

$$= 0.356(°)/\text{m} < [\theta] = 0.8°/\text{m}$$

故满足刚度要求。

8.3　梁的变形及刚度计算

工程实际中,梁除满足强度要求外,在某些情形还有刚度要求,即变形不能太大。如楼板梁的变形过大时,易使板下的抹灰层开裂、脱落;吊车梁的变形过大时,会影响吊车的正常运行。本节将介绍梁变形的计算方法及刚度条件。

8.3.1　度量梁变形的基本未知量

图 8.4 所示一悬臂梁,其轴线 AB 在纵向对称平面内弯曲成一条光滑的平面曲线 AB',称为梁的**挠曲线**(deflection curve)或**弹性曲线**。梁中任一横截面处的变形可以归结为:形心沿轴线 x 方向的位移 u_x、形心沿 y 方向的位移 u_y 以及横截面的转动。在小变形情况下,$u_x \ll u_y$ 可以不计形心沿 x 方向的位移。所以,度量梁变形的基本未知量有:

1.挠度 y

梁中任一横截面的形心 C 在垂直于轴线方向的位移称为该截面的**挠度**(deflection),用 y 表示。显然,梁中不同截面的挠度一般是不同的,可表示成

$$y = y(x)$$

称为挠曲线方程。在图示坐标系下,挠度以向下为正,向上为负。

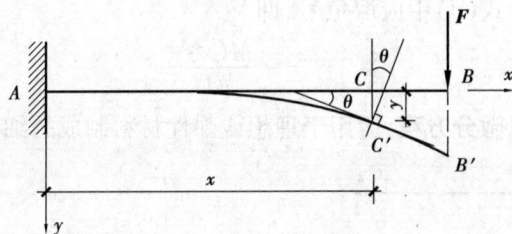

图 8.4

2. 转角 θ

梁中任一横截面绕中性轴转过的角度,称为该截面的**转角**(slope)。转角沿梁长度的变化规律可用转角方程表示。

$$\theta = \theta(x)$$

在图示坐标系下,转角 θ 以顺时针为正,逆时针为负。

下面来分析挠曲线方程与转角方程之间的关系。根据平面假设,变形后梁的横截面与挠曲线垂直,所以挠曲线上 C' 点的切线与 x 轴正方向的夹角等于 C 截面的转角,如图 8.4 所示。于是 $\theta \approx \tan\theta = \dfrac{\mathrm{d}y}{\mathrm{d}x} = y'$,即

$$\theta = y' \tag{8.14}$$

此式即为挠曲线方程与转角方程的关系。可见,只要求出梁的挠曲线方程 $y(x)$,即可求出任意横截面的挠度和转角。

8.3.2　挠曲线的近似微分方程

在 7.7.1 节中我们推导了梁在纯弯曲时中性层的曲率公式(7.23),即 $\dfrac{1}{\rho} = \dfrac{M}{EI_z}$。在横力弯曲时,弯曲变形是弯矩 M 和剪力 F_S 共同产生的,但是对于工程中常见的细长梁,剪力对梁的变形影响很小,可忽略不计。于是曲率公式表示为

$$\frac{1}{\rho(x)} = \frac{M(x)}{EI_z} = \frac{M(x)}{EI} \tag{a}$$

式中,I_z 为梁横截面对中性轴的惯性矩,今后为书写方便,取 $EI_z = EI$。

由数学知识,曲线 $y = y(x)$ 上任一点的曲率为

$$\frac{1}{\rho(x)} = \pm \frac{y''}{[1 + (y')^2]^{3/2}} \tag{b}$$

在变形小时,挠曲线是一条平缓的平面曲线,$y' = \theta \ll 1$,故 $(y')^2$ 与 1 相比可以忽略不计,于是式(b)成为

$$\frac{1}{\rho(x)} = \pm y'' \tag{c}$$

由式(a)和式(c)可得

$$\frac{M(x)}{EI} = \pm y'' \tag{d}$$

在选取的坐标系下,根据弯矩 M 的正、负号规定可以看出:弯矩 M 与 y'' 的符号总是相反的,如图 8.5 所示。所以,式(d)中应取负号,即

$$y'' = -\frac{M(x)}{EI} \qquad (8.15)$$

此式即为**梁挠曲线的近似微分方程**,适用于理想线弹性材料制成的细长梁的小变形问题。

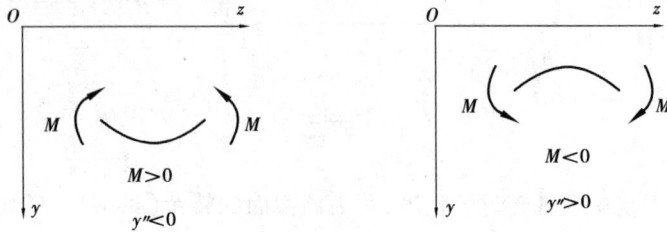

图 8.5

8.3.3 用积分法求梁的变形

将弯矩方程 $M(x)$ 代入式(8.15),积分一次,得到转角方程

$$\theta = y' = -\int \frac{M(x)}{EI}\mathrm{d}x + C \qquad (8.16)$$

再积分一次,得挠度方程

$$y = -\iint \frac{M(x)}{EI}\mathrm{d}x\mathrm{d}x + Cx + D \qquad (8.17)$$

式中的 C 和 D 为积分常数,由梁的**边界条件**(boundary conditions)和**变形连续光滑条件**(continuity condition of deformation)来确定。所谓边界条件,是指梁中某些截面处已知的变形条件,例如在铰支座处,截面的挠度 $y=0$;又如在固定端处,截面的 $y=0$,且 $\theta=0$。而变形连续光滑条件是指:挠曲线应是一条连续光滑的平面曲线,梁在任一截面处应有唯一的挠度与转角。

例 8.4 图 8.6 所示一等截面悬臂梁,在自由端受集中力 F 作用,梁的抗弯刚度为 EI,试求最大挠度和最大转角。

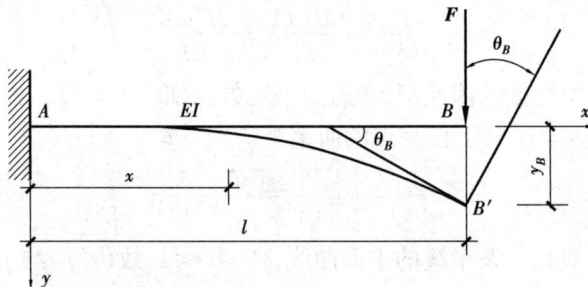

图 8.6

解 取坐标系如图所示,弯矩方程为

$$M(x) = -F(l - x)$$

挠曲线近似微分方程为

$$EIy'' = -M(x) = Fl - Fx$$

积分两次，可得

$$EI\theta = EIy' = Flx - \frac{F}{2}x^2 + C \tag{e}$$

$$EIy = \frac{1}{2}Elx^2 - \frac{F}{6}x^3 + Cx + D \tag{f}$$

梁的边界条件为

$$x = 0 \text{ 处}, y_A = 0, \theta_A = 0$$

将边界条件代入式(e)、式(f)可以解出

$$C = D = 0$$

于是梁的转角方程和挠度方程分别为

$$\theta = \frac{Flx}{2EI}\left(2 - \frac{x}{l}\right)$$

$$y = \frac{Flx^2}{6EI}\left(3 - \frac{x}{l}\right)$$

可以看出梁的最大挠度和最大转角都发生在自由端

$$\theta_{\max} = \theta_B = \frac{Fl^2}{2EI}$$

$$y_{\max} = y_B = \frac{Fl^3}{3EI}$$

例8.5　图 8.7 所示等截面简支梁受集中力 F 作用，已知梁的抗弯刚度为 EI，试求 C 截面处的挠度 y_C 和 A 截面的转角 θ_A。

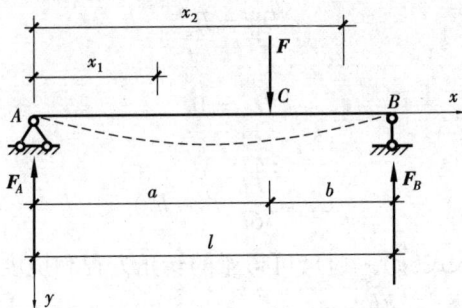

图 8.7

解　取坐标系如图所示，设左、右两段任一横截面形心的坐标、挠度和转角分别为 $x_1, y_1,$ θ_1 和 x_2, y_2, θ_2。梁的支反力为

$$F_A = \frac{Fb}{l}, \qquad F_B = \frac{Fa}{l}$$

分段列出弯矩方程：

AC 段　　　　　　　$M(x_1) = \frac{Fb}{l}x_1 \quad (0 \leqslant x_1 \leqslant a)$

CB 段　　　　　　　$M(x_2) = \frac{Fb}{l}x_2 - F(x_2 - a) \quad (a \leqslant x_2 \leqslant l)$

再分段列出两段的挠曲线微分方程,并积分两次如下:

AC 段
$$EIy_1'' = -M(x_1) = -\frac{Fb}{l}x_1$$

$$EI\theta_1 = EIy_1' = -\frac{Fb}{2l}x_1^2 + C_1 \tag{g}$$

$$EIy_1 = -\frac{Fb}{6l}x_1^3 + C_1 x_1 + D_1 \tag{h}$$

CB 段
$$EIy_2'' = -M(x_2) = -\frac{Fb}{l}x_2 + F(x_2 - a)$$

$$EI\theta_2 = EIy_2' = -\frac{Fb}{2l}x_2^2 + \frac{F}{2}(x_2 - a)^2 + C_2 \tag{i}$$

$$EIy_2 = -\frac{Fb}{6l}x_2^3 + \frac{F}{6}(x_2 - a)^3 + C_2 x_2 + D_2 \tag{j}$$

边界条件为

$$x_1 = 0 \text{ 处}, \ y_1 = 0 \tag{k}$$
$$x_2 = l \text{ 处}, \ y_2 = 0 \tag{l}$$

变形连续光滑条件为

$$x_1 = x_2 = a \text{ 处}, \ y_1 = y_2 \tag{m}$$
$$x_1 = x_2 = a \text{ 处}, \ \theta_1 = \theta_2 \tag{n}$$

将式(n)代入式(g)和式(i),可得

$$C_1 = C_2$$

将式(m)代入式(h)和式(j),可得

$$D_1 = D_2$$

式(k)代入式(h),得

$$D_1 = 0$$

式(l)代入式(j),得

$$C_2 = \frac{Fb}{6l}(l^2 - b^2)$$

将求得的积分常数代入式(g)~(j),可得梁的转角方程和挠度方程:

AC 段
$$\begin{cases} \theta_1 = \dfrac{Fb}{6EIl}(l^2 - b^2 - 3x_1^2) \\[2mm] y_1 = \dfrac{Fb}{6EIl}(l^2 - b^2 - x_1^2)x_1 \quad (0 \leqslant x_1 \leqslant a) \end{cases}$$

CB 段
$$\begin{cases} \theta_2 = \dfrac{Fb}{6EIl}\left[(l^2 - b^2 - 3x_2^2) + \dfrac{3l}{b}(x_2 - a)^2\right] \\[2mm] y_2 = \dfrac{Fb}{6EIl}\left[(l^2 - b^2 - x_2^2)x + \dfrac{l}{b}(x_2 - a)^3\right] \quad (a \leqslant x_2 \leqslant l) \end{cases}$$

将 $x_1 = a$ 代入 y_1,或 $x_2 = a$ 代入 y_2 可得

$$y_C = \frac{Fab}{6EIl}(l^2 - b^2 - a^2)$$

将 $x_1 = 0$ 代入 θ_1,可得

$$\theta_A = \frac{Fb}{6EIl}(l^2 - b^2)$$

可以看出,当梁的弯矩方程表达式有 n 个时,积分常数有 $2n$ 个。这时需要 $2n$ 个边界条件和变形连续光滑条件才能确定积分常数。若在列弯矩方程和积分时遵守一定规则,可以大大减少运算工作量。

8.3.4　用叠加法求梁的变形

在线弹性及小变形条件下,梁的变形(挠度 y 和转角 θ)与荷载始终保持线性关系,而且每个荷载引起的变形与其他同时作用的荷载无关。这就是力的独立作用原理。当梁同时受几个(或几种)荷载作用时,可以先计算出梁在每个(或每种)荷载作用下的变形(见附录 A),然后进行叠加运算。这种计算变形的方法称为**叠加法**(superposition method)。

例 8.6　图 8.8(a)所示等截面简支梁的抗弯刚度为 EI,受集中力 F 和均布荷载 q 作用,试求 C 截面处的挠度 y_C 和 A 截面的转角 θ_A。

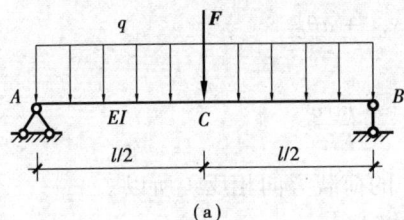

(a)

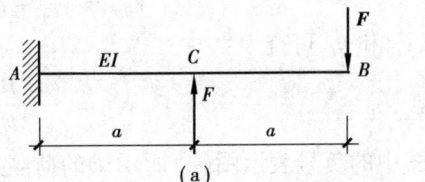

(a)

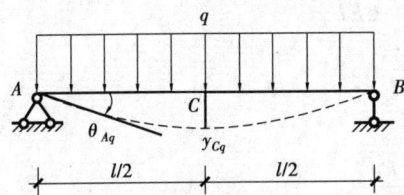

(b)

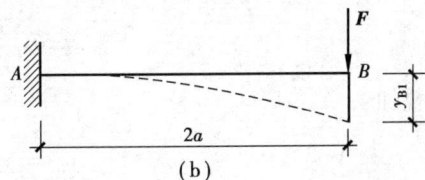

(b)

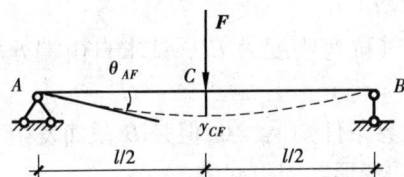

(c)

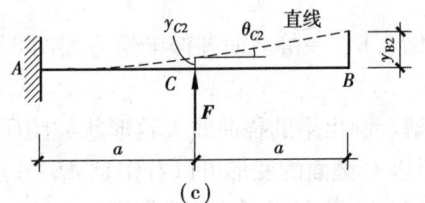

(c)

图 8.8　　　　　　　　　　　　图 8.9

解　将荷载分解为两种简单荷载如图 8.8(b)和(c)所示,由附录 A 可查出:

$$y_{Cq} = \frac{5ql^4}{384EI}, \quad \theta_{Aq} = \frac{ql^3}{24EI}$$

$$y_{CF} = \frac{Fl^3}{48EI}, \quad \theta_{AF} = \frac{Fl^2}{16EI}$$

式中,第一个下标表示截面位置,第二个下标表示引起该变形的原因。

将上述结果叠加,可得

$$y_C = y_{Cq} + y_{CF} = \frac{5ql^4}{384EI} + \frac{Fl^3}{48EI}$$

$$\theta_A = \theta_{Aq} + \theta_{AF} = \frac{ql^3}{24EI} + \frac{Fl^2}{16EI}$$

例8.7 一等截面悬臂梁受力如图8.9(a)所示,其抗弯刚度为 EI。试求梁自由端 B 处的挠度 y_B 和转角 θ_B。

解 将梁上的荷载分解为图8.9(b)、(c)所示两种简单荷载,其中(b)图所示梁的变形 y_{B1} 和 θ_{B1} 可查表:

$$y_{B1} = \frac{F(2a)^3}{3EI} = \frac{8Fa^3}{3EI}$$

$$\theta_{B1} = \frac{F(2a)^2}{2EI} = \frac{2Fa^2}{EI}$$

再求图(c)所示梁的变形 y_{B2} 和 θ_{B2}。因为此时 BC 段不受力,所以其挠曲线为直线,即 B、C 两截面的转角相等。又因为梁的变形很小,故 B 截面的挠度 y_{B2} 为

$$y_{B2} = y_{C2} + a \cdot \tan\theta_{C2} \approx y_{C2} + a\theta_{C2}$$

式中,y_{C2} 和 θ_{C2} 可查表:

$$y_{C2} = \frac{(-F)a^3}{3EI}, \quad \theta_{C2} = \frac{(-F)a^2}{2EI}$$

上两式中的负号表示图(c)所示梁的荷载方向与附录中的荷载方向相反。所以

$$y_{B2} = -\frac{Fa^3}{3EI} - \frac{Fa^3}{2EI} = -\frac{5Fa^3}{6EI}$$

$$\theta_{B2} = \theta_{C2} = -\frac{Fa^2}{2EI}$$

叠加

$$y_B = y_{B1} + y_{B2} = \frac{11Fa^3}{6EI}$$

$$\theta_B = \theta_{B1} + \theta_{B2} = \frac{3Fa^2}{2EI}$$

例8.8 一等截面外伸梁受力如图8.10(a)所示,其抗弯刚度为 EI。试求自由端处的挠度 y_C。

解 画出梁的挠曲线大致形状如图所示,虽然由边界条件知 $y_B = 0$,但是 B 截面发生了转动,所以 C 截面的变形可以看作是 AB 部分和 BC 部分的变形共同引起的。

(1)首先,仅考虑 BC 部分的变形,此时将 AB 部分视为刚体。根据 A、B 处的支承情况,AB 部分既不能移动,也不能转动,因此 BC 部分可看成悬臂梁,见图8.10(b),查附录可得:

$$y_{C1} = \frac{Fa^3}{3EI}$$

(2)其次,仅考虑 AB 部分的变形,此时将 BC 部分视为刚体。由静力学知识,刚体 BC 部分上 C 处的力 F 可以平移至 B 处,见图8.10(c),而平移至 B 处的力 F 不会使 AB 部分变形。在附加力偶 $M = Fa$ 作用下,B 截面的转动使 BC 部分倾斜,且 BC 段的挠曲线为直线,所以

$$y_{C2} = a \cdot \tan\theta_{B2} \approx a\theta_{B2}$$

式中 θ_{B2} 是由 M 引起的,查附录得

$$\theta_{B2} = \frac{Ml}{3EI} = \frac{Fal}{3EI}$$

（3）叠加

$$y_C = y_{C1} + y_{C2} = \frac{Fa^3}{3EI} + \frac{Fa^2 l}{3EI}$$

$$= \frac{Fa^2}{3EI}(a + l)$$

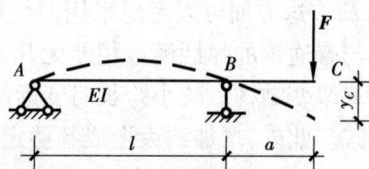

（a）

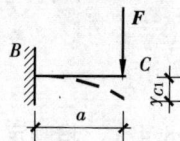

（b）

8.3.5 梁的刚度计算

梁的刚度计算,通常是校核其变形是否超过许用挠度 $[f]$ 和许用转角 $[\theta]$,可以表述为

$$y_{max} \leqslant [f]$$
$$\theta_{max} \leqslant [\theta]$$

式中, y_{max} 和 θ_{max} 为梁的最大挠度和最大转角。

在机械工程中,一般对梁的挠度和转角都进行校核;而在土木工程中,常常只校核挠度,并且以许用挠度与跨长的比值 $[\frac{f}{l}]$ 作为校核的标准,即

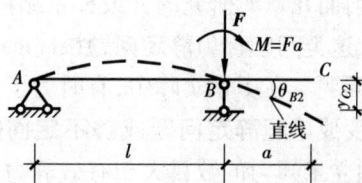

图 8.10

$$\frac{y_{max}}{l} \leqslant \left[\frac{f}{l}\right] \qquad (8.18)$$

土木工程中的梁,强度一般起控制作用,通常是由强度条件选择梁的截面,再校核刚度。

例 8.9 简支梁受力如图 8.11 所示,采用 22a 号工字钢,其弹性模量 $E = 200$ GPa, $[\frac{f}{l}] = \frac{1}{400}$,试校核梁的刚度。

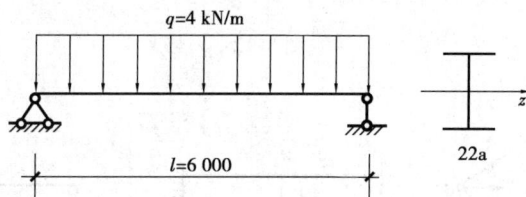

图 8.11

解 由附录查表可得 $I_z = 3\ 400$ cm^4, $y_{max} = \dfrac{5ql^4}{384EI}$。于是

$$\frac{y_{max}}{l} = \frac{5ql^3}{384EI} = \frac{5 \times 4 \text{ N /mm} \times 6\ 000^3 \text{ mm}^3}{384 \times 200 \times 10^3 \text{ MPa} \times 3\ 400 \times 10^4 \text{ mm}^4}$$

$$= \frac{1}{600} < \left[\frac{f}{l}\right] = \frac{1}{400}$$

所以梁的刚度满足要求。

下面介绍提高梁弯曲刚度的一些措施。在不改变荷载的条件下,梁的变形与抗弯刚度 EI 成反比,与跨长的 n 次幂(n 可取 1,2,3 或 4)成正比。所以,提高弯曲刚度的一些措施有:(1)

增大 *EI*。这方面可以考虑采用惯性矩较大的工字形、槽形、箱形等截面形状。须指出的是,高强钢与普通钢的弹性模量相差无几,所以采用高强钢对提高刚度的作用并不明显。(2)调整跨长或改变结构。减小跨长对变形的影响较为明显,如龙门吊车大梁就采用了两端外伸的结构形式。此外,增加约束形成超静定梁,也能显著减小梁的变形,同时还可以提高弯曲强度。

8.4　简单超静定问题

8.4.1　超静定问题的概念

前面几章所研究的杆或杆系结构,其支座反力和内力仅仅用静力平衡条件即可全部求解出来,这类问题称为**静定问题**(statically determinate problem)。例如,图 8.12 所示各结构皆为静定问题。在工程实际中,有时为了提高强度或控制位移,常常采取增加约束的方式,使静定问题变成了**超静定问题**或**静不定问题**(statically indeterminate problem)。超静定问题的特点是,独立未知力的数目大于有效静力平衡方程的数目,仅仅利用静力平衡条件不能求出全部的支座反力和内力。例如,图 8.13(a)所示杆系结构,取结点 *A* 为分离体,其有效静力平衡式只有 2 个,所以不能求出 3 根杆的轴力,即是超静定杆系结构。同理,图 8.13(b)和(c)所示结构也是超静定问题。

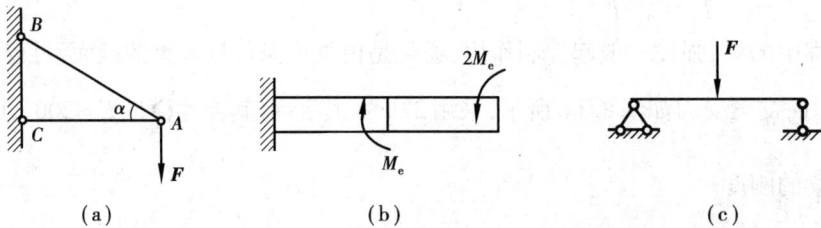

图 8.12

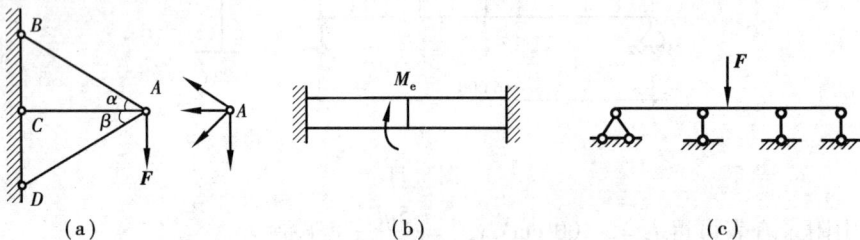

图 8.13

在超静定问题中,独立未知力超过有效静力平衡式的数目称为**超静定次数**或**静不定次数**(compatibility condition of deformation)。例如图 8.13(a)、(b)所示结构的超静定次数为 1,称为 1 次超静定问题,而图 8.13(c)所示梁为 2 次超静定梁。

在超静定结构中,若不考虑强度和刚度而仅针对维持结构的平衡而言,有些约束是可以去掉的,这些约束称为**多余约束**(redundant constrain),与其相应的支座反力称为多余支反力。

8.4.2 解超静定问题的一般步骤

下面以图 8.14(a)所示杆为例说明解超静定问题的方法和一般步骤。设该杆为等直杆，抗拉刚度为 EA，已知 F,a,b,l，求支反力和内力。

(1)静力方面

选取右端约束为多余约束，去掉该约束并代之以多余支反力 F_B，如图 8.14(b)所示，称为原超静定问题的**基本体系**。所谓基本体系，是指去掉原超静定结构的所有多余约束并代之以相应的多余支反力而得到的静定结构。列出其平衡方程为：

$$\sum F_x = 0, F - F_A - F_B = 0 \qquad (o)$$

由于 F_A 和 F_B 是未知力，所以是一次超静定问题。

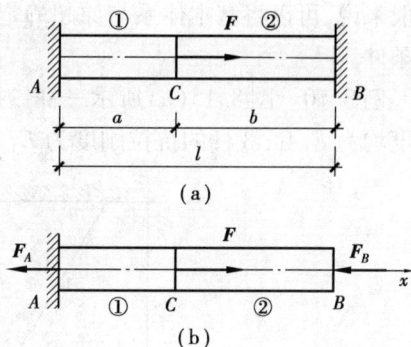

图 8.14

(2)几何方面

基本体系上多余约束处所施加的力 F_B 和原结构中 B 支座的反力相同，所以其变形应该与原超静定杆的变形完全相同。而原结构中 A,B 端是固定的，所以可得几何关系：

$$\Delta l = \Delta l_1 + \Delta l_2 = 0 \qquad (p)$$

称为**变形谐调条件**(compatibility condition of deformation)。

(3)物理方面

由胡克定律，可得：

$$\Delta l_1 = \frac{F_{N1}a}{EA} = \frac{F_A a}{EA}, \quad \Delta l_2 = \frac{F_{N2}b}{EA} = \frac{-F_B b}{EA} \qquad (q)$$

(4)补充方程

将式(q)代入式(p)，可得：

$$F_A a - F_B b = 0 \qquad (r)$$

称为补充方程。

(5)求解

联立求解方程(o)和(r)，可得：

$$F_A = \frac{b}{a+b}F = \frac{b}{l}F$$

$$F_B = \frac{a}{a+b}F = \frac{a}{l}F$$

所以内力为：

$$F_{N1} = \frac{b}{l}F, F_{N2} = -\frac{a}{l}F$$

由上例可以看出解超静定问题的一般步骤为：

(1)选取基本体系，列静力平衡方程；

(2)列出变形谐调条件；

（3）物理方面，将杆件的变形用力表示；

（4）将物理关系式代入变形谐调条件，得到补充方程；

（5）联立平衡方程和补充方程，求解未知量。

上述求解超静定问题的方法，也称为力法，显然，力法的关键是找到正确的变形谐调条件。一般来说，可以将基本体系与原超静定结构的变形进行比较，从选取的多余约束处找到变形谐调条件。

例 8.10　图 8.15（a）所示三杆铰接于结点 A，并在结点受力 F 作用，设①杆和②杆的抗拉刚度均为 E_1A_1，③杆的抗拉刚度为 E_3A_3，试求三杆的内力。

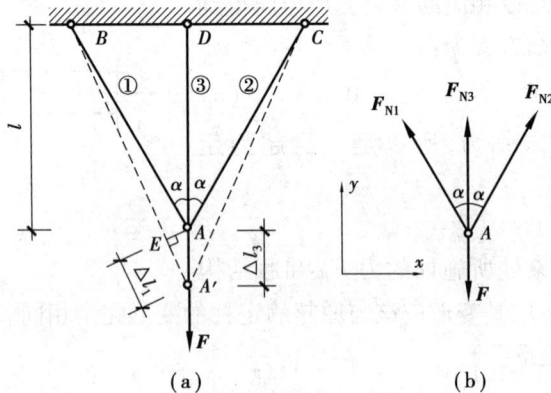

图 8.15

解　（1）静力方面　取结点 A 为研究对象，分析其受力如图 8.15（b）所示，列出平衡方程：

$$\left.\begin{array}{l} \sum F_x = 0, F_{N1} = F_{N2} \\ \sum F_y = 0, F = F_{N3} + (F_{N1} + F_{N2})\cos\alpha \end{array}\right\} \tag{s}$$

（2）几何方面　考虑对称性，结点 A 将在竖直方向移动到 A'，如图 8.15（a）所示，AA' 即为③杆的变形。同时，左右两杆的下端也移动到 A'，在小变形条件下，①杆的变形即为 $A'E$。于是可得变形谐调条件：

$$\Delta l_1 = \Delta l_3 \cos\alpha \tag{t}$$

注意图 8.15（a）中的角 $AA'B$ 也取为 α。

（3）物理方面　由胡克定律，有：

$$\Delta l_1 = \frac{F_{N1}}{E_1A_1}\frac{l}{\cos\alpha}, \Delta l_3 = \frac{F_{N3}l}{E_3A_3} \tag{u}$$

（4）补充方程　式（u）代入式（t），得：

$$\frac{F_{N1}}{E_1A_1\cos\alpha} = \frac{F_{N3}}{E_3A_3}\cos\alpha \tag{v}$$

（5）求解　联立求解式（s）和式（v），得：

$$F_{N1} = F_{N2} = \frac{F}{2\cos\alpha + \dfrac{E_3A_3}{E_1A_1}\sec^2\alpha}, \quad F_{N3} = \frac{F}{1 + 2\dfrac{E_1A_1}{E_3A_3}\cos^3\alpha}$$

例 8.11　一抗弯刚度为 EI 的等截面梁受力如图 8.16(a)所示,试求支反力。

解　(1)静力方面　选取 B 支座为多余约束,基本体系如图 8.16(b)所示,列出静力平衡方程为:

$$\left.\begin{array}{l}\sum F_y = 0, F_A + F_B = ql \\[2mm] \sum M_A = 0, M_A + F_B l = \dfrac{1}{2}ql^2\end{array}\right\} \tag{w}$$

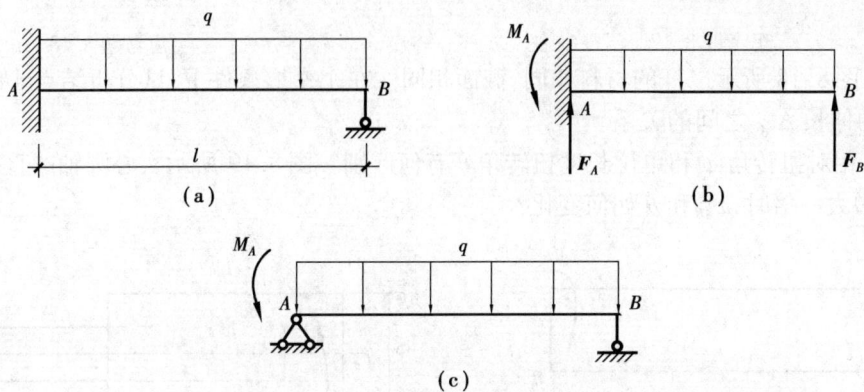

图 8.16

(2)几何方面　由多余约束 B 处的边界条件,可以得到变形谐调条件:

$$y_B = 0 \tag{x}$$

(3)物理方面　由叠加法,可得:

$$y_B = y_{Bq} + y_{BF_B}$$

$$y_{Bq} = \frac{ql^4}{8EI}, y_{BF_B} = -\frac{F_B l^3}{3EI} \tag{y}$$

(4)补充方程　式(y)代入式(x),得:

$$\frac{ql^4}{8EI} - \frac{F_B l^3}{3EI} = 0 \tag{z}$$

(5)求解　联立求解方程(w)和(z),得:

$$F_A = \frac{5}{8}ql, \quad F_B = \frac{3}{8}ql, \quad M_A = \frac{1}{8}ql^2$$

需指出的是,多余约束的选择不是唯一的。如上例的超静定梁可以选取基本体系如图 8.16(c)所示,此时的多余支反力为 A 支座处的反力 M_A,其变形谐调条件为 $\theta_A = 0$。具体求解过程请读者自行思考。

思 考 题

8.1　轴向拉压杆的变形 Δl 能不能完全反映其变形程度,为什么?

8.2　图 8.17 所示矩形截面等直杆,当轴向力 $\boldsymbol{F}$ 作用时,杆侧表面上的线段 ab 和 ac 间的夹角 α 将发生什么改变?

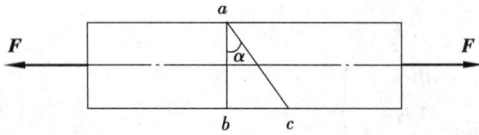

思考题 8.17

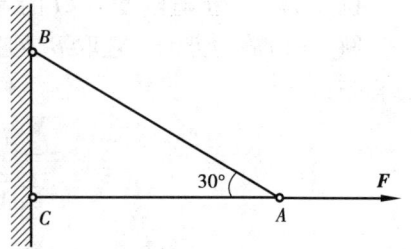

思考题 8.18

8.3 图 8.18 所示二杆的材料相同,截面相同。在小变形条件下,试分析结点 A 的位移 δ_A 与 AC 杆的伸长 Δl_{AC} 之间的关系。

8.4 相对扭转角 φ 和单位长度扭转角 θ 有何区别? 图 8.19 所示实心圆轴的直径 d 和长度 l 同时增大一倍时,φ_{AB} 和 θ 如何变化?

思考题 8.19

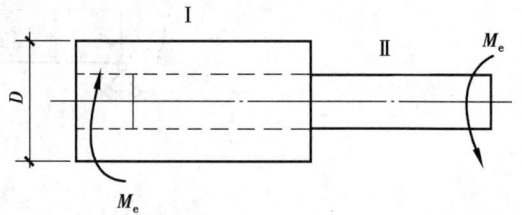

思考题 8.20

8.5 一紧套的轴,试分别画出两轴的扭矩图(图 8.20),并指出外力以何种方式从 Ⅰ 轴传递到 Ⅱ 轴的。

8.6 为什么梁挠曲线微分方程 $EIy'' = -M(x)$ 是近似的?

8.7 什么是边界条件和连续条件? 试分析图 8.21 所示梁在用积分法求其变形时需要的边界条件和变形连续光滑条件。

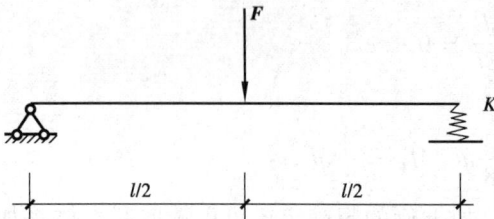

思考题 8.21

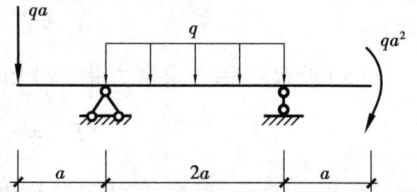

思考题 8.22

8.8 试绘制图 8.22 所示梁挠曲线的大致形状。

8.9 图 8.23 所示等截面梁两端固定,外力都作用于纵向对称面内,试证明:该梁弯矩图的总面积为零。

8.10 超静定次数只取决于结构形式,对吗? 以两端固定的等截面杆为例,分别分析在轴向力和横向力作用时的超静定次数。

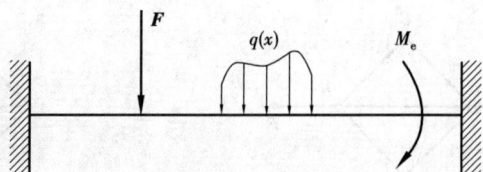

思考题 8.23

习　题

8.1　题 8.1 图所示钢杆的横截面积 $A = 1\,000\ \text{mm}^2$,材料的弹性模量 $E = 200\ \text{GPa}$,试求:(1)各段的变形;(2)各段的应变;(3)杆的总伸长。

答:$\Delta l = \Delta l_{\text{I}} + \Delta l_{\text{II}} + \Delta l_{\text{III}} = 0.1\ \text{mm} + 0 - 0.2\ \text{mm} = -0.1\ \text{mm}$

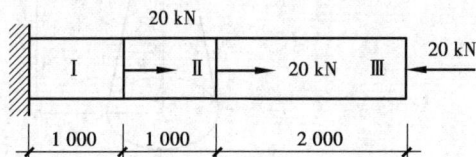

题 8.1 图

题 8.2 图

8.2　题 8.2 图所示长为 l 的等直杆,其材料密度为 ρ,弹性模量为 E,横截面面积为 A。已知外力 $F = Al\rho g$,试求杆下端的位移。

答:$\dfrac{3\rho g l^2}{2E}$

8.3　题 8.3 图所示结构中,五根杆的抗拉刚度均为 EA,杆 AB 长为 l,$ABCD$ 是正方形。在小变形条件下,试求两种加载情况下,AB 杆的伸长。

答:$(\text{a})\dfrac{Fl}{EA}$;$(\text{b})-\dfrac{Fl}{EA}$

8.4　题 8.4 图所示结构中,水平刚杆 AB 不变形,杆①为钢杆,直径 $d_1 = 20\ \text{mm}$,弹性模量 $E_1 = 200\ \text{GPa}$;杆②为铜杆,直径 $d_2 = 25\ \text{mm}$,弹性模量 $E_2 = 100\ \text{GPa}$。设在外力 $F = 30\ \text{kN}$ 作用下,AB 杆保持水平,求 F 力作用点到点 A 的距离 a。

答:$a = 1.08\ \text{m}$

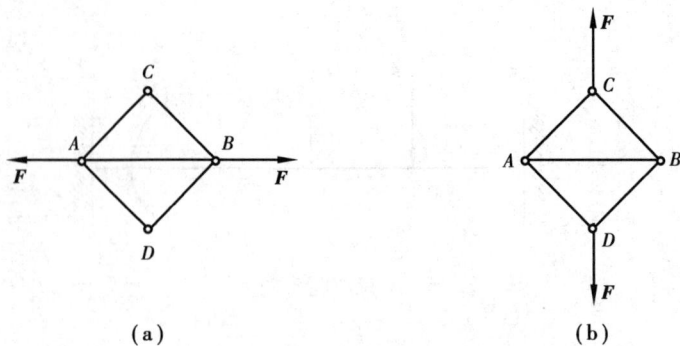

（a） （b）

题 8.3 图

8.5 高为 l 的圆截面锥形杆直立于地面上，如题 8.5 图所示。已知材料的重度 γ 和弹性模量 E，试求杆在自重作用下的轴向变形 Δl。

答：$\Delta l = -\dfrac{\gamma l^2}{6E}$

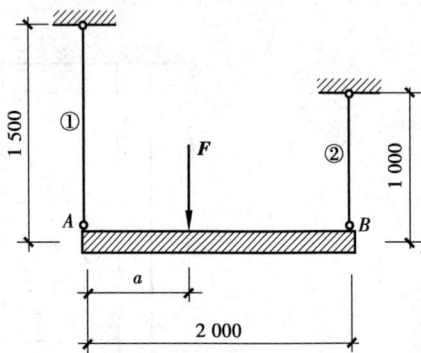

题 8.4 图

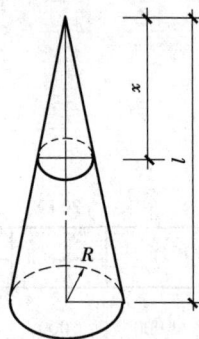

题 8.5 图

8.6 题 8.6 图所示结构中，AB 杆和 AC 杆均为圆截面钢杆，材料相同。已知结点 A 无水平位移，试求两杆直径之比。

答：$d_{AB} : d_{AC} = 1 : 1.03$

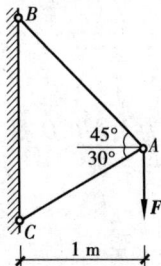

题 8.6 图

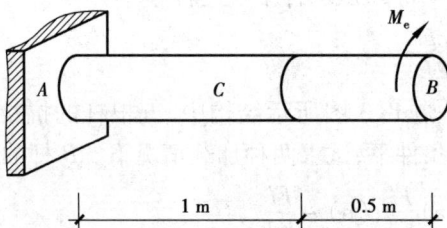

题 8.7 图

8.7 题 8.7 图所示一实心圆轴，直径 $d = 100$ mm，外力偶矩 $M_e = 6$ kN·m，材料的切变模量 $G = 80$ GPa，试求截面 B 相对于截面 A 以及截面 C 相对于截面 A 的相对扭转角。

答：$\varphi_{AB} = 0.011$ rad；$\varphi_{AC} = 0.008$ rad

8.8　题 8.8 图所示一直径为 d 的圆轴,长度为 l,A 端固定,B 端自由,在长度方向受分布力偶 m 作用发生扭转变形。已知材料的切变模量为 G,试求 B 端的转角。

答:$\dfrac{16ml^2}{\pi Gd^4}$

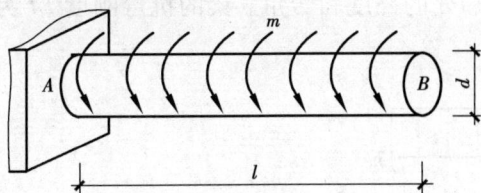 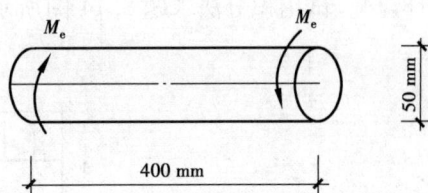

题 8.8 图　　　　　　　　　　题 8.10 图

8.9　某传动轴,转速 $n = 150$ r/min,传递的功率 $P = 60$ kW,材料的切变模量为 $G = 80$ GPa,轴的单位长度许用扭转角 $[\theta] = 0.5(°)/\text{m}$,试设计轴的直径。

答:$d \geqslant 86.4$ mm

8.10　题 8.10 图示受扭圆截面轴,已知两端面之间的扭转角 $\varphi = 2.445 \times 10^{-2}$ rad,材料的切变模量 $G = 80$ GPa,许用切应力 $[\tau] = 120$ MPa,该轴的强度是否满足要求?

答:$\tau_{\max} = 122.3$ MPa,安全。

8.11　某阶梯形圆轴受扭如题 8.11 图所示,材料的切变模量为 $G = 80$ GPa,许用切应力 $[\tau] = 100$ MPa,单位长度许用扭转角 $[\theta] = 1.5(°)/\text{m}$,试校核轴的强度和刚度。

答:$\tau_{\max} = 48.9$ MPa;$\theta_{\max} = 1.4(°)/\text{m}$

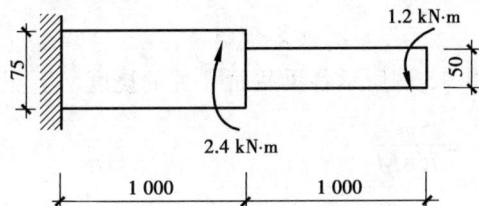

题 8.11 图

8.12　试用积分法求题 8.12 图所示各梁的挠曲线方程、最大挠度和最大转角。梁的抗弯刚度 EI 为常数。

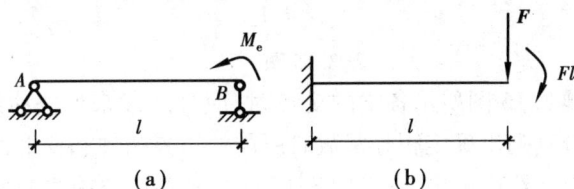

题 8.12 图

答:(a) $y_{\max} = \dfrac{M_e l^2}{9\sqrt{3}EI}$,$\theta_{\max} = -\dfrac{M_e l}{3EI}$;(b) $y_{\max} = \dfrac{5Fl^3}{6EI}$,$\theta_{\max} = \dfrac{3Fl^2}{2EI}$

8.13 试用积分法求题 8.13 图所示梁自由端处的挠度和转角。梁的抗弯刚度 EI 为常数。

答:$y_B = \dfrac{ql^4}{8EI}$;$\theta_B = \dfrac{ql^3}{6EI}$

8.14 试用积分法求题 8.14 图所示各梁自由端处的挠度和转角。梁的抗弯刚度 EI 为常数。

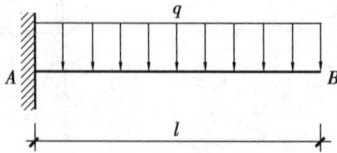

题 8.13 图

答:$(a) y_B = \dfrac{41ql^4}{384EI}$,$\theta_B = \dfrac{7ql^3}{48EI}$;$(b) y_B = \dfrac{3Fl^3}{8EI}$,$\theta_B = \dfrac{7Fl^2}{24EI}$

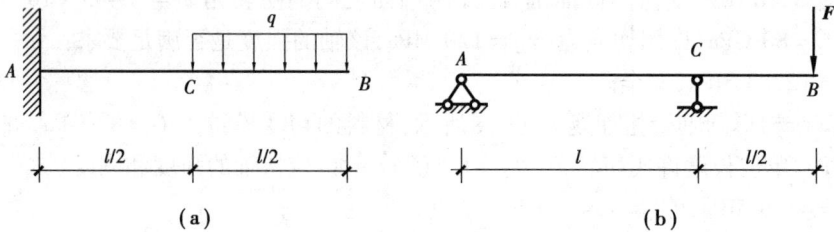

(a)   (b)

题 8.14 图

8.15 试用积分法求题 8.15 图所示各梁截面 C 处的挠度 y_C。梁的抗弯刚度 EI 为常数。

答:$(a) y_C = \dfrac{3M_e l^2}{8EI}$;$(b) y_C = \dfrac{5ql^4}{768EI}$

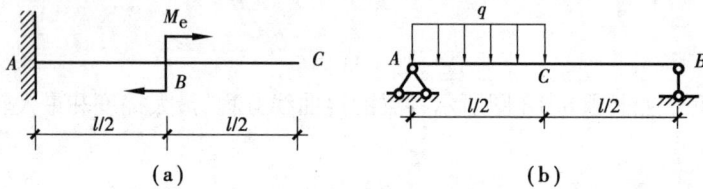

(a)   (b)

题 8.15 图

8.16 用积分法求题 8.16 图所示各梁的变形时,应分几段来列挠曲线的近似微分方程?各有几个积分常数?试分别列出确定积分常数时所需的边界条件和变形连续光滑条件。

8.17 根据梁的受力和约束情况,画出题 8.17 图所示各梁挠曲线的大致形状。

8.18 试用叠加原理求题 8.18 图所示各梁截面 B 处的挠度 y_B。梁的抗弯刚度 EI 为常数。

答:$(a) y_B = \dfrac{13ql^4}{384EI}$;$(b) y_B = -\dfrac{3ql^4}{8EI}$

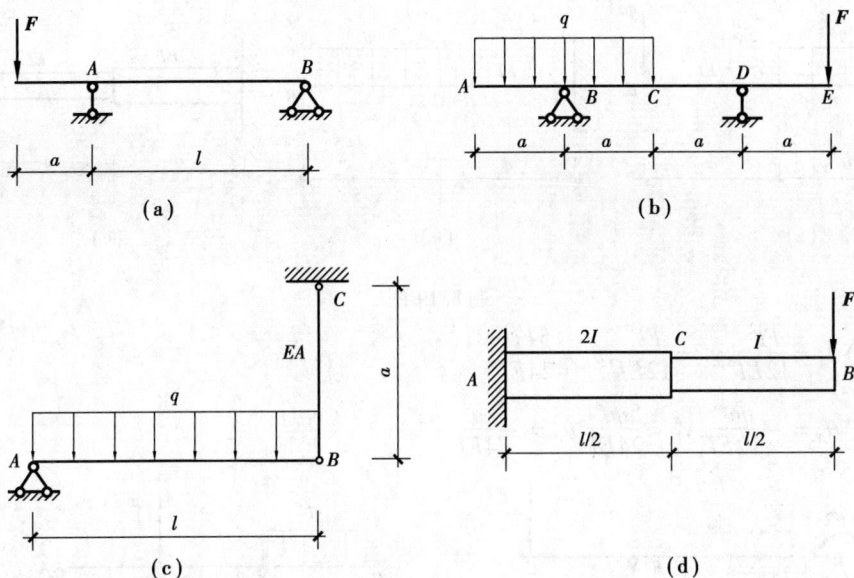

题 8.16 图

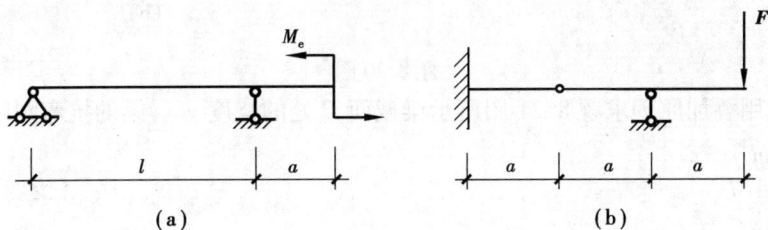

题 8.17 图

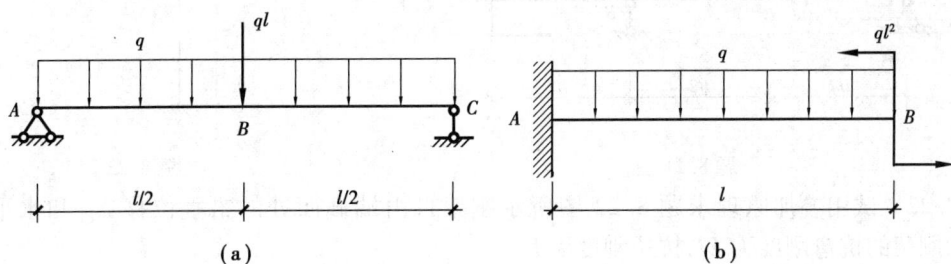

题 8.18 图

8.19　试用叠加原理求题 8.19 图所示各悬臂梁截面 B 处的挠度 y_B 和转角 θ_B。

答：（a）$y_B = \dfrac{71qa^4}{24EI}$，$\theta_B = \dfrac{13qa^3}{6EI}$；（b）$y_B = \dfrac{41qa^4}{24EI}$，$\theta_B = \dfrac{7qa^3}{6EI}$

（c）$y_B = \dfrac{3Fa^3}{2EI}$，$\theta_B = \dfrac{5Fa^2}{4EI}$

8.20　试用叠加原理求题 8.20 图所示各梁截面 A 的转角 θ_A，以及截面 C 处的挠度 y_C 和转角 θ_C。梁的抗弯刚度 EI 为常数。

155

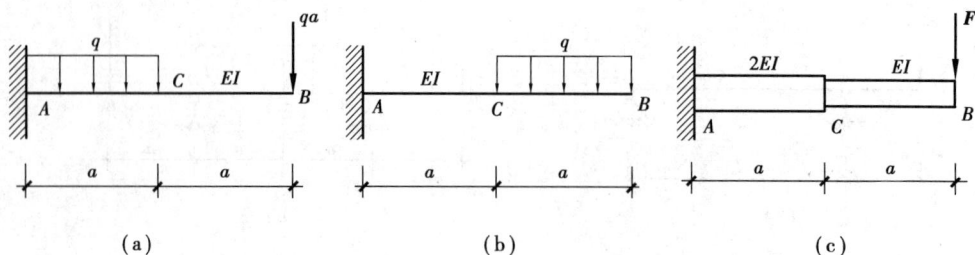

题 8.19 图

答：$(a) \theta_A = \dfrac{Fl^2}{12EI}, y_C = \dfrac{Fl^3}{12EI}, \theta_C = \dfrac{5Fl^2}{24EI}$；

$(b) \theta_A = -\dfrac{qa^3}{12EI}, y_C = \dfrac{5qa^4}{24EI}, \theta_C = -\dfrac{qa^3}{4EI}$

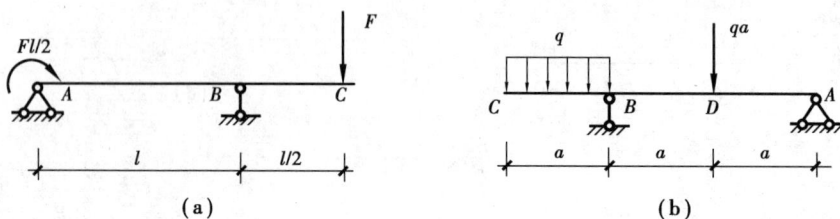

题 8.20 图

8.21 试用叠加原理求题 8.21 图所示梁截面 C 处的挠度 y_C。梁的抗弯刚度 EI 为常数。

答：$y_C = \dfrac{ql^4}{64EI}$

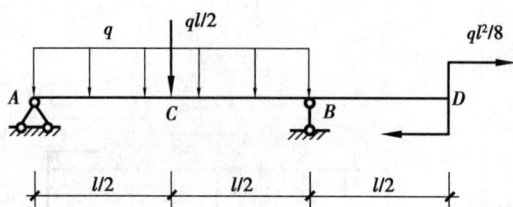

题 8.21 图

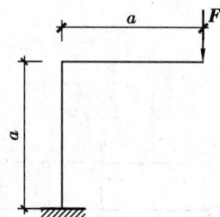

题 8.22 图

8.22 试用叠加原理求题 8.22 图所示刚架自由端截面处的铅垂位移 Δ_{CV} 和水平位移 Δ_{CH}。刚架的抗弯刚度为 EI，抗拉刚度为 EA。

答：$\Delta_{CV} = \dfrac{4Fa^3}{3EI} + \dfrac{Fa}{EA}(\downarrow)$；$\Delta_{CH} = \dfrac{Fa^3}{2EI}(\rightarrow)$

8.23 题 8.23 图所示木梁的右端由刚杆支承，已知梁的横截面为边长等于 200 mm 的正方形，$E_1 = 10$ GPa；钢杆的横截面面积 $A_2 = 250$ mm^2，$E_2 = 210$ GPa。现测得梁中点处的挠度 $y_C = 4$ mm，试求均布荷载集度 q。

答：$q = 21.6$ kN/m

8.24 题 8.24 图所示工字型钢（No.25a）的简支梁，已知钢材的弹性模量 $E = 200$ GPa，$\left[\dfrac{f}{l}\right] = \dfrac{1}{400}$，试校核梁的刚度。

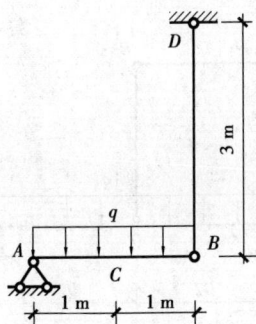

题 8.23 图

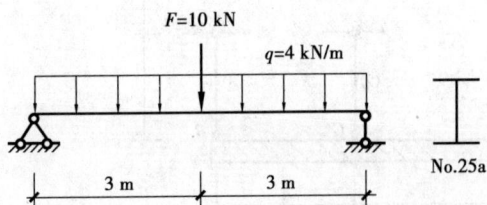

题 8.24 图

答:$\dfrac{y_{\max}}{l}=\dfrac{1}{535}$

8.25 等直杆两端固定,受力如题 8.25 图所示,试求约束反力。已知杆件的抗拉刚度为 EA。

答:$F_A=4F/3$;$F_B=5F/3$

8.26 题 8.26 图所示结构中,①、②两杆的抗拉刚度分别为 E_1A_1,E_2A_2,AB 杆为刚性杆,试求①、②两杆的轴力。

答:$F_{N1}=\dfrac{3E_1A_1}{E_1A_1+4E_2A_2}\cdot F$;$F_{N2}=\dfrac{6E_2A_2}{E_1A_1+4E_2A_2}\cdot F$

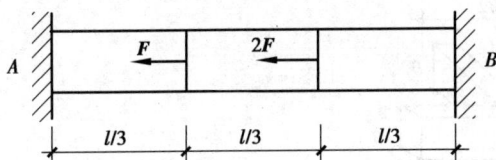

题8.25 图

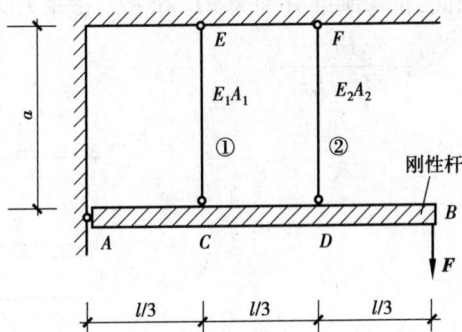

题8.26 图

8.27 题 8.27 图所示结构中 AB 为刚性杆,①、②、③杆的抗拉刚度均为 EA,试求杆①、②和③的轴力。

答:$-F/7$;$2F/7$;$6F/7$

8.28 题 8.28 图所示结构中,横梁的抗弯刚度均为 EI,竖杆的抗拉刚度为 EA,试求竖杆 BD 的内力 F_N。

答:$F_N=\dfrac{5Al^4}{24(Al^3+16aI)}\cdot q$

8.29 试求题 8.29 图所示各梁的支座反力。

答:(a)$F_B=14F/27(\uparrow)$;(b)$F_B=17ql/16(\uparrow)$

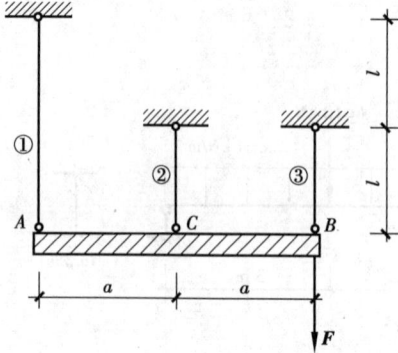

题 8.27 图

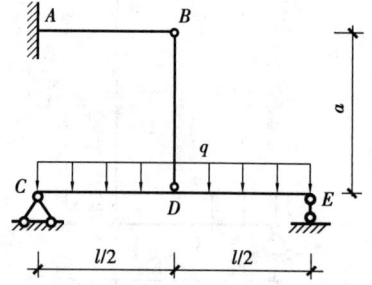

题 8.28 图

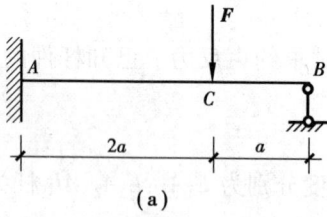

（a）

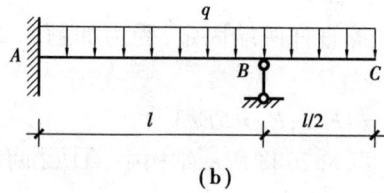

（b）

题 8.29 图

8.30 题 8.30 图所示两个交叉放置的简支梁，在中点处自由叠在一起。已知二梁的长度相同，抗弯刚度分别为 EI_1 和 EI_2，试求 CD 梁所受的力。

答：$\dfrac{EI_2}{EI_1 + EI_2} \cdot F$

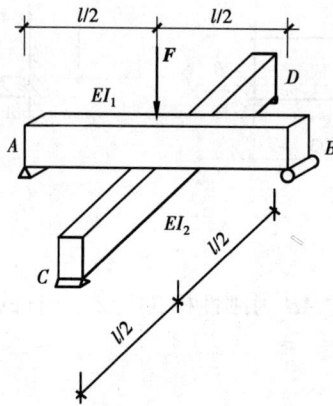

题 8.30 图

第 **9** 章
应力状态与强度理论

前面研究杆件的基本变形下的应力时,主要是研究横截面上的应力,并根据横截面上的应力以及相应的实验结果,建立了只有正应力或切应力作用时的强度条件。但对某些杆件来说,仅研究横截面上的应力是不够的,有些杆件破坏时并非沿着横截面。例如,铸铁圆杆,其受压破坏时,将沿与轴线成一定角度的斜截面破坏,这就必然与斜截面上的应力有关,因此,还需要进一步研究斜截面上的应力。一般情况下杆件横截面上不同点的应力是不相同的;过同一点不同方向面上的应力也是不相同的。因此,当提及应力时,必须指明"哪一个面上,哪一点,沿什么方向"的应力。

9.1 应力状态的概念

应力状态(stress state)又称为一点处的应力状态,是指过一点所有不同方向面上应力的集合。

应力状态分析(analysis of stress-state)是用平衡的方法,分析过一点不同方向面上应力情况及其变化规律,确定这些应力的极大值和极小值以及它们的作用面。

点的应力状态是通过单元体来确定。**单元体**(element)常取为微小的正六面体。研究受力杆件中某点的应力状态时,就围绕该点截取一单元体,通过单元体来研究过该点的各个截面上的应力及其变化规律。注:单元体各面上应力均匀分布,各相互平行平面应力情况相同。例如,图 9.1(b)、9.2(b)、9.3(b)分别表示轴向拉伸、扭转、弯曲等基本变形杆件上任一点的应力状态。

单元体的表面就是应力作用面。我们把过一点的所有截面中,切应力为零的截面称为**应力主平面**,简称为**主平面**(principal plane)。例如,图 9.1(b)所示单元体的表面和图 9.2(b)、图 9.3(b)所示单元体的前后一对表面均为主

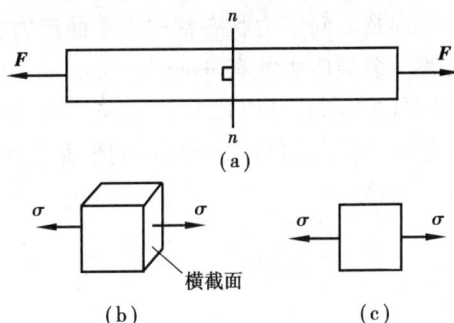

图 9.1

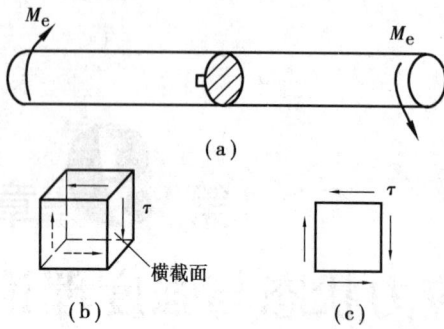

图 9.2

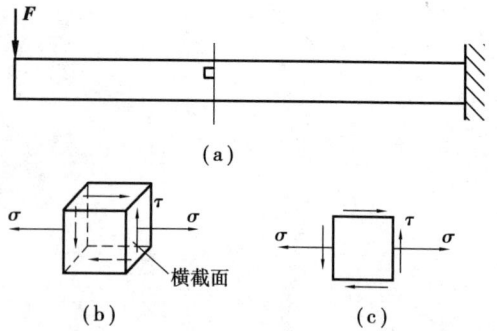

图 9.3

平面。由主平面构成的单元体称为**主单元体**(principal element)。例如,图 9.1(b)所示的单元体。主平面的法线方向称为**应力主方向**,简称**主方向**(principal direction)。主平面上的正应力称为**主应力**(principal stress)。例如,图 9.1(b)中单元体的应力。用弹性力学方法可以证明:构件中任一点总可以找到三个相互垂直的主方向,因而每一点处都有三个相互垂直的主平面和主应力;但在三个主应力中有两个或三个主应力相等的特殊情况下,主平面及主方向便会多于三个。

一点处的三个主应力,通常按代数值由大到小顺序排列,并分别用 σ_1,σ_2,σ_3 表示,且 $\sigma_1 \geqslant \sigma_2 \geqslant \sigma_3$。根据一点处的三个主应力中存在几个不为零的主应力,将应力状态分为三类:

(1)单向应力状态:三个主应力中只有一个主应力不为零,如图 9.4(a)所示。

(2)二向应力状态:三个主应力中有两个主应力不为零,如图 9.4(b)所示。

(3)三向应力状态:三个主应力均不为零,如图 9.4(c)所示。

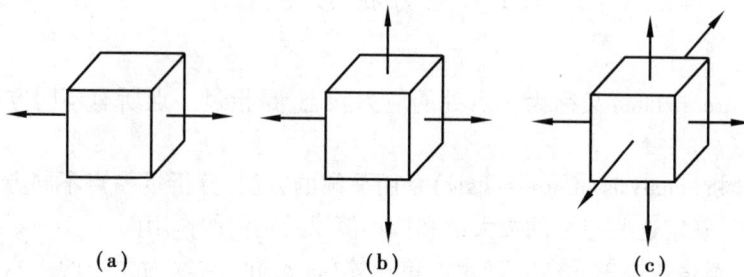

图 9.4

单向及二向应力状态常称为**平面应力状态**(plane state of stresses)。二向及三向应力状态又统称为**复杂应力状态**(complex state of stresses)。对于平面应力状态,由于至少有一个主应力为零的主方向,可以用与该方向相垂直的平面单元体来表示空间单元体,例如,用图 9.1(c)、图 9.2(c)、图 9.3(c)所示的平面单元体来代替图 9.1(b)、图 9.2(b)、图 9.3(b)所示的空间单元体。

9.2　平面应力状态分析

在平面应力状态下,当单元体两对应力作用面上的应力确定时,求任一斜截面上的应力,可采用解析法或图解法。解析法是用一假想截面将单元体从所考虑的斜截面处截成两部分,考虑其中任意一部分的平衡,即可由平衡条件求得该截面上的正应力和切应力。这是分析单元体斜截面上应力的基本方法。下面以一般平面应力状态为例,说明这一方法的具体应用。

9.2.1　方位角与应力分量的正负号约定

取平面单元体位于 Oxy 平面内,如图 9.5(a)所示。已知 x 面(外法线平行于 x 轴的面)上的应力 σ_x 及 τ_{xy},y 面上的应力 σ_y 及 τ_{yx}。根据切应力互等定理,$\tau_{xy} = \tau_{yx}$。现在为了确定与 z 轴平行的任意斜截面上的应力,需要首先对方位角 α 以及各应力分量的正负号作如下约定:

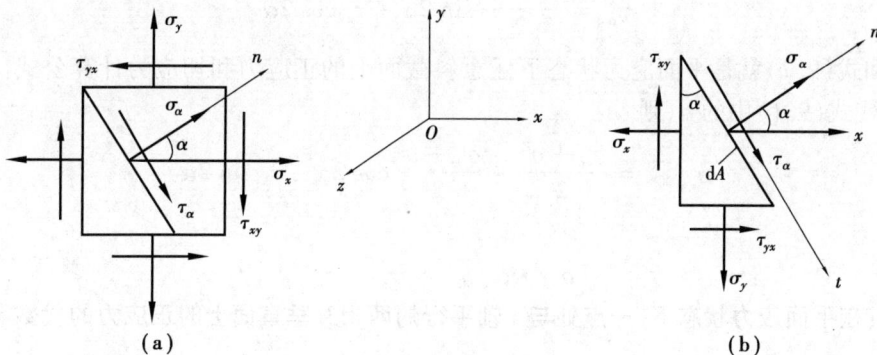

图 9.5

(1)α 角——从 x 轴逆时针转至 α 面外法线 n 者为正,反之为负。α 角的取值区间为 $[0, \pi]$ 或 $[-\dfrac{\pi}{2}, \dfrac{\pi}{2}]$。

(2)正应力——拉应力为正,压应力为负。

(3)切应力——τ_{xy},τ_α 以使绕微元内任意点产生顺时针方向转动趋势者为正,反之为负。τ_{yx} 由切应力互等定理确定其具体指向。

图 9.5 中所示的 α 角、正应力及切应力 τ_{xy},τ_α 均为正。

9.2.2　平面应力状态下任意斜截面上的应力

为确定平面应力状态下任意斜截面上的应力,将单元体从任意方向面处截为两部分。考察其中任一部分,其受力如图 9.5(b)所示。该部分沿 α 面法向及切向的平衡方程分别为:

$$\sum F_n = 0$$

$$\sigma_\alpha \mathrm{d}A - \sigma_x (\mathrm{d}A \cdot \cos \alpha) \cdot \cos \alpha - \sigma_y (\mathrm{d}A \cdot \sin \alpha) \cdot \sin \alpha +$$
$$\tau_{xy} (\mathrm{d}A \cdot \cos \alpha) \cdot \sin \alpha + \tau_{yx} (\mathrm{d}A \cdot \sin \alpha) \cdot \cos \alpha = 0 \tag{a}$$

161

$$\sum F_{t} = 0$$

$$\tau_{\alpha}dA - \sigma_{x}(dA \cdot \cos \alpha) \cdot \sin \alpha + \sigma_{y}(dA \cdot \sin \alpha) \cdot \cos \alpha -$$
$$\tau_{xy}(dA \cdot \cos \alpha) \cdot \cos \alpha + \tau_{yx}(dA \cdot \sin \alpha) \cdot \sin \alpha = 0 \qquad (b)$$

式中，$\tau_{xy} = \tau_{yx}$，由此得

$$\sigma_{\alpha} = \sigma_{x}\cos^{2}\alpha + \sigma_{y}\sin^{2}\alpha - 2\tau_{xy}\sin \alpha\cos \alpha \qquad (c)$$

$$\tau_{\alpha} = (\sigma_{x} - \sigma_{y})\sin \alpha\cos \alpha + \tau_{xy}(\cos^{2}\alpha - \sin^{2}\alpha) \qquad (d)$$

将三角关系式

$$\cos^{2}\alpha = \frac{1 + \cos 2\alpha}{2} \quad \sin^{2}\alpha = \frac{1 - \cos 2\alpha}{2}$$

$$2\sin \alpha\cos \alpha = \sin 2\alpha$$

代入式(c)和式(d)，经整理后得

$$\sigma_{\alpha} = \frac{\sigma_{x} + \sigma_{y}}{2} + \frac{\sigma_{x} - \sigma_{y}}{2}\cos 2\alpha - \tau_{xy}\sin 2\alpha \qquad (9.1)$$

$$\tau_{\alpha} = \frac{\sigma_{x} - \sigma_{y}}{2}\sin 2\alpha + \tau_{xy}\cos 2\alpha \qquad (9.2)$$

式(9.1)和式(9.2)就是平面应力状态下任意斜截面上的正应力和切应力计算公式。如果用$\alpha + 90°$替代式(9.1)中的α，则

$$\sigma_{\alpha+90°} = \frac{\sigma_{x} + \sigma_{y}}{2} - \frac{\sigma_{x} - \sigma_{y}}{2}\cos 2\alpha + \tau_{xy}\sin 2\alpha$$

从而有

$$\sigma_{\alpha} + \alpha_{\alpha+90°} = \sigma_{x} + \sigma_{y} \qquad (9.3)$$

结论：在平面应力状态下，一点处与z轴平行的两相互垂直面上的正应力的代数和是一个不变量。

9.2.3　平面应力状态下的主应力与极值切应力

由式(9.1)和式(9.2)可知，当σ_{x}，σ_{y}和τ_{xy}已知时，σ_{α}和τ_{α}将随α的不同而不同，即随斜截面方位不同，截面上的应力也不同。因而有可能存在某种方向面，其上之正应力为极值。设$\alpha = \alpha_{0}$时，σ_{α}取极值。由

$$\frac{d\sigma_{\alpha}}{d\alpha} = 0, \ -(\sigma_{x} - \sigma_{y})\sin 2\alpha_{0} - 2\tau_{xy}\cos 2\alpha_{0} = -2\tau_{\alpha_{0}} = 0$$

可见，σ_{α}取极值的截面上切应力为零，即σ_{α}的极值便是单元体的主应力。这时的α_{0}可由上式求得

$$\tan 2\alpha_{0} = \frac{-2\tau_{xy}}{\sigma_{x} - \sigma_{y}} \qquad (9.4)$$

由三角函数知

$$\tan 2(\alpha_{0} + 90°) = \tan 2\alpha_{0}$$

故除α_{0}外，$\alpha_{0} + 90°$也满足式(9.4)，即由式(9.4)求出的角度为两个，一个为α_{0}，另一个为$\alpha_{0} + 90°$。这说明，存在两个主平面，它们相互垂直。在按式(9.4)求α_{0}时，由$-2\tau_{xy}$，$\sigma_{x} - \sigma_{y}$分别确定$\sin 2\alpha_{0}$，$\cos 2\alpha_{0}$的正负符号，从而唯一地确定α_{0}值。于是有

$$\sin 2\alpha_0 = \frac{-2\tau_{xy}}{\sqrt{(\sigma_x - \sigma_y)^2 + 4\tau_{xy}^2}}, \cos 2\alpha_0 = \frac{\sigma_x - \sigma_y}{\sqrt{(\sigma_x - \sigma_y)^2 + 4\tau_{xy}^2}}$$

将以上两式代入式(9.1),得 σ_α 的两个极值 σ_{max}(对应 α_0)、σ_{min}(对应 $\alpha_0 \pm 90°$)为

$$\sigma_{\substack{max \\ min}} = \frac{\sigma_x + \sigma_y}{2} \pm \sqrt{\left(\frac{\sigma_x - \sigma_y}{2}\right)^2 + \tau_{xy}^2} \qquad (9.5)$$

平面应力状态一点处的三个主应力为 σ_{max},σ_{min} 及 0,按其代数值由大到小顺序排列,并分别用 σ_1,σ_2,σ_3 表示,且 $\sigma_1 \geqslant \sigma_2 \geqslant \sigma_3$。

与正应力相类似,不同方向面上的切应力也随斜截面方位改变而变化。设 $\alpha = \theta_0$ 时,τ_α 取极值,由

$$\frac{d\tau_\alpha}{d\alpha} = (\sigma_x - \sigma_y)\cos 2\theta_0 - 2\tau_{xy}\sin 2\theta_0 = 0$$

得

$$\tan 2\theta_0 = \frac{\sigma_x - \sigma_y}{2\tau_{xy}} \qquad (9.6)$$

比较式(9.4)和式(9.6),有 $\tan 2\alpha_0 \cdot \tan 2\theta_0 = -1$,可见 $\theta_0 = \alpha_0 + 45°$,即**斜截面上切应力的极值作用面与正应力的极值作用面互成 45°的夹角**。将由式(9.6)确定的 θ_0 代入式(9.2),可以求得斜截面上切应力的极值 τ_{max}(对应 θ_0)、τ_{min}(对应 $\theta_0 + 90°$)为

$$\tau_{\substack{max \\ min}} = \pm\sqrt{\left(\frac{\sigma_x - \sigma_y}{2}\right)^2 + \tau_{xy}^2} \qquad (9.7)$$

此式即为切应力极值的计算公式。τ_{max} 与 τ_{min} 所在截面相差90°,τ_{max} 与 τ_{min} 的绝对值相等,这与切应力互等定理是一致的。

应该指出,由式(9.7)表达的 τ_{max},是指在平行于 z 轴的各截面上切应力中的最大者。

杆件产生基本变形(轴向拉压、扭转、弯曲)时,杆件上任意点处的应力状态均属于平面应力状态,本节的公式均成立。

例9.1 某单元体上的应力状态如图9.6(a)所示,试求 a-b 面上的正应力和切应力。

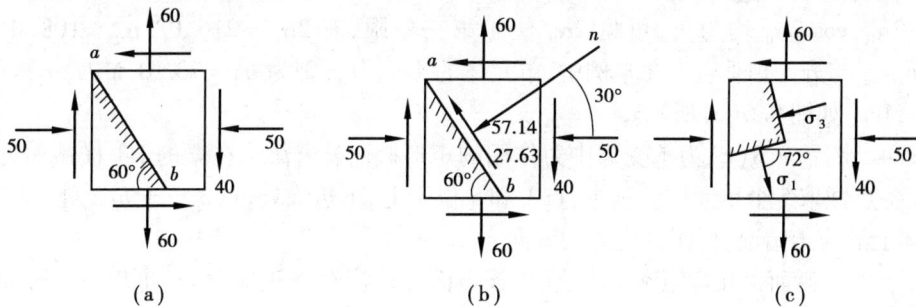

图 9.6(单位:MPa)

解 此例中 $\sigma_x = -50$ MPa,$\sigma_y = 60$ MPa,$\tau_{xy} = 40$ MPa,$\alpha = 30°$,a-b 面上的正应力和切应力分别为

$$\sigma_\alpha = \frac{\sigma_x + \sigma_y}{2} + \frac{\sigma_x - \sigma_y}{2}\cos 2\alpha - \tau_{xy}\sin 2\alpha$$

$$= \left(\frac{-50 + 60}{2} + \frac{-50 - 60}{2} \cos 60° - 40 \sin 60° \right) \text{MPa} = -57.14 \text{ MPa}$$

$$\tau_\alpha = \frac{\sigma_x - \sigma_y}{2} \cdot \sin 2\alpha + \tau_{xy} \cos 2\alpha$$

$$= \left(\frac{-50 - 60}{2} \sin 60° + 40 \cos 60° \right) \text{MPa} = -27.63 \text{ MPa}$$

求得 a-b 面上的正应力和切应力均为负值,其方向如图9.6(b)所示。

例9.2 试求图9.7所示纯剪切平面应力状态的主应力及其图示面内的两个主应力方向。

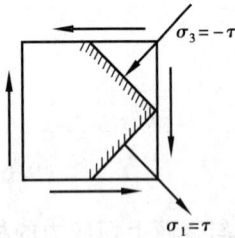

图9.7

解 此例中,$\sigma_x = \sigma_y = 0, \tau_{xy} = \tau$

$$\tau_{\substack{\max \\ \min}} = \frac{\sigma_x + \sigma_y}{2} \pm \sqrt{\left(\frac{\sigma_x - \sigma_y}{2} \right)^2 + \tau_{xy}^2} = \pm \tau$$

$$\tan 2\alpha_0 = \frac{-2\tau_{xy}}{\sigma_x - \sigma_y} = \frac{-2\tau}{0} = -\infty$$

由于 $\cos 2\alpha_0 = 0, \tan 2\alpha_0 = -\infty$,而 $\sin 2\alpha_0 < 0$,可见 $2\alpha_0 = -90°, \alpha_0 = -45°$(对应 $\sigma_{\max}$),$\sigma_{\min}$ 与 $\sigma_{\max}$ 相垂直。本例中的3个主应力分别为:$\sigma_1 = \tau$(对应于 α_0 面),$\sigma_2 = 0$(对应于 z 面),$\sigma_3 = -\tau$(对应 $\alpha_0 + 90°$ 面),如图9.7所示。

例9.3 试求例9.1中平面应力状态单元体的主应力和主方向。

解 由式(9.5)和式(9.4)得 $\sigma_{\max}, \sigma_{\min}$ 及其 $\sigma_{\max}$ 与 x 轴夹角 α_0:

$$\tau_{\substack{\max \\ \min}} = \frac{\sigma_x + \sigma_y}{2} \pm \sqrt{\left(\frac{\sigma_x - \sigma_y}{2} \right)^2 + \tau_{xy}^2}$$

$$= \frac{-50 + 60}{2} \text{MPa} \pm \sqrt{\left(\frac{-50 - 60}{2} \right)^2 + 40^2} \text{MPa} = \pm \genfrac{}{}{0pt}{}{73.01}{63.01} \text{MPa}$$

$$\tan 2\alpha_0 = \frac{-2\tau_{xy}}{\sigma_x - \sigma_y} = \frac{-2 \times 40}{-50 - 60} = \frac{4}{55}$$

因为 $\sin 2\alpha_0, \cos 2\alpha_0$ 均为负,可见 $2\alpha_0$ 位于第三象限,有 $2\alpha_0 = 216.0°, \alpha_0 = 108.0°$(对应 $\sigma_{\max}$),而 $\sigma_{\min}$ 与 $\sigma_{\max}$ 相垂直。在本例中,单元体的主应力分别为 $\sigma_1 = 73.01 \text{ MPa}, \sigma_2 = 0, \sigma_3 = -63.01 \text{ MPa}$,如图9.6(c)所示。

例9.4 图示9.8(a)为承受集中力作用的矩形截面悬臂梁。在梁的1-1横截面处,从1,2,3,4,5各点截取5个单元体。其中,点1和5位于上、下边缘处,点3位于 $h/2$ 处。试画出每个单元体上的应力情况,标明各应力的方向。

解 因1-1截面存在弯矩和剪力,所以该截面上相应存在正应力 σ 和切应力 τ,如图9.8(b)所示。

1-1截面上的1,5两点切应力等于零,只有正应力;3点位于中性轴上,正应力等于零,只有切应力;2,4两点既有正应力,又有切应力,但2点的正应力为拉应力、4点的正应力为压应力。

各单元体上的应力情况如图9.8(c)所示。

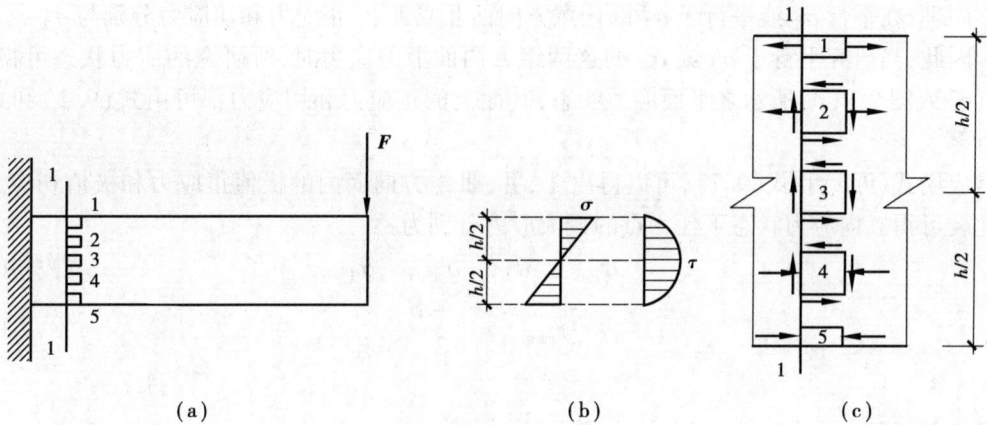

图9.8

9.3　空间应力状态下的最大应力

　　组成工程结构物的构件都是三维体,能按材料力学方法进行受力分析的,只是一般三维结构的特殊情况。既然这样,在建立强度条件时,必须按三维问题考虑才符合实际。因此,在研究了三向应力状态的一种特殊情况——平面应力状态后,还应将它们返回到三向应力状态,作进一步的分析,才能符合工程实际。另外,在工程中还存在许多三向应力状态的问题。例如,处于液体中一定深度的单元体,在液体压力作用下便处于三向应力状态;火车轮与轨道接触处,也是处于三向应力状态。

　　本节只讨论3个主应力 $\sigma_1 \geqslant \sigma_2 \geqslant \sigma_3$ 均已知的三向应力状态,对于单元体各面上既有正应力,又有切应力的三向应力状态,可以用弹性力学方法求得这3个主应力。对于平面应力状态,可以用上节的方法求得3个主应力。

　　对于图9.9(a)所示已知3个主应力的主单元体,可以将其分解为3种平面应力状态,分析平行于3个主应力的三组特殊方向面上的应力。

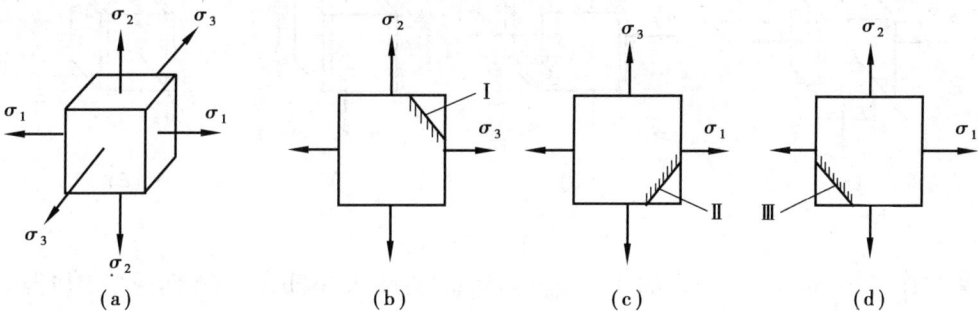

图9.9

　　在平行于 σ_1 的方向面 I 上,正应力和切应力都与 σ_1 无关。因此,在研究平行于 σ_1 的这一组方向面上的应力时,所研究的应力状态可视为图9.9(b)所示的平面应力状态。

同理,在平行 σ_2 或平行于 σ_3 的任意方向面Ⅱ或Ⅲ上,正应力和切应力分别与 σ_2 或 σ_3 无关。因此,当研究平行于 σ_2 或 σ_3 的这两组方向面上的应力时,所研究的应力状态可视为图9.9(c)或图9.9(d)所示之平面应力状态,其面上的正应力和切应力都可由式(9.1)和式(9.2)计算。

应用式(9.5)和式(9.7),可以得出Ⅰ,Ⅱ,Ⅲ组方向面内的极值正应力和极值切应力,通过比较可得三向应力状态下任一点的最大应力分别为:

$$\sigma_{\max} = \sigma_1, \quad \sigma_{\min} = \sigma_3 \tag{9.8}$$

$$\tau_{\max} = \frac{\sigma_1 - \sigma_3}{2} \tag{9.9}$$

9.4 广义胡克定律

在第7章中已经介绍,杆件轴向拉伸(压缩)时,在横截面上产生正应力的同时,沿纵向与横向分别产生纵向线应变 ε 与横向线应变 ε'。对于理想弹性材料,当正应力不超过材料的比例极限时,正应力 σ 与纵向线应变 ε 之间存在下列关系

$$\sigma = E\varepsilon$$

上式为单向应力状态时的胡克定律。同时横向线应变 ε' 与纵向线应变 ε 及正应力之间存在下列关系

$$\varepsilon' = -\mu\varepsilon = -\mu\frac{\sigma}{E}$$

本节将要讨论的**广义胡克定律**(generalized Hooke law),是理想弹性体在复杂应力状态下的应力与应变间的关系。

首先研究如图9.10(a)所示的主单元体,三个主应力 $\sigma_1, \sigma_2, \sigma_3$ 与沿三个主应力方向的线应变 $\varepsilon_1, \varepsilon_2, \varepsilon_3$ 之间的关系。

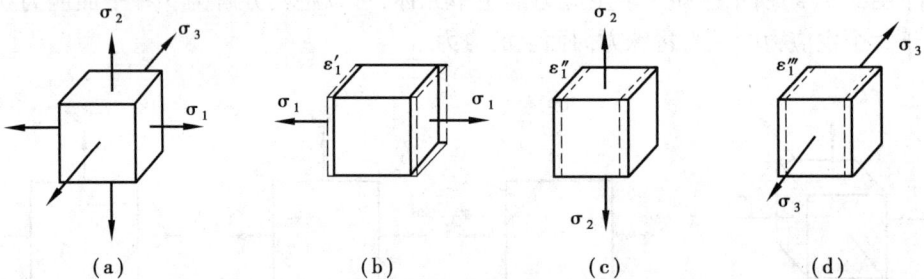

图9.10

单独作用 σ_1 时,沿 σ_1 方向的线应变用 ε_1' 表示,见图9.10(b)。由单向胡克定律得

$$\varepsilon_1' = \frac{\sigma_1}{E}$$

单独作用 σ_2 时,沿 σ_1 方向的线应变为横向应变,用 ε_1'' 表示,见图9.10(c)。

$$\varepsilon_1'' = -\mu\frac{\sigma_2}{E}$$

单独作用 σ_3 时,沿 σ_1 方向的线应变为横向应变,用 ε_1''' 表示,见图 9.10(c)。

$$\varepsilon_1''' = -\mu\frac{\sigma_3}{E}$$

在 $\sigma_1,\sigma_2,\sigma_3$ 共同作用下,沿 σ_1 方向的线应变则为

$$\varepsilon_1 = \varepsilon_1' + \varepsilon_1'' + \varepsilon_1''' = \frac{\sigma_1}{E} - \mu\frac{\sigma_2}{E} - \mu\frac{\sigma_3}{E} = \frac{1}{E}[\sigma_1 - \mu(\sigma_2 + \sigma_3)]$$

用同样的方法,可得沿 σ_2 方向的线应变 ε_2 和沿 σ_3 方向的线应变 ε_3 与 3 个主应力之间的关系为

$$\left.\begin{array}{l} \varepsilon_1 = \dfrac{1}{E}[\sigma_1 - \mu(\sigma_2 + \sigma_3)] \\[2mm] \varepsilon_2 = \dfrac{1}{E}[\sigma_2 - \mu(\sigma_3 + \sigma_1)] \\[2mm] \varepsilon_3 = \dfrac{1}{E}[\sigma_3 - \mu(\sigma_1 + \sigma_2)] \end{array}\right\} \tag{9.10}$$

上式就是空间应力状态下广义胡克定律的表达式。式中的正应力和线应变均为代数量,其正负号约定为:拉应力为正,压应力为负;伸长线应变为正,缩短线应变为负。我们把沿单元体主应力方向的线应变称为**主应变**(principal strain)。主应变的排列顺序为 $\varepsilon_1 \geqslant \varepsilon_2 \geqslant \varepsilon_3$。

图 9.11 所示的二向应力状态,相当于空间应力状态 $\sigma_3 = 0$ 的特殊情况,广义胡克定律也适用。令式(9.10)中的 $\sigma_3 = 0$,便可得到二向应力状态下广义胡克定律的表达式,即

$$\left.\begin{array}{l} \varepsilon_1 = \dfrac{1}{E}(\sigma_1 - \mu\sigma_2) \\[2mm] \varepsilon_2 = \dfrac{1}{E}(\sigma_2 - \mu\sigma_1) \\[2mm] \varepsilon_3 = -\dfrac{\mu}{E}(\sigma_1 + \sigma_2) \end{array}\right\} \tag{9.11}$$

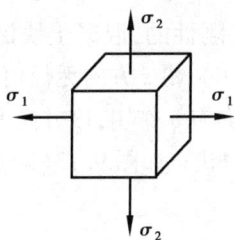

图 9.11

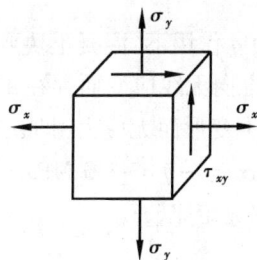

图 9.12

需指明一点,式(9.10)和式(9.11)是就图 9.10(a)和图 9.11 所示的主单元体建立的主应力与主应变间的关系,如果不是主单元体,则单元体各面上除存在正应力 σ_x,σ_y 外,还存在切应力 τ_{xy},如图 9.12 所示。由理论证明及实验证实,对于连续均质各向同性线弹性材料,正应力不会引起切应变,切应力也不会引起线应变,而且切应力引起的切应变互不耦联。于是,线应变可按推导式(9.10)的方法求得,而切应变可以利用剪切胡克定律求得,最后有

$$\left.\begin{array}{l} \varepsilon_x = \dfrac{1}{E}(\sigma_x - \mu\sigma_y) \\[2mm] \varepsilon_y = \dfrac{1}{E}(\sigma_y - \mu\sigma_x) \\[2mm] \varepsilon_z = -\dfrac{\mu}{E}(\sigma_x + \sigma_y) \\[2mm] \gamma_{xy} = \dfrac{\tau_{xy}}{G} \end{array}\right\} \tag{9.12}$$

式中,E 为弹性模量,μ 为泊松比,G 为切变模量。E,μ 及 G 均为与材料有关的弹性常数。对理想弹性体,3 个常数之间存在如下关系

$$G = \frac{E}{2(1+\mu)} \tag{9.13}$$

例 9.5 图 9.13(a)所示边长为 15 mm 的正方体混凝土块,很紧密地放在绝对刚性的槽内,刚槽的高、宽均为 150 mm,混凝土块的顶面上作用有 $q = 20$ MPa 的均布压力,已知混凝土的泊松比 $\mu = 0.2$。当不计混凝土与槽间的摩擦时,试求混凝土块中沿 x,y,z 三方向的正应力 σ_x,σ_y 及 σ_z。

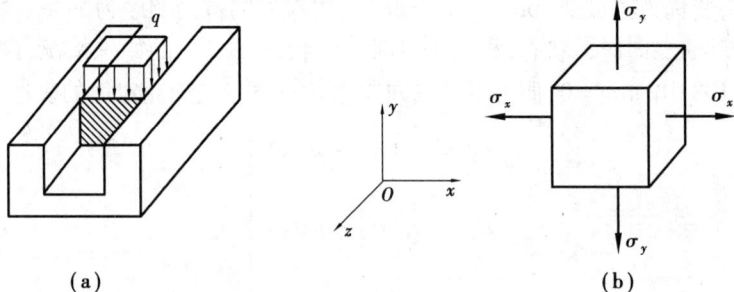

图 9.13

解 在压力 q 作用下,混凝土块要发生变形,由于槽是刚性的,混凝土块沿 x 方向的变形受阻,所以沿 x 方向无线应变而存在正应力(即 $\varepsilon_x = 0,\sigma_x \neq 0$);沿 z 方向无任何阻碍,可自由变形,该方向只发生变形而无应力(即 $\varepsilon_z \neq 0,\sigma_z = 0$);沿 y 方向有 q 作用,该方向上既产生正应力又发生变形,且 $\sigma_y = -q = -20$ MPa。混凝土内各点的应力状态如图 9.13(b)所示。

根据广义胡克定律,有

$$\varepsilon_x = \frac{1}{E}(\sigma_x - \mu\sigma_y) = 0$$

由此得
$$\sigma_x = \mu\sigma_y = 0.2 \times (-20)\text{MPa} = -4 \text{ MPa}$$

负值,表示 σ_x 为压应力。

例 9.6 如图 9.14(a)所示矩形截面梁,K 点位于中性层与梁侧表面的交线上,现测得该点与轴线成 45°方向的线应变为 ε,材料的弹性模量 E、泊松比 μ 均为已知,试求集中力 F。

解 (1)m-m 截面的内力为:

$$F_S = \frac{F}{4}, \quad M = \frac{1}{16}Fl$$

(2)m-m 截面上 K 点的应力为:

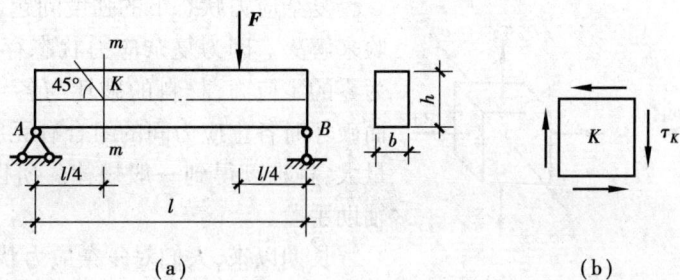

图 9.14

$$\sigma_K = 0, \quad \tau_K = \frac{3}{2} \cdot \frac{F_S}{A} = \frac{3F}{8bh}$$

（3）K 点的应力状态,如图 9.14（b）所示

（4）由广义胡克定律

$$\varepsilon = \varepsilon_{-45°} = \frac{1}{E}(\sigma_{-45°} - \mu\sigma_{45°})$$

由式（9.1）得

$$\sigma_{-45°} = \frac{\sigma_x + \sigma_y}{2} + \frac{\sigma_x - \sigma_y}{2}\cos(-90°) - \tau_{xy}\sin(-90°) = \tau_K$$

由式（9.3）得

$$\sigma_{45°} = \sigma_x + \sigma_y - \sigma_{-45°} = -\tau_K$$

所以

$$\varepsilon = \frac{1}{E}(\tau_K + \mu\tau_K) = \frac{1+\mu}{E} \cdot \frac{3F}{8bh}$$

$$F = \frac{8bhE\varepsilon}{3(1+\mu)}$$

9.5　强度理论

9.5.1　强度理论的概念

在第 7 章中介绍了杆件在基本变形情况下的强度计算,根据杆件横截面上的最大正应力或最大切应力及相应的试验结果,建立了如下形式的强度条件:

$$\sigma_{max} \leqslant [\sigma] \quad \text{或} \quad \tau_{max} \leqslant [\tau]$$

实践表明,这些直接根据试验结果建立的强度条件对于危险点处于单向应力状态或纯剪切应力状态是适合的。

工程中,有些受力杆件的危险点,既不是像轴向拉伸(压缩)杆件的危险点处于单向应力状态,又不是像扭转圆轴的危险点处于纯剪切应力状态,而是处于二向或三向应力状态(图 9. 15),即处于复杂应力状态。这时,材料的强度问题远比单向应力状态时复杂,如何建立复杂应力状态下的强度条件,是**强度理论**(theory of strength)所要解决的问题。判别材料在复杂应力状态下是否破坏的理论称为强度理论。

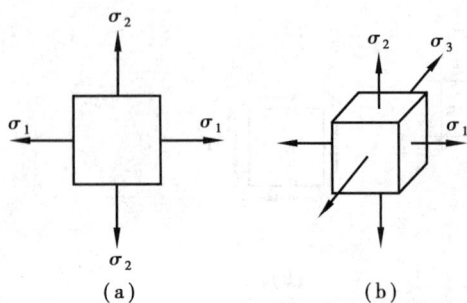

图 9.15

复杂应力状态下的强度问题,难以直接通过试验来解决。因为复杂应力状态存在 2 个或 3 个不为零的主应力,材料的破坏与各主应力都有关系,而破坏时各主应力间的组合有无穷多种,实验工作量大,且难以得到一般规律。所以,试验只能作为辅助手段。

长期以来,人们对复杂应力状态下材料的强度问题,进行了大量的试验和理论分析,力图找出复杂应力状态下导致材料破坏的主要原因。常常根据材料破坏的主要形式,假设引起某一破坏的主要因素,在此基础上,进一步建立相应的强度条件,这些假说通常称为强度理论。

各种强度理论虽然是建立在假说的基础上的,但都有一定的试验为依据,而不是主观臆想的;同时每种强度理论的正确性,都必须经过实践来验证。

9.5.2 常用的强度理论

1. 材料破坏的主要形式

实践表明,尽管各类材料的破坏现象比较复杂,但就其破坏形式来说,大体可分为两大类:一类为屈服破坏,另一类为脆性断裂。

塑性破坏(plastic failure)一般是对塑性材料而言的。破坏时,出现屈服,产生显著的塑性变形。例如,低碳钢拉伸屈服时,出现与轴线成 45° 的滑移线。这类破坏与 τ_{max}、形状改变比能有关。

脆性断裂(brittle fracture)一般是对脆性材料而言。破坏时,材料没有明显的塑性变形,突然断裂。例如,铸铁拉伸、扭转破坏。这类破坏与 σ_{max}(拉)、ε_{max}(拉)有关。

进一步研究表明,材料的破坏形式不是绝对的,它还与材料所处的应力状态有关。例如,低碳钢属于典型的塑性材料,但在三向拉应力下可能脆断;大理石属于脆性材料,但在三向受压时,可能发生屈服破坏。

2. 常用的强度理论

(1)第一强度理论——最大拉应力理论

该理论认为,材料发生脆性断裂的主要因素是该点的最大拉应力。即在复杂应力状态下,只要材料内一点的最大拉应力 σ_1 达到同类材料单向拉伸断裂时横截面上的极限应力 σ^0,材料就发生断裂破坏。其破坏条件为

$$\sigma_1 = \sigma^0$$

强度条件为

$$\sigma_1 \leqslant [\sigma] \qquad (\sigma_1 > 0) \tag{9.14}$$

上式即为**最大拉应力理论**(maximum tensile stress theory)的强度条件。$[\sigma]$ 为材料拉伸时的许用应力。

试验表明,该理论主要适用于脆性材料在二向或三向受拉的强度计算,对于存在有压应力的脆性材料,只要最大压应力值不超过最大拉应力值,也是正确的。例如,脆性材料的扭转破坏,常沿主拉应力的斜截面发生断裂,也与最大拉应力理论相吻合。

（2）第二强度理论——最大伸长线应变理论

该理论认为，材料发生脆性断裂的主要因素是该点的最大伸长线应变。即在复杂应力状态下，只要材料内一点的最大拉应变 ε_1 达到同类材料单向拉伸断裂时最大伸长线应变的极限值 ε^0 时，材料就发生断裂破坏。其破坏条件为

$$\varepsilon_1 = \varepsilon^0$$

假设单向拉伸直到断裂时，仍可用胡克定律。

$$\varepsilon^0 = \frac{\sigma^0}{E}$$

由广义胡克定律，有

$$\varepsilon_1 = \frac{1}{E}[\sigma_1 - \mu(\sigma_2 + \sigma_3)]$$

该理论的破坏条件改写为

$$\sigma_1 - \mu(\sigma_2 + \sigma_3) = \sigma^0$$

强度条件为

$$\sigma_1 - \mu(\sigma_2 + \sigma_3) \leqslant [\sigma] \tag{9.15}$$

上式即为**最大伸长线应变理论**（maximum elongated strain theory）的强度条件。

试验表明，该理论主要适用于脆性材料。例如，混凝土在单向压缩时（尽可能消除端面摩擦的影响），往往沿垂直于压力方向裂开，而此方向正是最大拉应变方向。

（3）第三强度理论——最大切应力理论

该理论认为，材料发生屈服的主要因素是最大切应力。即在复杂应力状态下，只要材料内一点的最大切应力 τ_{max} 达到同类材料单向拉伸屈服时切应力的屈服极限 τ_S，材料就在该点处发生显著的塑性变形或出现屈服。由于 $\tau_{max} = \frac{\sigma_1 - \sigma_3}{2}$，$\tau_S = \frac{\sigma_S}{2}$，于是得到塑性破坏条件为

$$\sigma_1 - \sigma_3 = \sigma_S$$

强度条件为

$$\sigma_1 - \sigma_3 \leqslant [\sigma] \tag{9.16}$$

上式即为**最大切应力理论**（maximum shearing stress theory）的强度条件。

试验表明，该理论对于单向拉伸和单向压缩的抗力大致相等的材料是适用的。

（4）第四强度理论——最大形状改变比能理论

该理论认为，材料发生屈服的主要因素是该点的形状改变比能。即在复杂应力状态下，只要材料内一点的形状改变比能达到同类材料在单向拉伸屈服时的形状改变比能极限值，材料就会发生屈服。其破坏条件经整理为

$$\sqrt{\frac{1}{2}[(\sigma_1 - \sigma_2)^2 + (\sigma_2 - \sigma_3)^2 + (\sigma_3 - \sigma_1)^2]} = \sigma_S$$

其强度条件为

$$\sqrt{\frac{1}{2}[(\sigma_1 - \sigma_2)^2 + (\sigma_2 - \sigma_3)^2 + (\sigma_3 - \sigma_1)^2]} \leqslant [\sigma] \tag{9.17}$$

上式即为**最大形状改变比能理论**（criterion of maximum strain energy density of distortion）的强度条件。

从式(9.14)、式(9.15)、式(9.16)、式(9.17)来看,可用一个统一的形式表示为

$$\sigma_r \leq [\sigma]$$

其中,σ_r 称为**相当应力**(equivalent stress)。四个强度理论的相当应力分别为

$$\sigma_{r1} = \sigma_1$$

$$\sigma_{r2} = \sigma_1 - \mu(\sigma_2 + \sigma_3)$$

$$\sigma_{r3} = \sigma_1 - \sigma_3$$

$$\sigma_{r4} = \sqrt{\frac{1}{2}\left[(\sigma_1 - \sigma_2)^2 + (\sigma_2 - \sigma_3)^2 + (\sigma_3 - \sigma_1)^2\right]}$$

对于梁来说

$$\begin{aligned}\sigma_1 \\ \sigma_3\end{aligned} = \frac{\sigma}{2} \pm \sqrt{\left(\frac{\sigma}{2}\right)^2 + \tau^2}$$

$$\sigma_2 = 0$$

第三、四强度理论的相当应力为

$$\sigma_{r3} = \sqrt{\sigma^2 + 4\tau^2}$$

$$\sigma_{r4} = \sqrt{\sigma^2 + 3\tau^2}$$

上面介绍的4种常用的强度理论,都是针对材料的两种主要破坏形式进行研究的。由于脆性材料的破坏一般为脆性断裂,而塑性材料的破坏一般为屈服破坏,所以,一般情况下,第一和第二强度理论适用于脆性材料,第三和第四强度理论适用于塑性材料。另外,无论是塑性材料还是脆性材料,在三向拉应力状态下都采用第一强度理论,而在三向压应力状态下都采用第三或第四强度理论。

例9.7 已知铸铁构件上危险点处的应力状态如图9.16所示。若铸铁拉伸许用应力 $[\sigma_t] = 30$ MPa,试校核该点处的强度。

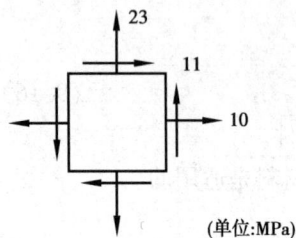

解 本例中 $\sigma_x = 10$ MPa,$\sigma_y = 23$ MPa,$\tau_{xy} = -11$ MPa,由式(9.5)得

$$\begin{aligned}\sigma_{max} \\ \sigma_{min}\end{aligned} = \frac{\sigma_x + \sigma_y}{2} \pm \sqrt{\left(\frac{\sigma_x - \sigma_y}{2}\right)^2 + \tau_{xy}^2}$$

$$= \frac{10 + 23}{2}\text{ MPa} \pm \sqrt{\left(\frac{10 - 23}{2}\right)^2 + 11^2}\text{ MPa} = \begin{aligned}29.28\text{ MPa} \\ 3.72\text{ MPa}\end{aligned}$$

图9.16

三个主应力分别为

$\sigma_1 = 29.28$ MPa,$\sigma_2 = 3.72$ MPa,$\sigma_3 = 0$ 因为铸铁为脆性材料,所以采用第一强度理论。

$$\sigma_{r1} = \sigma_1 = 29.28\text{ MPa} < [\sigma_t]$$

故此危险点的应力满足强度条件。

例9.8 两端简支的工字形钢板梁,梁的尺寸及梁上荷载如图9.17所示。已知 $F = 750$ kN,材料的许用应力 $[\sigma] = 170$ MPa,$[\tau] = 100$ MPa。试全面校核梁的强度。

解 (1)分析

由第7章知道,梁需同时满足正应力和切应力强度条件。在弯矩最大截面的上、下边缘处

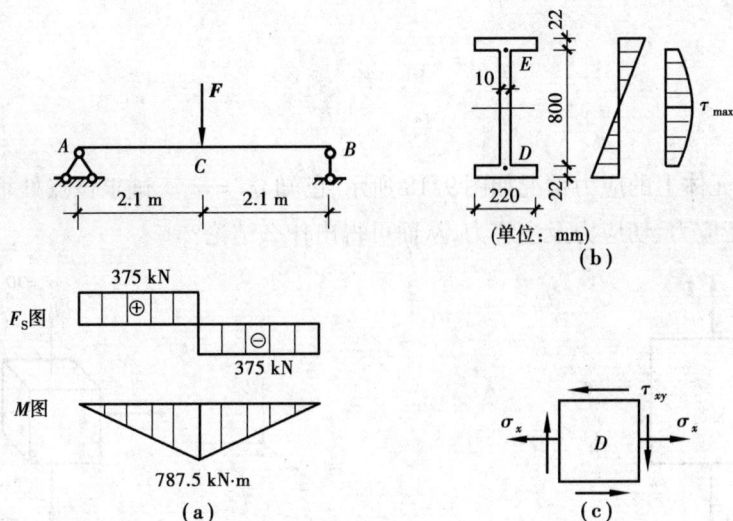

（单位：mm）
（b）

F_S图

375 kN

375 kN

M图

787.5 kN·m

（a）

（c）

图 9.17

按 $\dfrac{M_{\max}}{W_z} \leqslant [\sigma]$ 校核正应力强度；在剪力最大截面的中性轴处按 $\dfrac{F_{S,\max}S_{z,\max}}{bI_z} \leqslant [\tau]$ 校核切应力强度。从图 9.17（b）所示的应力分布看到，在 C 的左、右邻截面上，在腹板与翼缘交界处 D 或 E 点的正应力和切应力都比较大，该点处于二向应力状态，如图 9.17（c）所示，应按强度理论校核该点的强度。

（2）校核正应力强度

梁跨中的最大弯矩，截面对中性轴的惯性矩和抗弯截面模量分别为 $M_{\max} = 787.5$ kN·m，$I_z = 2.06 \times 10^9$ mm^4，$W_z = 4.88 \times 10^6$ mm^3

$$\sigma_{\max} = \frac{M_{\max}}{W_z} = \frac{787.5 \times 10^6 \text{ N} \cdot \text{mm}}{4.88 \times 10^6 \text{ mm}^3} = 161.37 \text{ MPa} < [\sigma]$$

满足正应力强度条件

（3）校核切应力强度

$$F_{S,\max} = 375 \text{ kN}, S_{z,\max} = 2.79 \times 10^6 \text{ mm}^3$$

$$\tau_{\max} = \frac{F_{S,\max}S_{z,\max}}{bI_z} = \frac{375 \times 10^3 \text{ N} \times 2.79 \times 10^6 \text{ mm}^3}{10 \text{ mm} \times 2.06 \times 10^9 \text{ mm}^4} = 50.79 \text{ MPa} < [\tau]$$

（4）按第三强度理论校核 D 点的强度

首先算出 C 在左或右邻横截面上 D 点的正应力 σ_x 和切应力 τ_{xy}。

$$\sigma_x = \frac{M_{\max}}{I_z} \cdot y_D = \frac{787.5 \times 10^6 \text{ N} \cdot \text{mm}}{2.06 \times 10^9 \text{ mm}^4} \times 400 \text{ mm} = 152.91 \text{ MPa}$$

$$\tau_{xy} = \frac{F_{S,\max}S_z}{bI_z} = \frac{375 \times 10^3 \text{ N} \times 19.89 \times 10^5 \text{ mm}^3}{10 \text{ mm} \times 2.06 \times 10^9 \text{ mm}^4} = 36.21 \text{ MPa}$$

$$\sigma_{r3} = \sqrt{\sigma_x^2 + 4\tau_{xy}^2} = 169.19 \text{ MPa} < [\sigma]$$

满足强度条件。

思 考 题

9.1 某单元体上的应力情况如图9.18所示,已知$\sigma_x = \sigma_y$。试求该点处垂直于纸面的任意斜截面上的正应力、切应力及主应力,从而可得出什么结论?

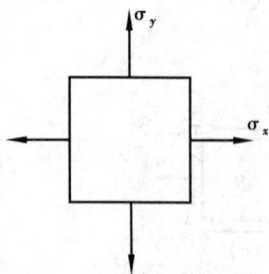

思考题9.18

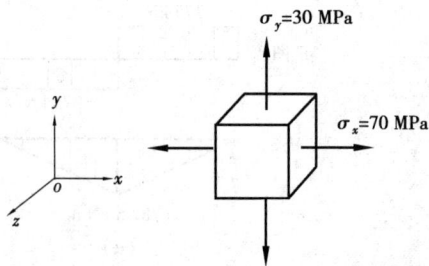

思考题9.19

9.2 某单元体的应力情况如图9.19所示。欲求该点处的最大切应力,现分别按下列两种方法计算:

(1)按平面应力状态的极值切应力计算

$$\tau'_{max} = \sqrt{\left(\frac{\sigma_x - \sigma_y}{2}\right)^2 + \tau_{xy}^2} = 20 \text{ MPa}$$

(2)视平面应力状态为空间应力状态的特例($\sigma_1 = 70$ MPa,$\sigma_2 = 30$ MPa,$\sigma_3 = 0$)按空间应力状态的最大切应力公式计算

$$\tau''_{max} = \frac{\sigma_1 - \sigma_3}{2} = 35 \text{ MPa}$$

问:该点处的最大切应力是多少?分别指出τ'_{max}和τ''_{max}所在截面的方位。

9.3 试证明图9.20所示板件A点处各截面的正应力及切应力均为零。

9.4 水管在冬天常有冻裂现象,根据作用与反作用原理,水管壁与管内所结冰之间的相互作用力应该相等,为什么结果往往不是冰被压碎而是水管被冻裂?

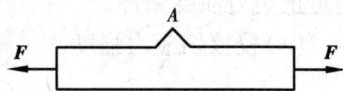

思考题9.20

9.5 一个空间单元体,3个主应力相等且为压应力,根据第三、第四强度理论,这种应力状态下是不会导致破坏的,这种说法是否正确,为什么?

习 题

9.1 试求下列各单元体a-b面上的正应力和切应力(单位为 MPa)。

答:(a)$\sigma_\alpha = 87.14$ MPa,$\tau_\alpha = -24.33$ MPa;

(b)$\sigma_\alpha = 30$ MPa,$\tau_\alpha = -50$ MPa;

(c)$\sigma_\alpha = 34.82$ MPa，$\tau_\alpha = 11.65$ MPa。

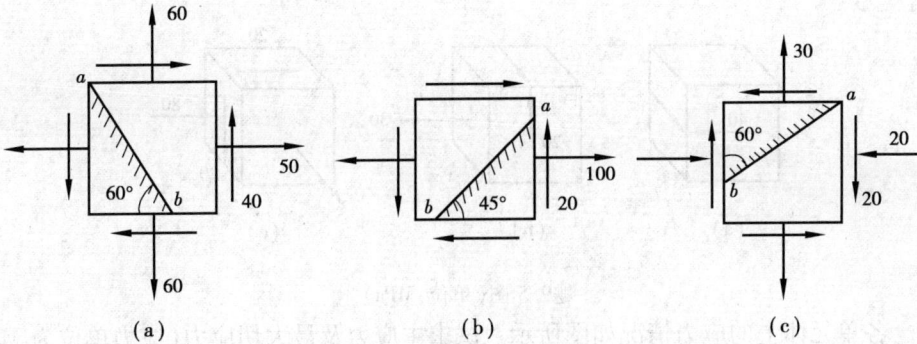

题9.1图(单位:MPa)

9.2　各单元体上的应力情况如图所示(单位为 MPa)，试求各点的主应力 $\sigma_1,\sigma_2,\sigma_3$ 值及 σ_1 的方位。

答：(a)$\sigma_1 = 170$ MPa，$\sigma_2 = 70$ MPa，$\sigma_3 = 0$，$\alpha_0 = 108.43°$。

(b)$\sigma_1 = 72.43$ MPa，$\sigma_2 = 0$，$\sigma_3 = -12.43$ MPa，$\alpha_0 = -22.5°$。

(c)$\sigma_1 = 37.02$ MPa，$\sigma_2 = 0$，$\sigma_3 = -27.02$ MPa，$\alpha_0 = 70.7°$。

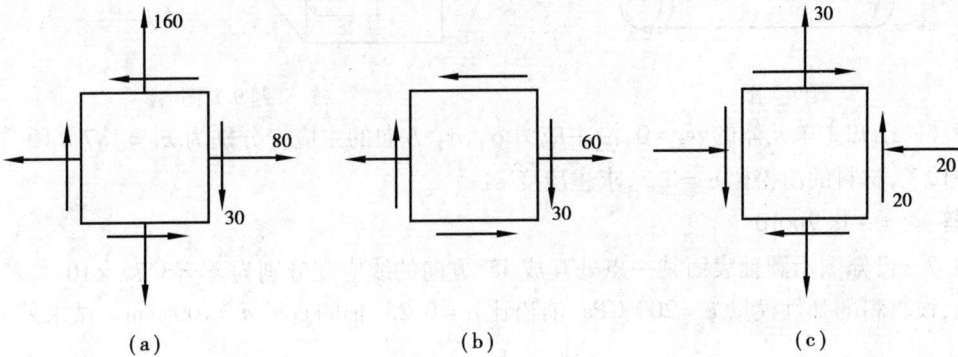

题9.2图(单位:MPa)

9.3　图示简支梁承受均布荷载，试在 m-m 横截面处从 1,2,3,4,5 点截取出 5 个单元体 (点 1,5 位于上下边缘处，点 3 位于 $h/2$ 处)，并标明各单元体上的应力情况(标明存在何种应力及应力方向)。

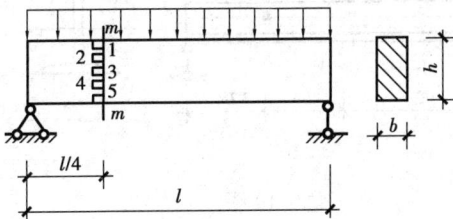

题9.3图

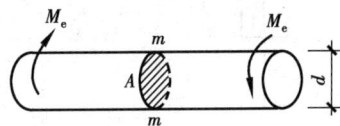

题9.4图

9.4　直径 $d = 80$ mm 的受扭圆杆如图所示，已知 m-m 截面边缘处 A 点的两个非零主应力

175

分别为 $\sigma_1 = 50$ MPa，$\sigma_3 = -50$ MPa。试求作用在杆件上的外力偶矩 M_e。

答：$M_e = 5.02$ kN·m。

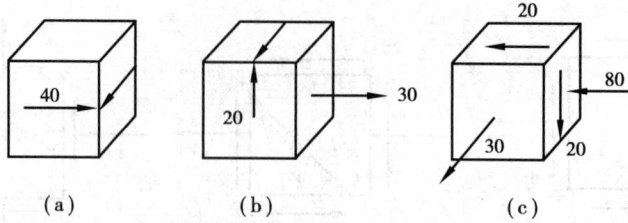

题9.5 图(单位:MPa)

9.5　各单元体上的应力情况如图所示。试求主应力及最大切应力(应力单位为 MPa)。

答：(a)$\sigma_1 = 40$ MPa，$\sigma_2 = 0$，$\sigma_3 = -40$ MPa，$\tau_{\max} = 40$ MPa；

(b)$\sigma_1 = 30$ MPa，$\sigma_2 = 20$ MPa，$\sigma_3 = -20$ MPa，$\tau_{\max} = 25$ MPa；

(c)$\sigma_1 = 30$ MPa，$\sigma_2 = 4.72$ MPa，$\sigma_3 = -84.72$ MPa，$\tau_{\max} = 57.36$ MPa。

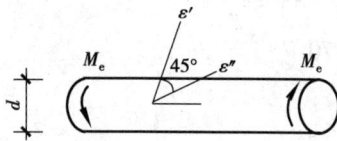

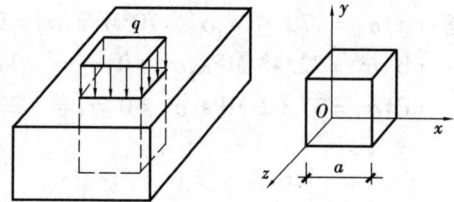

题9.7 图　　　　　　　　　　　　题9.8 图

9.6　已知主单元体的 $\sigma_3 = 0$，沿主应力 σ_1，σ_2 方向的主应变分别为 $\varepsilon_1 = 1.7 \times 10^{-4}$，$\varepsilon_2 = 0.4 \times 10^{-4}$，材料的泊松比 $\mu = 0.3$，求主应变 ε_3。

答：$\varepsilon_3 = -0.9 \times 10^{-4}$

9.7　已知图示圆轴表面某一点处互成45°方向的线应变分别为 $\varepsilon' = 3.75 \times 10^{-4}$，$\varepsilon'' = 5 \times 10^{-4}$。设材料的弹性模量 $E = 200$ GPa，泊松比 $\mu = 0.25$，轴的直径 $d = 100$ mm。试求外力偶矩 M_e。

答：$M_e = 19.6$ kN·m

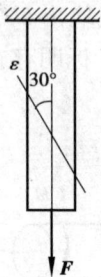

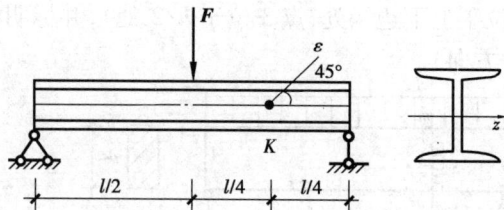

题9.9 图　　　　　　　　　　　　题9.10 图

9.8　边长为 a 的正方体钢块放置在图示的刚性槽内(立方体与刚性槽间设有空隙)，在钢块的顶面上作用 $q = 140$ MPa 的均布压力，已知 $a = 20$ mm，材料的弹性模量 $E = 200$ GPa，泊松比 $\mu = 0.3$。试求钢块中沿 x，y，z 3 个方向的正应力。

答：$\sigma_x = \sigma_z = -60$ MPa，$\sigma_y = -140$ MPa

9.9　图示刚杆，横截面尺寸为 20 mm×40 mm，材料的弹性模量 $E = 200$ GPa，泊松比 $\mu = 0.3$，已知 A 点与轴成 30°方向的线应变 $\varepsilon = 270 \times 10^{-6}$。试求荷载 F 值。

答：$F = 64$ kN

9.10　图示工字形钢梁，材料的弹性模量为 E，泊松比为 μ，横截面腹板厚度为 d，对 z 轴的惯性矩为 I，中性轴以上部分对中性轴的静矩为 S，今测得中性层 K 点处与轴线成 45°方向的线应变为 ε，试求荷载 F。

答：$F = \dfrac{2E\varepsilon Id}{S(1+\mu)}$

9.11　将沸水倒入厚玻璃杯里，玻璃杯内、外壁的受力情况如何？若因此而发生破裂，问破坏是从内壁开始，还是从外壁开始，为什么？

9.12　某铸铁杆件危险点处的应力状态如图所示，已知材料的许用拉应力 $[\sigma_t] = 40$ MPa 试校核该点的强度。

答：$\sigma_{r1} = 34.08$ MPa

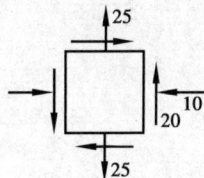

题 9.12 图

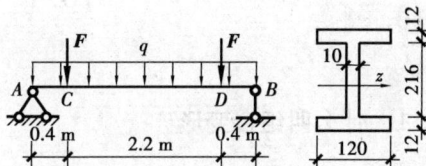

题 9.13 图

9.13　两端简支的钢板梁，梁的截面尺寸及梁上荷载如图所示，已知 $F = 120$ kN，$q = 2$ kN/m，材料的许用正应力 $[\sigma] = 160$ MPa，许用切应力 $[\tau] = 100$ MPa。试全面校核梁的强度。

答：$\sigma_{max} = 131.7$ MPa，$\tau_{max} = 59.5$ MPa，$\sigma_{r3} = 144.8$ MPa

9.14　试按强度理论建立纯剪切平面应力状态的强度条件，并寻求塑性材料许用切应力 $[\tau]$ 与许用拉应力 $[\sigma]$ 之间的关系。

答：按第三强度理论 $[\tau] = 0.5[\sigma]$；按第四强度理论 $[\tau] = \dfrac{1}{\sqrt{3}}[\sigma]$

第 **10** 章

组合变形

10.1 概 述

10.1.1 什么叫组合变形

前面有关章节分别讨论了杆件在各基本变形情况下的强度计算和刚度计算。在实际工程中,许多常用杆件往往不仅是单一的基本变形,可能同时存在着几种基本变形,它们的每一种变形所对应的应力或变形属同一量级,在杆件设计计算时都必须考虑。例如图 10.1(a)所示烟囱,其自重引起轴向压缩,风荷载又引起它的弯曲;又如图 10.1(b)所示的杆件,F 作用下杆件发生弯曲变形,主动力偶 M_e 作用下的杆件发生扭转变形,F,M_e 共同作用下,杆件同时发生弯曲和扭转两个基本变形;再如图 10.1(c)所示梁,F_y 作用下梁在 xy 面内发生平面弯曲,F_z 作用下梁在 xz 面内发生平面弯曲,F_y,F_z 共同作用下,梁同时在两个相互垂直的形心主惯性平面内发生平面弯曲。杆件在荷载作用下,同时产生两种或两种以上基本变形的情况称为**组合变形**(combined deformation)。

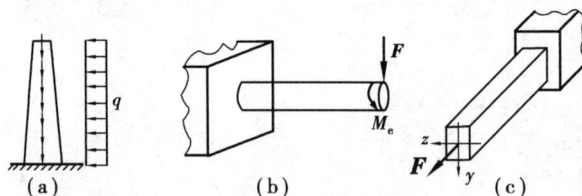

图 10.1

10.1.2 组合变形的求解方法

在小变形、线弹性材料的前提下,杆件同时存在的几种基本变形,它们的每一种基本变形都是彼此独立的,即组合变形中的任一种基本变形都不会改变另外一种基本变形相应的应力和变形。这样,对于组合变形问题就能够用叠加原理来进行计算。具体的方法及步骤是:

（1）找出构成组合变形的所有基本变形，将荷载化简为只引起这些基本变形的相当力系。

（2）按构件原始形状和尺寸，计算每一组基本变形的应力和变形。

（3）叠加各基本变形的解（矢量和），得组合变形问题的解，然后进行强度和刚度校核。

本章着重介绍斜弯曲、拉伸（压缩）与弯曲、偏心拉（压）、弯曲与扭转等工程中常常遇到的几种组合变形。

10.2　斜弯曲

在第 7 章讨论过平面弯曲，例如图 10.2(a) 所示的矩形截面梁，外力 F_1，F_2 作用于同一纵向平面内，作用线通过截面的弯心，且与形心主惯性之一平行，梁弯曲后，梁的挠曲线位于外力所在的形心主惯性平面内，这类弯曲为平面弯曲。图 10.2(b) 所示的矩形截面梁，外力 F 的作用线虽然通过截面的弯心，但它与截面的形心主惯性轴斜交，此时，梁弯曲后的挠曲线不再位于外力 F 所在的纵向平面内，这类弯曲则称为**斜弯曲**（oblique bending）。本节主要研究斜弯曲时的应力计算。

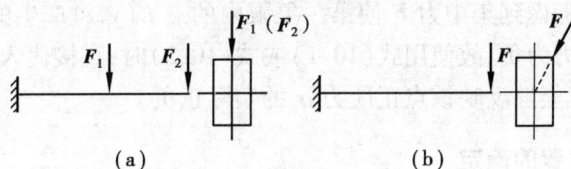

图 10.2

现以图 10.3 所示矩形截面梁为例介绍斜弯曲的求解方法。

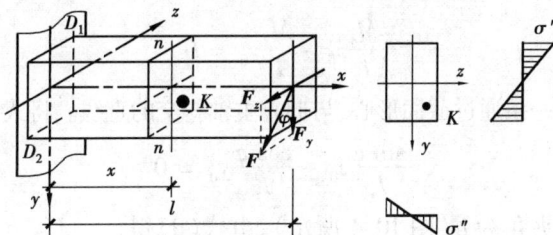

图 10.3

10.2.1　斜弯曲的内力计算

先将外力 F 沿横截面两个形心主轴方向分解为 F_y、F_z。

$$F_y = F\cos\varphi, \quad F_z = F\sin\varphi$$

F_y 单独作用下，梁在 Oxy 平面内发生平面弯曲，中性轴为 z 轴，弯矩为 M_z。F_z 单独作用下，梁在 Oxz 平面内发生平面弯曲，中性轴为 y 轴，弯矩为 M_y。任意横截面 n-n 内的弯矩值是

$$\left.\begin{array}{l} M_z = F_y(l-x) = F\cos\varphi(l-x) = M\cdot\cos\varphi \\ M_y = F_z(l-x) = F\sin\varphi(l-x) = M\cdot\sin\varphi \end{array}\right\} \tag{a}$$

式中，$M = F(l-x)$ 是外力 F 引起的 n-n 截面上的总弯矩值，通常由 M_y，M_z 的矢量和求得

$$M = \sqrt{M_y^2 + M_z^2} \qquad\qquad\qquad (b)$$

10.2.2 横截面上任意点的应力

在横截面 n-n 上任意点 $K(y,z)$ 处,对应于 M_z,M_y 两平面弯曲的正应力分别为

$$\sigma' = -\frac{M_z}{I_z}y \qquad \sigma'' = \frac{M_y}{I_y}z \qquad\qquad (c)$$

F_y 和 F_z 共同作用下,按叠加原理,因 K 点处 σ' 和 σ'' 具有相同的方位,可取代数和,故 K 点的正应力为

$$\sigma = \sigma' + \sigma'' = -\frac{M_z}{I_z}y + \frac{M_y}{I_y}z \qquad\qquad (10.1)$$

或写成

$$\sigma = \sigma' + \sigma'' = M\left(\frac{\sin \varphi}{I_y}z - \frac{\cos \varphi}{I_z}y\right) \qquad\qquad (10.2)$$

式(10.1)就是斜弯曲时横截面上任一点的正应力计算公式。

式中,I_y 和 I_z 分别是横截面对形心主惯性轴 y,z 的惯性矩;y 和 z 分别是求应力的点的坐标。在上述分析中,已考虑到集中力 F 使第一象限内的点 $K(y,z)$ 产生的应力,应力的正负号是以拉应力为正,压应力为负,故使用式(10.1)或式(10.2)时,直接代入横截面上任意点带正负号的坐标(y,z)值,就能够反映该点正应力 σ 的实际正负。

10.2.3 中性轴位置的确定

设横截面上中性轴上各点的坐标为(y_0,z_0),因中性轴上各点的正应力等于零,把(y_0,z_0)代入式(10.1)有

$$\frac{M_y}{I_y}z_0 - \frac{M_z}{I_z}y_0 = 0 \qquad\qquad (10.3)$$

可见,斜弯曲的中性轴是一条通过截面形心、与形心主轴斜交的直线。将式(a)代入式(10.3)得

$$\frac{\sin \varphi}{I_y}z_0 - \frac{\cos \varphi}{I_z}y_0 = 0 \qquad\qquad (d)$$

设中性轴与 z 轴的夹角为 α(图10.4所示),由式(d)得

$$\tan \alpha = \frac{y_0}{z_0} = \frac{I_z}{I_y}\tan \varphi \qquad\qquad (10.4)$$

上式即为确定中性轴位置的公式。

与平面弯曲类似,斜弯曲时,横截面上的正应力以中性轴为界,一侧为拉应力,另一侧为压应力,各点的正应力值与该点到中性轴的距离成正比,最大正应力位于距中性轴最远处(图10.4,图10.5 的 D_1 或 D_2 点)。横截面上正应力的分布规律如图10.4所示。

一般情况下,式(10.4)中的 I_y,I_z 值不相等,故 $\alpha \neq \varphi$,中性轴不垂直于荷载作用面,但总是偏向 I_{min} 主惯性轴。例如,当 $I_z > I_y$ 时,由式(10.4)可知,$\alpha > \varphi$,中性轴偏向主惯性矩较小的 y 轴;当 $I_z < I_y$ 时,$\alpha < \varphi$,中性轴偏向主惯性矩较小的 z 轴。

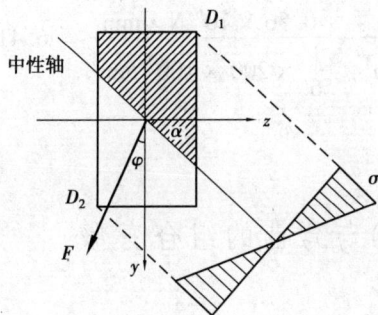
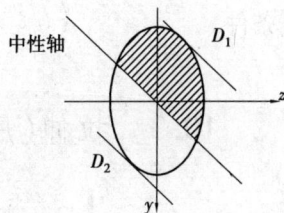

图 10.4　　　　　　　　　　　　图 10.5

10.2.4　斜弯曲梁的强度计算

中性轴确定后,对斜弯曲杆件来说,就不难算出危险截面上的最大拉应力和最大压应力。对于矩形截面、工字形截面等具有棱角的截面,常可以不预先确定中性轴的位置,直接由同一横截面的 M_y 和 M_z 判定出点 D_1 或 D_2 为应力绝对值最大的点,将 y_{max} ,z_{max} 代入式(10.1)写出这两点的应力表达。截面形状没有明显棱角时,可作中性轴的平行线,使它与截面相切于 D_1 或 D_2 点,则 D_1 或 D_2 距中性轴最远,其正应力绝对值必为最大值(图 10.5 所示)。

在梁的斜弯曲问题中,一般不考虑切应力的影响,直接对危险截面上的危险点进行正应力强度计算,其强度条件为

$$\sigma_{max} = \left| \frac{M_z}{I_z}y + \frac{M_y}{I_y}z \right|_{max} \leqslant [\sigma]$$

对于矩形、工字形及槽形截面梁,则可写成

$$\sigma_{max} = \left| \frac{M_y}{W_y} + \frac{M_z}{W_z} \right|_{max} \leqslant [\sigma]$$

例 10.1　矩形截面简支梁受力如图 10.6 所示,F 的作用线通过截面形心且与 y 轴成 φ 角。已知 $F = 3.2$ kN,$\varphi = 10°$,$l = 4$ m,$b = 100$ mm,$h = 200$ mm,材料的许用正应力 $[\sigma] = 10$ MPa。试校核该梁的强度。

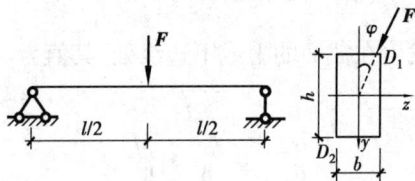

图 10.6

解　根据梁的受力,梁中的最大正应力发生在跨中截面的角点(D_1 或 D_2)处。将荷载沿截面的二对称轴方向分解为 F_y 和 F_z,它们引起的跨中截面上的弯矩分别为

$$M_{z,max} = \frac{1}{4}F_y l = \frac{1}{4}Fl\cos\varphi = \frac{1}{4} \times 3.2 \text{ kN} \times 4 \text{ m} \times 0.985 = 3.15 \text{ kN} \cdot \text{m}$$

$$M_{y,max} = \frac{1}{4}F_z l = \frac{1}{4}Fl\sin\varphi = \frac{1}{4} \times 3.2 \text{ kN} \times 4 \text{ m} \times 0.174 = 0.56 \text{ kN} \cdot \text{m}$$

梁中的最大正应力为

$$\sigma_{\max} = \frac{M_{z,\max}}{W_z} + \frac{M_{y,\max}}{W_y} = \frac{3.15 \times 10^6 \text{ N} \cdot \text{mm}}{\frac{1}{6} \times 100 \times 200^2 \text{ mm}^3} + \frac{0.56 \times 10^6 \text{ N} \cdot \text{mm}}{\frac{1}{6} \times 200 \times 100^2 \text{ mm}^3} = 6.41 \text{ MPa} < [\sigma]$$

满足正应力强度条件。

10.3 拉伸(压缩)与弯曲的组合变形

杆件上同时作用有轴向外力和横向外力时,轴向外力使杆件拉伸(压缩),横向外力使杆件弯曲,此时杆件的变形为拉伸(压缩)与弯曲的组合变形。图 10.1(a)所示的烟囱就是轴向压缩与弯曲组合变形的实例。下面结合图 10.7 所示的杆件,说明拉(压)与弯曲组合变形时的横截面正应力和强度计算。横截面上切应力一般很小,可忽略。

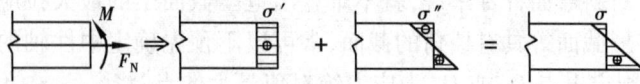

图 10.7

设杆件的抗弯刚度较大,忽略轴向力引起的附加弯矩。计算横截面上的正应力时,仍采用叠加法。

轴向外力单独作用时,杆件横截面上的轴向内力为 $\boldsymbol{F}_N$,横截面上的正应力均匀分布,其值为

$$\sigma' = \frac{F_N}{A}$$

横向外力单独作用时,杆件发生平面弯曲,横截面上的弯矩为 M,横截面上任一点的正应力为

$$\sigma'' = \frac{M}{I_z} y$$

轴向外力和横向外力同时作用时,横截面的轴力 $\boldsymbol{F}_N$ 与弯矩 M 同时存在,横截面上任一点的正应力为

$$\sigma = \sigma' + \sigma'' = \frac{F_N}{A} + \frac{M}{I_z} y \tag{10.5}$$

横截面上的最大正应力发生在截面的上或下边缘处,其值为

$$\frac{\sigma_{\max}}{\sigma_{\min}} = \frac{F_N}{A} \pm \frac{M}{W_z}$$

杆件危险截面上的最大正应力发生在弯矩最大截面的上或下边缘,且危险点处于单向应力状态,故强度条件为

$$\sigma_{\max} = \frac{F_N}{A} + \frac{M_{\max}}{W_z} \leqslant [\sigma] \tag{10.6}$$

这里应指明一点:上述计算方法只有在杆的抗弯刚度 EI 较大,横向外力产生的挠度远远小于横截面尺寸时才适用。

例 10.2 矩形截面悬臂梁受力如图 10.8 所示,已知 $l = 2$ m,$b = 100$ mm,$h = 200$ mm,$F_1 = 3$ kN,$F_2 = 2$ kN,$M_e = 2$ kN·m。试求梁横截面上的最大拉应力和最大压应力。

解　（1）内力计算

$$F_N = F_1 = 3 \text{ kN}, \quad M_{max} = -F_2 \cdot \frac{l}{2} - M_e = -4 \text{ kN} \cdot \text{m}$$

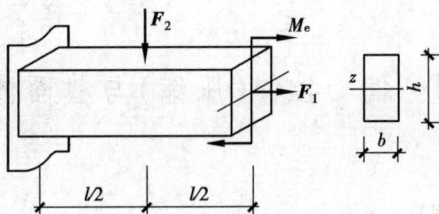

图 10.8

（2）最大拉应力发生在固定端截面的上边缘处,其值为

$$\sigma_{t,max} = \frac{F_N}{A} + \frac{|M_{max}|}{W_z} = \frac{F_N}{bh} + \frac{|M_{max}|}{\frac{1}{6}bh^2}$$

$$= \frac{3 \times 10^3 \text{N}}{100 \times 200 \text{ mm}^2} + \frac{4 \times 10^6 \text{ N} \cdot \text{mm}}{\frac{1}{6} \times 100 \times 200^2 \text{ mm}^3} = 6.15 \text{ MPa}$$

（3）最大压应力发生在固定端截面的下边缘处,其值为

$$\sigma_{c,max} = \frac{F_N}{A} - \frac{|M_{max}|}{W_z} = -5.85 \text{ MPa}$$

例 10.3　图 10.9(a)所示结构中,横梁 BD
为 I20 a 的工字钢,已知 F = 20 kN,l_1 = 2.5 m,
l_2 = 1.5 m,钢材的许用应力$[\sigma]$ = 160 MPa。试
校核横梁 BD 的强度。

解　横梁 BD 的受力图如图 10.9(b)所示。
由平衡条件得

$$F_{NAC} = 64 \text{ kN} \quad F_{BX} = 55.43 \text{ kN}$$

从图 10.9(b)所示的受力图可知,横梁的
BC 段轴向受拉,其轴力图如图 10.9(c)所示;横
梁的弯矩图如图 10.9(d)所示。这样,横梁的
BC 段既存在轴力,又存在弯矩。属拉伸与弯曲
的组合变形。显然,C 的左邻截面为危险截面,
该截面的上边缘处拉应力最大,其值为

$$\sigma_{t,max} = \frac{F_N}{A} + \frac{M_C}{W_z}$$

I20a 的几何量,在型钢表中查得

$$A = 35.6 \text{ cm}^2 = 35.6 \times 10^2 \text{ mm}^2$$

$$W_z = 237 \text{ cm}^3 = 237 \times 10^3 \text{ mm}^3$$

将 A、W_z 代入上式,得

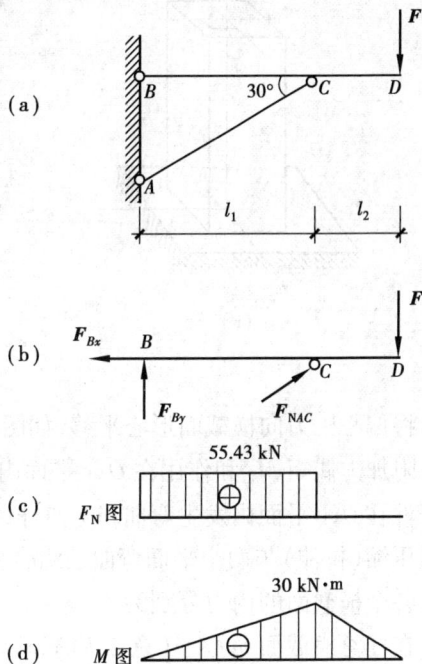

图 10.9

$$\sigma_{t,max} = \frac{55.43 \times 10^3 \text{ N}}{35.6 \times 10^2 \text{ mm}^2} + \frac{30 \times 10^6 \text{ N} \cdot \text{mm}}{237 \times 10^3 \text{ mm}^3} = 142.15 \text{ MPa} < [\sigma]$$

满足强度条件。

10.4 偏心拉伸(压缩)与截面核心

10.4.1 偏心拉伸(压缩)

作用在杆上的拉力或压力的作用线平行于直杆的轴线但不与轴线重合,此时,杆件发生的变形称为**偏心拉伸或压缩**(eccentric tension or compression)。偏心拉伸(压缩)是轴向拉伸(压缩)与弯曲的组合变形。在小变形线弹性材料的前提下,仍用叠加法计算。下面以图10.10(a)所示的偏心压缩为例进行分析。

设矩形截面等直杆,其轴线为 x 轴,截面的两个形心主惯性轴分别为 y 轴和 z 轴,又设偏心压力 F 平行于轴线 x、作用于顶面上的 $A(e_y, e_z)$ 点,e_y, e_z 分别为压力 F 至 z 轴和 y 轴的**偏心距**(eccentricity)。当 $e_y \neq 0, e_z \neq 0$ 时,称为双向偏心压缩;而 e_y, e_z 之一为零,则称为单向偏心压缩。

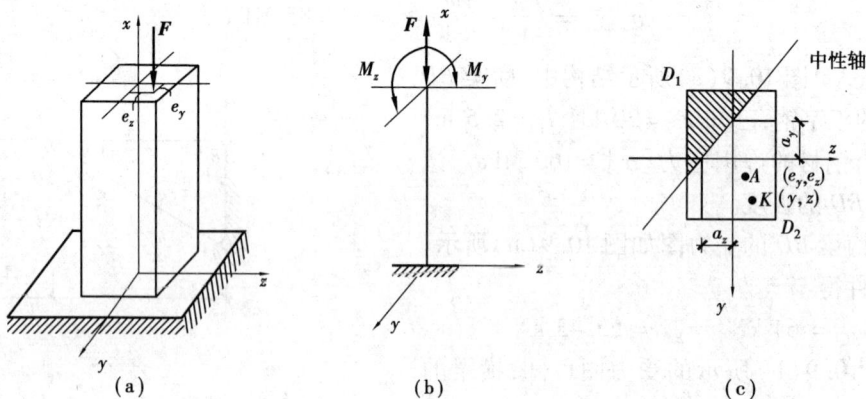

图 10.10

将偏心压力向横截面形心平移,如图10.10(b)所示,有轴向压力 F 以及作用在 Oxz 平面内的附加力偶矩 M_y 和作用在 Oxy 平面内的附加力偶矩 M_z。此时,F 使杆件发生轴向压缩,M_z 使杆件在 Oxy 平面内发生弯曲,M_y 使杆件在 Oxz 平面内发生弯曲。即双向偏心压缩(拉伸)为轴向压缩(拉伸)与两个平面弯曲的组合变形。

各个横截面的内力分别为 $F_N = -F, M_y = Fe_z, M_z = Fe_y$。

在任意横截面 mn 上任意点 $K(y,z)$ 处,其正应力为

$$\sigma = -\left(\frac{F}{A} + \frac{M_y}{I_y}z + \frac{M_z}{I_z}y\right) \tag{10.7}$$

式中,A 为横截面面积,I_y, I_z 为横截面的形心主惯性矩。引入横截面对形心主惯性轴的回转半径 $i_y^2 = I_y/A, i_z^2 = I_z/A$,并将 $M_y = Fe_z, M_z = Fe_y$ 代入式(10.7),得

$$\sigma = -\frac{F}{A}\left(1 + \frac{e_z}{i_y^2}z + \frac{e_y}{i_z^2}y\right) \tag{10.8}$$

为了确定横截面为任意形状的偏心受压杆件的危险点位置,需要先确定中性轴的位置。设中性轴上任意点的坐标为(y_0,z_0),中性轴上各点的正应力等于零,由式(10.8)得,中性轴方程为

$$1 + \frac{e_z}{i_y^2}z_0 + \frac{e_y}{i_z^2}y_0 = 0 \tag{10.9}$$

式(10.9)表明,偏心拉伸(压缩)时,横截面的中性轴是一条不通过横截面形心的直线。设a_y,a_z分别表示中性轴在坐标轴上的截距,式(10.9)得

$$a_y = -\frac{i_z^2}{e_y} \quad a_z = -\frac{i_y^2}{e_z} \tag{10.10}$$

上式表明,中性轴与偏心集中力作用点位于形心的两侧。如图10.10(c)所示,中性轴将横截面划分为拉伸和压缩两个区域,在离中性轴最远的点处为危险点(D_1,D_2),而危险点又处于单向应力状态,可按强度条件

$$\sigma_{\max} \leqslant [\sigma]$$

进行强度计算。

例10.4　图10.11所示受力杆件中,F的作用线与棱AB重合,F,l,b,h均为已知。试求杆件横截面上的最大应力并说明其位置。

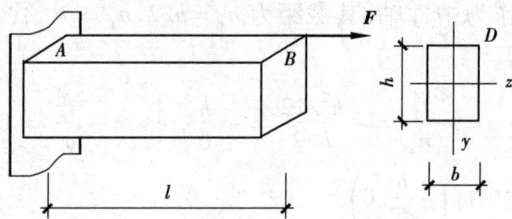

图 10.11

解　将力F平移至横截面形心处后,对z轴和y轴的附加力偶矩分别为

$$M_y = F \cdot \frac{b}{2} \quad M_z = F \cdot \frac{h}{2}$$

轴向拉力F作用下,横截面上的拉应力均匀分布,其值为$\dfrac{F}{A}$。M_y作用下,横截面上y轴的右侧受拉,最大拉应力在截面的右边缘处,其值为$\dfrac{M_y}{W_y}$。M_z作用下,横截面上z轴的上侧受拉,最大拉应力在截面的上边缘处,其值为$\dfrac{M_z}{W_z}$。三者共同作用下,横截面的右边缘与上边缘的交点D处拉应力最大,其值为

$$\sigma_{t,\max} = \frac{F_N}{A} + \frac{M_y}{W_y} + \frac{M_z}{W_z} = \frac{F}{bh} + \frac{F \cdot \dfrac{b}{2}}{\dfrac{1}{6}b^2 h} + \frac{F \cdot \dfrac{h}{2}}{\dfrac{1}{6}bh^2} = \frac{7F}{bh}$$

10.4.2 截面核心

从式(10.10)看到,对偏心受压杆来说,当偏心压力 F 的作用点变化时,中性轴在坐标轴上的截距也随之变化。可见只要偏心压力 F 的作用点在截面形心附近的某一区域时,中性轴就与截面相切或相离,这样,在偏心压力作用下,截面上只产生压应力,而不出现拉应力。通常将该区域称为**截面核心**(core of a cross section)。

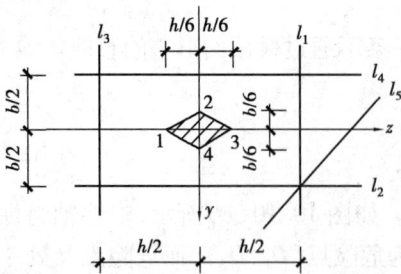

图 10.12

截面核心的概念在工程中是有意义的。工程中的受压构件常采用砖、石、混凝土等材料,这些材料的抗拉强度远远小于抗压强度,当偏心压力作用在截面核心时,杆件截面上就不会出现拉应力,有利于发挥材料的抗压潜力。

截面核心是截面的一种几何特征,它只与截面的形状和尺寸有关,而与外力的大小及材料无关。

下面以图 10.12 所示的矩形截面为例,分析截面核心的确定方法。

由式(10.10)得,偏心压力作用点坐标 (e_z, e_y) 分别为

$$e_z = -\frac{i_y^2}{a_z} \qquad e_y = -\frac{i_z^2}{a_y} \tag{10.11}$$

矩形截面的切线 l_1 作为中性轴,其截距为 $a_z = h/2, a_y = \infty$,代入式(10.11),并注意到 $i_z^2 = b^2/12, i_y^2 = h^2/12$,可得

$$e_{z1} = -\frac{i_y^2}{a_z} = -\frac{h^2/12}{h/2} = -\frac{h}{6}, \quad e_{y1} = -\frac{i_z^2}{a_y} = 0$$

即为偏心压力作用点 1 的坐标 $\left(-\dfrac{h}{6}, 0\right)$。

矩形截面的切线 l_2 作为中性轴,其截矩为 $a_z = \infty, a_y = b/2$,代入式(10.11),得

$$e_{z2} = -\frac{i_y^2}{a_z} = 0, \quad e_{y2} = -\frac{i_z^2}{a_y} = -\frac{b^2/12}{b/2} = -\frac{b}{6}$$

即为偏心压力作用点 2 的坐标 $\left(0, -\dfrac{b}{6}\right)$。

同理,矩形截面的切线 l_3, l_4 作为中性轴,偏心压力作用点 3,4 的坐标分别为 $\left(\dfrac{h}{6}, 0\right), \left(0, \dfrac{b}{6}\right)$。

按照上述方法,矩形截面的切线 l_5(过角点 A)作为中性轴,将 $(z_0, y_0) = (h/2, b/2)$ 代入式(10.9)得

$$1 + \frac{6}{h}e_z + \frac{6}{b}e_y = 0$$

即通过矩形截面角点 A 的所有直线作为中性轴时,相应的偏心压力的作用点 (e_z, e_y) 在一条直线上。这是普遍规律,即过同一点的若干中性轴,对应的偏心压力作用点位于一条直线上。因而,当中性轴绕 A 点从 l_1 位置转动到(转向以中性轴与截面相切为准)到 l_2 位置时,偏心压力作用点从 1 点沿过 1,2 两点的直线移动到 2 点。所以 1,2 两点间的直线段为截面核心的部分

边界。同理,再连接 2,3 点,3,4 点,4,1 点间的直线段,所构成的区域即为截面核心。

例 10.5　试确定如图 10.13 所示圆截面的截面核心。

解　圆形截面的任一直线轴均为形心主惯性轴,且 $I_y = I_z = \pi d^4/64, A = \pi d^2/4$,相应的形心主惯性半径 $i_y = i_z = d/4$。过 A 点作切线 l_1,以 l_1 作为中性轴,其截距为 $a_z = d/2, a_y = \infty$,代入式(10.11),得

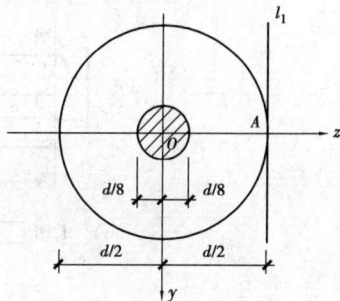

图 10.13

$$e_{z1} = -\frac{i_y^2}{a_z} = -\frac{d^2/16}{d/2} = -\frac{d}{8},$$

$$e_{y1} = -\frac{i_z^2}{a_y} = 0$$

此即截面核心边界上的点 1 的坐标。

圆是轴对称图形,以 O 点为圆心,以 $d/8$ 为半径画出的圆,即为圆截面的核心的边界。

10.5　弯曲与扭转的组合变形

一般机械传动轴,大多同时受到扭转力偶和横向力的作用,而发生弯曲与扭转的组合变形。下面以图 10.14(a)所示的圆形截面杆件为例,说明弯、扭组合变形时的强度计算方法。

10.5.1　内力与应力分析

图 10.14(a)中,M_e 使杆件受扭,扭矩图如图 10.14(b)所示;F_1 使杆件在 Oxz 平面内发生平面弯曲,弯矩图 M_y 如图 10.14(c)所示;F_2 使杆件在 Oxy 平面内发生平面弯曲,弯矩图 M_z 如图 10.14(d)所示。

在 AB 段,M_y 和 M_z 同时存在,因为是圆截面,可以把 AB 段内任一截面的 $M_y(x)$ 和 $M_z(x)$ 按矢量求和的方法,求出合弯矩 $M(x)$,如图 10.14(e)所示,合弯矩 $M(x)$ 作用在通过 D_1D_2 的纵向截面内。这时

$$M(x) = \sqrt{M_y^2(x) + M_z^2(x)} \tag{a}$$

根据合弯矩的这个表达式,图 10.14 所示的杆件 M_{max} 必在 A 截面处

$$M = M_A = \sqrt{(M_y^A)^2 + (M_z^A)^2} \tag{b}$$

而 AB 杆的各截面扭矩相同,则 A 截面为危险截面。知道了杆件危险截面后,再来分析危险截面上危险点的应力状态。

在 A 截面上,正应力绝对值最大的点是 D_1 和 D_2 两点,其中 D_1 点有最大拉应力,D_2 点有最大压应力,它们的大小相等,其值为

$$\sigma = \frac{M_A}{W} \tag{c}$$

而由扭矩在 A 截面的边界点处产生的切应力相同,其值为

$$\tau = \frac{M_T}{W_p} \tag{d}$$

187

故 D_1，D_2 两点为危险点，从 D_1 点截出的单元体如图 10.14(f)所示。该点为二向应力状态。

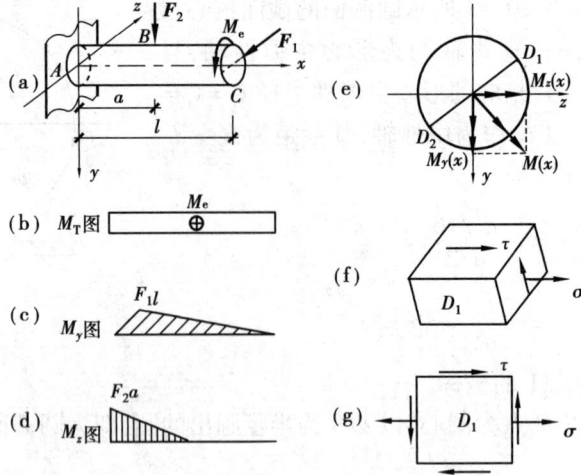

图 10.14

10.5.2 强度计算

因危险点的应力状态为二向应力状态，在进行强度计算时，必须应用强度理论。由图 10.14(g)所示的单元体，得危险点的主应力为

$$\left.\begin{matrix} \sigma_1 \\ \sigma_3 \end{matrix}\right\} = \frac{\sigma}{2} \pm \sqrt{\frac{\sigma^2}{4} + \tau^2} \atop \sigma_2 = 0 \right\} \tag{e}$$

弯、扭组合变形杆件一般采用塑性材料制成，所以应选用第三或第四强度理论，将式(e)代入第三、四强度理论的强度条件，得

$$\sigma_{r3} = \sigma_1 - \sigma_3 = \sqrt{\sigma^2 + 4\tau^2} \leqslant [\sigma] \tag{10.12}$$

$$\sigma_{r4} = \sqrt{\frac{1}{2}\left[(\sigma_1 - \sigma_2)^2 + (\sigma_2 - \sigma_3)^2 + (\sigma_3 - \sigma_1)^2\right]} = \sqrt{\sigma^2 + 3\tau^2} \leqslant [\sigma] \tag{10.13}$$

将式(c)、(d)代入式(10.12)，且注意到 $W_p = 2W$，则得

$$\sigma_{r3} = \sqrt{\sigma^2 + 4\tau^2} = \sqrt{\left(\frac{M}{W}\right)^2 + \left(\frac{M_T}{W_p}\right)^2} = \frac{1}{W} \cdot \sqrt{M^2 + M_T^2}$$

若设

$$M_{r3} = \sqrt{M^2 + M_T^2}$$

则 M_{r3} 称为第三强度理论相应的**相当弯矩**，于是写出强度条件为

$$\sigma_{r3} = \frac{M_{r3}}{W} = \frac{1}{W} \cdot \sqrt{M^2 + M_T^2} \leqslant [\sigma] \tag{10.14}$$

此即第三强度理论强度条件在弯、扭组合变形时的强度条件表达式。

同理，可以引入与第四强度理论相应的相当弯矩 M_{r4}，于是有

$$\sigma_{r4} = \frac{M_{r4}}{W} = \frac{1}{W} \cdot \sqrt{M^2 + 0.75M_T^2} \leqslant [\sigma] \tag{10.15}$$

此即第四强度理论相应的强度条件。

使用式(10.12)和式(10.13)或式(10.14)和式(10.15)时应注意：这些式是由圆形杆件导出的,故它们只适用于圆形截面的弯、扭组合变形。对于非圆形截面杆,例如矩形截面杆,如果存在上述的弯矩 M_y, M_z 及扭矩 M_T 时,则不应该再求合弯矩,而是根据具体情况分析危险点,并分别由相应 M_y 和 M_z 求出危险点的两个弯曲正应力,然后叠加出危险点的正应力;求危险点的扭转切应力也必须按矩形截面杆扭转公式计算,然后代入式(10.12)、式(10.13)求得 σ_{r3}, σ_{r4} 进行强度校核。

例10.6 图 10.14(a)为某圆形截面杆的受力图,已知 $l=1$ m, $a=0.6$ m, $F_1=2$ kN, $F_2=3$ kN, $M_e=2$ kN·m,材料的许用应力 $[\sigma]=160$ MPa。试按第三强度理论选择截面直径 d。

解 (1)内力分析及危险截面的内力计算

根据 AC 杆的受力情况, M_e 作用下的扭矩图如图 10.14(b)所示,在 F_1 作用下,在 Oxz 平面内的弯矩图如图 10.14(c)所示;在 F_2 作用下,在 Oxy 平面内的弯矩图如图 10.14(d)所示。对于 AC 杆,各截面上的扭矩相同,而弯矩值则是 A 截面上最大,所以 A 截面为危险截面。A 截面上的弯矩分别为：

$$M_y^A = F_1 \cdot l = 2 \text{ kN} \times 1 \text{ m} = 2 \text{ kN·m}$$

$$M_z^A = F_2 \cdot a = 3 \text{ kN} \times 0.6 \text{ m} = 1.8 \text{ kN·m}$$

合弯矩

$$M = M_A = \sqrt{(M_y^A)^2 + (M_z^A)^2} = \sqrt{2^2 + 1.8^2} \text{ kN·m} = 2.69 \text{ kN·m}$$

(2)相当弯矩

$$M_{r3} = \sqrt{M^2 + M_T^2} = \sqrt{2.69^2 + 2^2} \text{ kN·m} = 3.35 \text{ kN·m}$$

(3)按第三强度理论选择的直径

由式(10.14)

$$\sigma_{r3} = \frac{M_{r3}}{W} = \frac{32M_{r3}}{\pi d^3} \leq [\sigma]$$

得

$$d \geq \sqrt[3]{\frac{32M_{r3}}{\pi[\sigma]}} = \sqrt[3]{\frac{32 \times 3.35 \times 10^6 \text{ N·mm}}{\pi \times 160 \text{ MPa}}} = 59.76 \text{ mm}$$

按强度条件可选取杆的直径 $d=60$ mm。

习 题

10.1 不同截面的悬臂梁如图所示,在梁的自由端均作用有垂直于梁轴线的集中力 F。问：(1)哪些属于基本变形? 哪些属于组合变形? (2)属组合变形者是由哪些基本变形组合的?

10.2 木制矩形截面悬臂梁,在垂直和水平对称面内分别受到 $F_2=2.4$ kN, $F_1=1$ kN 作用,已知木材的顺纹抗拉许用应力 $[\sigma_t]=10$ MPa,顺纹抗压许用应力 $[\sigma_c]=12$ MPa, $b=100$ mm, $h=200$ mm 试校核木梁的正应力强度。

答： $\sigma_{t,max} = |\sigma_c|_{max} = 8.55$ MPa

10.3 图示悬臂木梁,在自由端受集中力 $F=2$ kN, F 与 y 轴夹角 $\varphi=10°$,木材的许用正

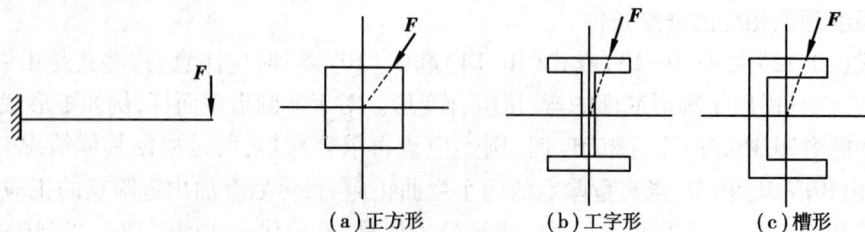

(a)正方形　　(b)工字形　　(c)槽形

题 10.1 图

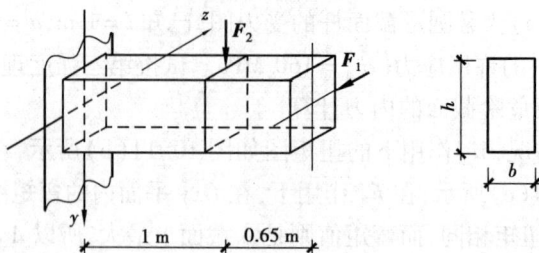

题 10.2 图

应力 $[\sigma]=10$ MPa,若矩形截面 $h/b=3$,试确定截面尺寸。

答:$b=74$ mm,$h=222$ mm

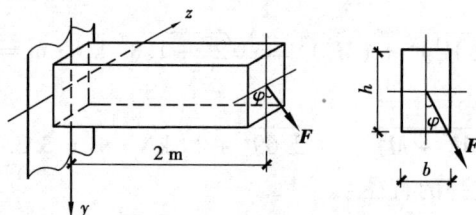

题 10.3 图

10.4　承受均布荷载的矩形截面简支梁如图所示,q 的作用线通过截面形心且与 y 轴成 15°角,已知 $l=4$ m,$b=80$ mm,$h=120$ mm,材料的许用正应力 $[\sigma]=10$ MPa。试求梁容许承受的最大荷载 q_{max}。

答:$q_{max}=0.71$ kN/m

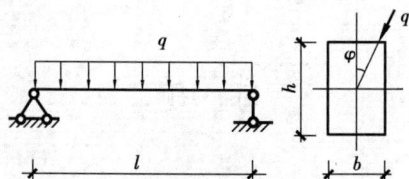

题 10.4 图

10.5　图示结构中,BD 杆为 I16 工字钢,已知 $F=12$ kN,钢材的许用应力 $[\sigma]=160$ MPa。试校核 BD 杆的强度。

答:$\sigma_{max}=140.4$ MPa

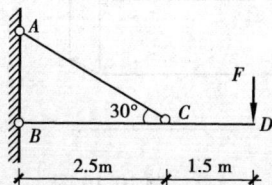

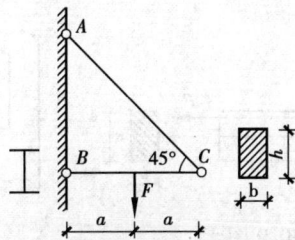

题 10.5 图　　　　　　　　　　题 10.6 图

10.6　图示结构中, BC 为矩形截面杆, 已知 $a = 1$ m, $b = 120$ mm, $h = 160$ mm, $F = 6$ kN。试求 BC 杆横截面上的最大拉应力和最大压应力。

答: $\sigma_{\mathrm{t,max}} = 5.7$ MPa　　$\sigma_{\mathrm{c,max}} = 6$ MPa

10.7　图示正方形截面杆, $F = 12$ kN, 许用应力 $[\sigma] = 10$ MPa, 试确定截面边长 a。

答: $a = 98$ mm

10.8　图示矩形截面偏心受压柱, 力 F 的作用点位于 z 轴上, 偏心距为 e。F, b, h 均为已知。试求柱的横截面上不出现拉应力时的最大偏心距。

答: $e = h/6$

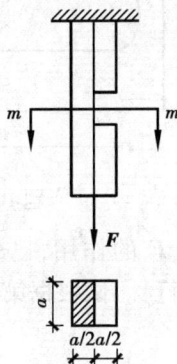

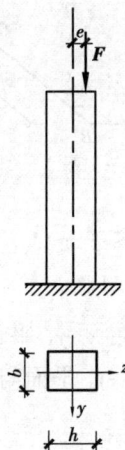

题 10.7 图　　　　　　　　　　题 10.8 图

10.9　图示矩形截面杆, 用应变计测得杆件上、下表面的轴向正应变分别为 $\varepsilon_a = 1 \times 10^{-3}$, $\varepsilon_b = 0.4 \times 10^{-3}$。已知 $b = 10$ mm, $h = 25$ mm, 材料的弹性模量 $E = 210$ GPa。(1)试绘制截面上正应力分布图;(2)求拉力 F 及其偏心距 e 的值。

答: $F = 36.75$ kN　　$e = 1.79$ mm

10.10　图示受力杆件中, F 的作用线平行于杆轴线, F, l, b, h 均为已知。试求杆件横截面上的最大压应力, 并指明其所在位置。

答: $|\sigma_{\mathrm{c}}|_{\mathrm{max}} = \dfrac{7F}{bh}$

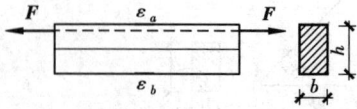

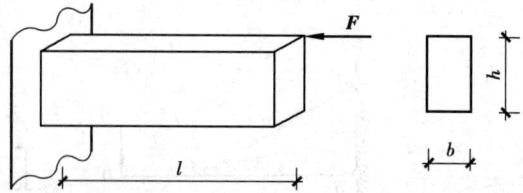

题 10.9 图　　　　　　　　　　　　题 10.10 图

10.11　直径为 d 的等截面折杆,位于水平面内,杆的 C 端承受垂直向下的荷载 F,已知材料的许用应力 $[\sigma]$。试求:(1)指出危险截面的位置;(2)危险截面上的最大弯曲正应力 σ_{max} 和最大扭转切应力 τ_{max};(3)用最三强度理论确定许用荷载 $[F]$。

答:$\sigma_{max}=\dfrac{32Fa}{\pi d^3}$,$\tau_{max}=\dfrac{16Fa}{\pi d^3}$,$[F]=\dfrac{\sqrt{2}\pi d^3[\sigma]}{64a}$

10.12　在图示的圆截面刚杆中,已知 $l=1$ m,$d=100$ mm,$F_1=6$ kN,$F_2=60$ kN,$M_e=12$ kN·m,材料的许用应力 $[\sigma]=160$ MPa。试校核该杆的强度。

答:$\sigma_{r3}=140.32$ MPa

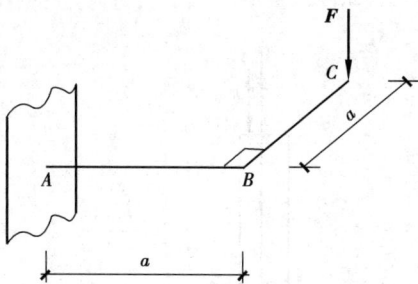

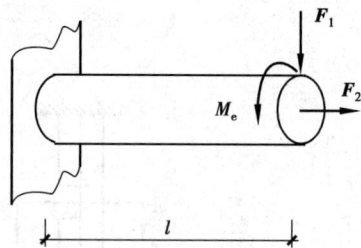

题 10.11 图　　　　　　　　　　　　题 10.12 图

10.13　图示直角拐轴在 x_1-y_1 平面内受荷载 F 的作用,已知 $F=\sqrt{2}$ kN,$l=160$ mm,$d=30$ mm,$[\sigma]=120$ MPa(x_1-y_1 平面与 x-y 平面平行)。试根据第三强度理论校核 AB 轴的强度。

答:$\sigma_{r3}=105.68$ MPa

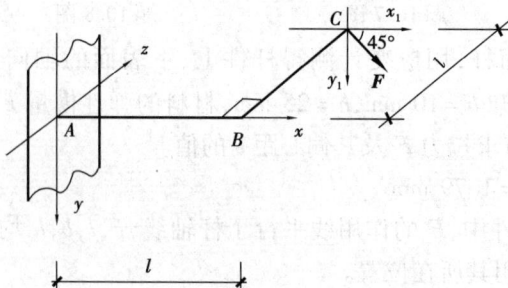

题 10.13 图

第 **11** 章

压杆稳定

压杆的强度计算已在第 7 章做了讨论,但是对于比较细长的压杆,其失效往往不是强度问题,而是稳定问题。本章将专门研究压杆稳定问题。

11.1　压杆稳定的概念

11.1.1　理想压杆的稳定性

理想压杆是理论研究中一种抽象化的理想模型,满足"轴心受压、均质、等截面直杆"的假定。在无扰动(如微小横向干扰力)时,理想压杆将只产生轴向压缩变形,而且保持直线状态的平衡。但是其平衡状态有稳定和不稳定之分。如图 11.1(a)所示两端球铰支承的理想压杆,在微小的横向干扰力 F_Q 作用后,压杆将产生弯曲变形。当轴向压力 F 较小时,干扰力 F_Q 去除后压杆将恢复到原来的直线平衡状态,这说明压杆在直线状态的平衡是**稳定的**(stable)。当 F 较大时,F_Q 去除后压杆继续弯曲到一个变形更显著的位置而平衡,则压杆在直线状态的平衡是**不稳定的**(unstable)。理想压杆由稳定的平衡状态过渡到不稳定的平衡状态过程中,有一临界状态:当轴向外力 F 达到一定数值时,施加干扰力 F_Q 后压杆将在一个微弯状态保持平衡,而 F_Q 去除后压杆既不能回到原来的直线平衡状态,弯曲变形也不增大。则压杆在直线状态的平衡是**临界平衡**或**中性平衡**,此时压杆上所作用的外力称为压杆的**临界力**或**临界荷载**(critical load),用 F_{cr} 表示。显然,临界平衡状态也是不稳定的平衡状态。

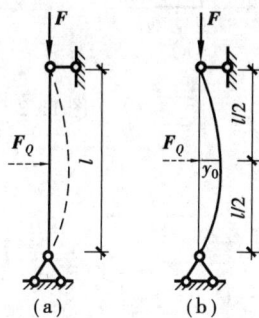

图 11.1

由此可以看出,理想压杆的**稳定性**(stability)是指压杆保持直线平衡状态的稳定性。而理想压杆是否处于稳定平衡状态取决于轴向压力 F 是否达到或超过临界力 F_{cr}。当 $F < F_{cr}$ 时,压杆处于稳定的平衡状态;当 $F \geqslant F_{cr}$ 时,压杆处于不稳定的平衡状态。

对于理想压杆,当轴向压力 $F \geqslant F_{cr}$ 时,外界的微小扰动将使压杆产生弯曲变形,而且扰动去除后压杆不能回到原来的直线平衡状态,这一现象称为理想压杆的**失稳**或**屈曲**(buckling)。

和强度、刚度问题一样,失稳也是构件失效的形式之一。

须指出的是,理想压杆的失稳形式除了弯曲屈曲以外,视截面、长度等因素不同,还可能发生扭转屈曲和弯扭屈曲。

11.1.2 分叉点失稳和极值点失稳

1. 分叉点失稳

设图11.1(b)所示理想压杆的轴向压力为 F,干扰力 F_Q 去除后中点挠度为 y_0,在 y_0OF 坐标系下,F-y_0 关系曲线如图11.2(a)所示。可见,当 $F < F_{cr}$ 时,$y_0 = 0$;当 $F = F_{cr}$ 时,y_0 取值视干扰力大小而定,在 AB 间变化,但 AB 是微量。图中 AB' 代表反向干扰时的情况。当 $F \geqslant F_{cr}$ 时,F-y_0 关系曲线如图11.2(b)中 OAC 所示,其中 AC 曲线是根据大挠度理论计算出的。曲线 AC 表示 $F > F_{cr}$ 而失稳时理想压杆不能在微弯状态平衡,如 $F = F_D$ 时,中点挠度 y_0 为 AC 曲线上 E 点对应的横坐标。

可见,对于理想压杆,当 $F < F_{cr}$ 时 F-y_0 曲线为直线 OA;当 $F \geqslant F_{cr}$ 时,AD 对应无干扰时的直线位置平衡状态,而 AC 对应有干扰时的平衡状态。A 点称为**分叉点**(bifurcation point),F_{cr} 又称为**分叉点荷载**(bifurcation load)。OAC 曲线所描写的失稳模型也称为**分叉点失稳**(bifurcation buckling)。

本章将主要讨论理想压杆的失稳即分叉点失稳。

2. 极值点失稳

与理想压杆相比,实际压杆总是有缺陷的,如初始曲率、初始应力、荷载偏心等,其 F-y_0 曲线如图11.2(b)中 GJK 所示(其中,δ 为实际压杆的初始挠度)。该曲线的特点是外力 F 达到 F_J 后,曲线出现了下降段 JK,其含义是:压杆急剧弯曲而它能承担的外力 F 不断降低。这实际上代表了压杆的"压溃"现象。曲线 GJK 所描写的失稳模型称为**极值点失稳**(limited point buckling),而将曲线顶点所对应的荷载 F_J 称为极值点荷载。

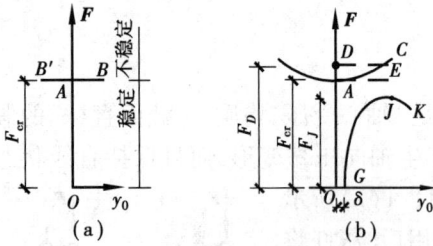

图 11.2

11.2 两端铰支细长压杆的临界力

对于理想细长压杆而言,当轴向力 F 小于临界力 F_{cr} 时,其直线状态的平衡是稳定的。所以,确定其临界力 F_{cr} 是至关重要的。本节研究的压杆模型是:理想细长压杆,两端球铰支承,临界力 F_{cr} 作用,横向干扰力 F_Q 去除后保持微弯平衡状态,失稳后材料仍保持线弹性状态,见图11.3(a)。

从微弯平衡状态的压杆中取分离体如图11.3(b)所示,在 x 截面上的弯矩为:

$$M(x) = F_A y(x) = F_{cr} y(x) \tag{a}$$

在小变形条件下,梁挠曲线的近似微分方程为

$$M(x) = -EIy'' \tag{b}$$

式(a)代入式(b),可得

$$EIy'' + F_{cr} y = 0 \tag{c}$$

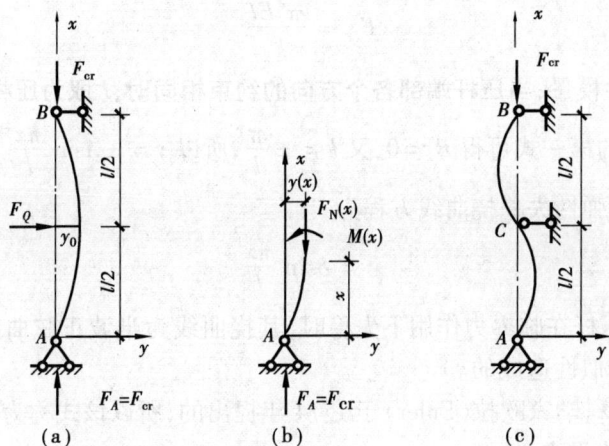

图 11.3

此式即为压杆微弯弹性曲线的微分方程。令

$$k^2 = \frac{F_{cr}}{EI} \tag{d}$$

式(c)可写为

$$y'' + k^2 y = 0 \tag{e}$$

这是一个二阶常系数线性齐次微分方程,其通解为

$$y = A\sin kx + B\cos kx \tag{f}$$

式中的积分常数 A,B 可以根据位移边界条件确定:

$$\left. \begin{array}{l} x = 0 \text{ 处}, y = 0 \\ x = l \text{ 处}, y = 0 \end{array} \right\}$$

代入式(f)可得线性方程组

$$\left. \begin{array}{l} A \times 0 + B \times 1 = 0 \\ A\sin kl + B\cos kl = 0 \end{array} \right\} \tag{g}$$

显然方程组(g)有零解,即 $A = B = 0$,但由式(f)可得此时的 $y \equiv 0$,这和前面的假设条件不符。
所以,方程组(g)必有非零解,其系数行列式等于零,即

$$\begin{vmatrix} 0 & 1 \\ \sin kl & \cos kl \end{vmatrix} = 0$$

解得

$$\sin kl = 0 \tag{h}$$

则

$$kl = \pm n\pi \quad (n = 0,1,2,3,\cdots)$$

结合式(d),可得

$$F_{cr} = k^2 EI = \frac{n^2 \pi^2 EI}{l^2} \quad (n = 0,1,2,3,\cdots) \tag{i}$$

可见 F_{cr} 是一系列的理论取值,但是使压杆保持微弯平衡状态的最小压力才是临界力,所以式(i)中的 n 应取 1,于是

$$F_{cr} = \frac{\pi^2 EI}{l^2} \tag{11.1}$$

式中,E 为材料的弹性模量;当压杆端部各个方向的约束相同时,I 取为压杆横截面的最小形心主惯性矩。由式(g)的第一式可得 $B = 0$,又 $k = \pm\frac{\pi}{l}$,所以 $y = \pm A\sin\frac{\pi x}{l}$。再假设压杆中点处的最大挠度为 δ,可得弹性失稳挠曲线方程为

$$y = \delta\sin\frac{\pi x}{l} \tag{j}$$

可见,两端铰支细长压杆在临界力作用下失稳时,其挠曲线为**半波正弦曲线**。式(j)中的 δ 不能确定,是式(b)的近似性造成的。

式(11.1)是瑞士科学家欧拉(Euler)于1774年提出的,所以该式称为**临界力的欧拉公式**,而 $\pi^2 EI/l^2$ 称为**欧拉临界力**。

须指出的是,式(i)中的 $n = 2$ 时,对应的情况是图 11.3(c)所示中部有支承时的压杆,其失稳挠曲线是两个半波正弦曲线。同理,当 $n = 3, 4, \cdots$ 时可以此类推。

例 11.1 用三号钢制成的细长杆件,长 1 m,截面是 8 mm×20 mm 的矩形,两端为铰支座。材料的屈服极限为 $\sigma_s = 240$ MPa,弹性模量 $E = 210$ GPa,试按强度观点和稳定性观点分别计算其屈服荷载 F_s 及临界荷载 F_{cr},并加以比较。

解 杆的横截面面积为

$$A = 8 \times 20 \ mm^2 = 160 \ mm^2$$

横截面的最小惯性矩为

$$I_{min} = \frac{1}{12} \times 20 \times 8^3 \ mm^4 = 853.3 \ mm^4$$

所以

$$F_s = A\sigma_s = 160 \ mm^2 \times 240 \ MPa = 38.4 \ kN$$

$$F_{cr} = \frac{\pi^2 EI}{l^2} = \frac{\pi^2 \times 210 \times 10^3 \ MPa \times 853.3 \ mm^4}{1\ 000^2 \ mm^2} = 1.768 \ kN$$

两者之比为

$$F_{cr} : F_s = 1.768 : 38.4 = 1 : 21.72$$

可见对该杆的承载能力起控制作用的是稳定问题。

例 11.2 两端铰支的中心受压细长压杆,长 1 m,材料的弹性模量 $E = 200$ GPa,考虑采用三种不同截面,如图 11.4 所示。试比较这三种截面的压杆的稳定性。

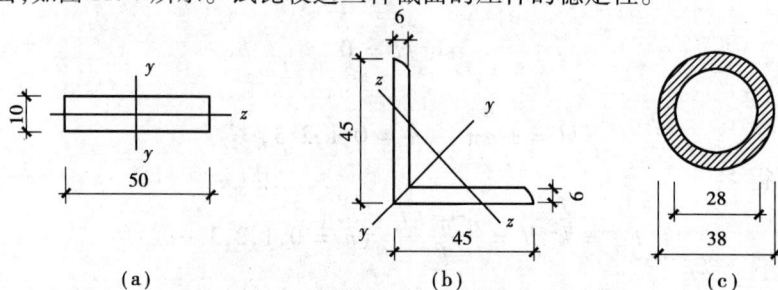

图 11.4

解　(1)矩形截面

$$I_{\min,1} = I_z = \frac{1}{12} \times 50 \text{ mm} \times 10^3 \text{ mm}^3 = 4\ 166.6 \text{ mm}^4$$

$$F_{\text{cr},1} = \frac{\pi^2 EI}{l^2} = \pi^2 \times 200 \times 10^3 \text{ MPa} \times 4\ 166.6 \text{ mm}^4 / 1\ 000^2 \text{ mm}^2 = 8.255 \text{ kN}$$

(2)等边角钢∟45×6

$$I_{\min,2} = I_z = 3.89 \text{ cm}^4 = 3.89 \times 10^4 \text{ mm}^4$$

$$F_{\text{cr},2} = \frac{\pi^2 EI}{l^2} = \pi^2 \times 200 \times 10^3 \text{ MPa} \times (3.89 \times 10^4 \text{ mm}^4) / 1\ 000^2 \text{ mm}^2 = 76.79 \text{ kN}$$

(3)圆管截面

$$I_{\min,3} = \frac{\pi}{64}(D^4 - d^4) = \frac{\pi}{64}(38^4 - 28^4) \text{ mm}^4 = 72\ 182 \text{ mm}^4$$

$$F_{\text{cr},3} = \frac{\pi^2 EI}{l^2} = \pi^2 \times 200 \times 10^3 \text{ MPa} \times 72\ 182 \text{ mm}^4 / 1\ 000^2 \text{ mm}^2 = 142.48 \text{ kN}$$

讨论:三种截面的面积依次为

$$A_1 = 500 \text{ mm}^2, A_2 = 507.6 \text{ mm}^2, A_3 = \frac{\pi}{4}(38^2 - 28^2) = 518.4 \text{ mm}^2$$

$$A_1 : A_2 : A_3 = 1 : 1.02 : 1.04$$

所以,三根压杆所用材料的量相差无几,但是

$$F_{\text{cr},1} : F_{\text{cr},2} : F_{\text{cr},3} = I_{\min,1} : I_{\min,2} : I_{\min,3} = 1 : 9.34 : 17.32$$

由此可见,**当端部各个方向的约束均相同时**,对用同样多的材料制成的压杆,要提高其临界力就要设法提高 $I_{\min}$ 的值,不要让 $I_{\max}$ 和 $I_{\min}$ 的差太大。因为对稳定而言,$I_{\max}$ 再大也无益,最好让 $I_{\max} = I_{\min}$。从这方面看,圆管截面是最合理的截面。但须注意,应避免为使材料尽量远离中性轴而把圆管直径定得太大,因为在材料消耗量不变的情况下会使管壁太薄,从而可能发生杆的轴线不弯曲,但管壁突然出现皱痕的**局部失稳现象**。

11.3　杆端约束的影响

由上一节欧拉临界力的推导过程可以看出,当理想压杆的杆端约束不同时,其临界力一般也不同。与两端铰支细长压杆的临界力推导过程相似,可以求出几种常见杆端约束下压杆的临界力,如图 11.5 所示,并用统一形式表达为

$$F_{\text{cr}} = \frac{\pi^2 EI}{l_0^2} = \frac{\pi^2 EI}{(\mu l)^2} \tag{11.2}$$

式中

$$l_0 = \mu l \tag{11.3}$$

l_0 称为压杆的**计算长度**或有效长度(effective length)。l 是压杆的实际长度,μ 称为**长度系数**(coefficient of length)。

从图 11.5 可以看出,不同杆端约束压杆可以比拟为两端铰支压杆,其计算长度 l_0 相当于失稳挠曲线中一个半波正弦曲线段所对应的轴向长度。例如,图 11.5(b)所示一端固定、一端

自由的压杆,其失稳挠曲线假想沿支承面延长一倍即为一个半波正弦曲线,所以 $l_0 = 2l$ 即 $\mu = 2$;又如图 11.5(c) 所示一端固定、一端夹支(可上、下移动,但不能左、右移动及转动)的压杆,失稳后在距上、下支座为 $l/4$ 处(图中 A,B 截面)弯矩为零(称 A,B 截面所在位置为拐点或反弯点),而且两个反弯点之间的挠曲线为一个半波正弦曲线,所以 $l_0 = 0.5\,l$,即 $\mu = 0.5$。其他常见约束下压杆的反弯点和失稳挠曲线如图 11.5(d) 和 (e) 所示。

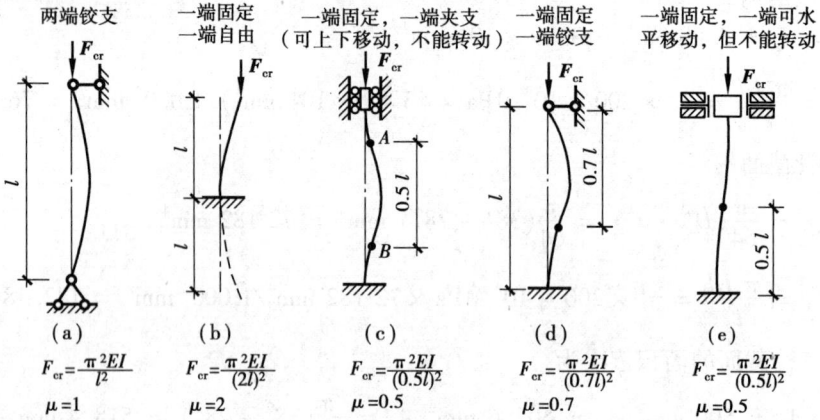

图 11.5

例 11.3 图 11.6(a) 所示一细长压杆,截面为 $b \times h$ 的矩形,就 xy 平面内的弹性曲线而言,它是两端铰支,就 xz 平面内的弹性曲线而言,它是两端固定,问 b 和 h 的比例应等于多少才合理?

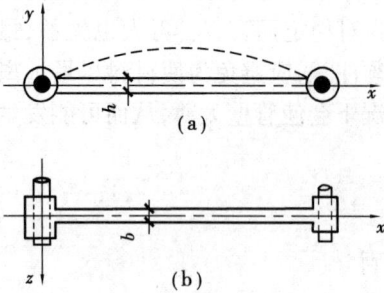

图 11.6

解 在 x-y 平面内弯曲时,因两端铰支,所以 $l_0 = l$。弯曲的中性轴为 z 轴,惯性矩应取 I_z

$$(F_{cr})_{xy} = \frac{\pi^2 E I_z}{l_0^2} = \frac{\pi^2 E}{l^2} \cdot \frac{bh^3}{12}$$

在 x-z 平面内弯曲时,因两端固定,所以 $l_0 = l/2$。弯曲的中性轴为 y 轴,所以惯性矩应取 I_y

$$(F_{cr})_{xz} = \frac{\pi^2 E I_y}{(l/2)^2} = \frac{\pi^2 E}{l^2} \cdot 4\left(\frac{hb^3}{12}\right)$$

令 $(F_{cr})_{xy} = (F_{cr})_{xz}$(这样最合理),得

$$h^2 = 4b^2$$

所以

$$h = 2b$$

例 11.4 试求图 11.7(a) 所示一端铰支,一端夹支(可上、下移动,但不能转动)的细长理想压杆的临界力 F_{cr}。

解 首先求出压杆在临界平衡状态下两端约束处的反力。设上端支反力偶矩为 M_B,则 $F_{By} = F_{Ay} = M_B/l$,$F_{Ax} = F_{cr}$,如图 11.7(a) 所示。取分离体如图 11.7(b) 所示,可得任意截面的弯矩为

$$M(x) = F_{cr} y - \frac{M_B}{l} x$$

代入挠曲线近似微分方程 $M = -EIy''$,得

$$EIy'' + F_{cr}y = \frac{M_B}{l}x \qquad (a)$$

令

$$k^2 = \frac{F_{cr}}{EI}$$

式(a)成为

$$y'' + k^2y = \frac{M_B}{EIl}x$$

其通解是

$$y = A\sin kx + B\cos kx + \frac{M_Bx}{F_{cr}l} \qquad (b)$$

考虑位移边界条件

$$x = 0 \text{ 处}, y = 0 \qquad\qquad\qquad (c)$$

$$x = l \text{ 处}, \theta = \frac{dy}{dx} = 0 \qquad\qquad (d)$$

$$x = l \text{ 处}, y = 0 \qquad\qquad\qquad (e)$$

将式(c)代入式(b),可得 $B = 0$。将式(d)代入式(b),可得 $A = -\dfrac{M_B}{F_{cr}kl\cos kl}$。最后由式(e),得

$$\tan kl = kl$$

其最小非零解为

$$kl = 4.493$$

所以该压杆的临界力为

$$F_{cr} = k^2EI = \frac{20.2EI}{l^2} = \frac{\pi^2EI}{(0.7l)^2}$$

11.4　临界应力曲线

当中心压杆所受压力等于临界力而仍旧直立时,其横截面上的压应力称为临界应力(critical stress),以记号 σ_{cr} 表示,设横截面面积为 A,则

$$\sigma_{cr} = \frac{F_{cr}}{A} = \frac{\pi^2E}{l_0^2}\cdot\frac{I}{A} \qquad (11.4)$$

又 $I/A = i^2$,i 是截面的回转半径,于是得

$$\sigma_{cr} = \frac{\pi^2Ei^2}{l_0^2}$$

令

$$l_0/i = \lambda \qquad (11.5)$$

称 λ 为压杆的**长细比**(slenderness)或**柔度**,于是有

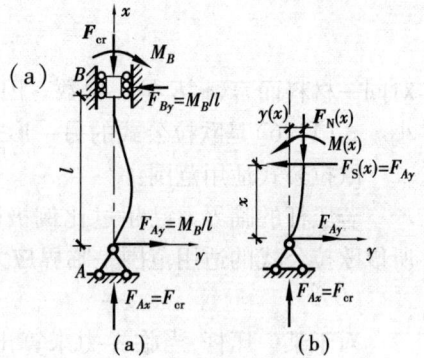

$$\sigma_{cr} = \frac{\pi^2 E}{\lambda^2} \tag{11.6}$$

对同一材料而言，$\pi^2 E$ 是一常数。因此，λ 值决定着 σ_{cr} 的大小，长细比 λ 越大，临界应力 σ_{cr} 越小。式(11.6)是欧拉公式的另一形式。

欧拉公式适用范围：

若压杆的临界力已超过比例极限 σ_p，胡克定律不成立，这时式 $M(x) = EI/\rho$ 不能成立。所以欧拉公式的适用范围是**临界应力不超过材料的比例极限**。即

$$\sigma_{cr} \leq \sigma_p \tag{11.7}$$

对于某一压杆，当临界力未算出时，不能判断式(11.7)是否满足；能否在计算临界力之前，预先判断哪一类压杆的临界应力不会超过比例极限，哪一类压杆的临界应力将超过比例极限，哪一类压杆不会发生失稳而只有强度问题？回答是肯定的。

若用 λ_p 表示可用欧拉公式的最小柔度，则欧拉公式的适用范围可表示为

$$\lambda \geq \sqrt{\frac{\pi^2 E}{\sigma_p}} = \lambda_p \tag{11.8}$$

λ_p 与压杆的材料有关，对于 3 号钢：$E \approx 210\ \text{GPa}, \sigma_p \approx 200\ \text{MPa}$，则

$$\lambda_p = \sqrt{\frac{\pi^2 E}{\sigma_p}} = \sqrt{\frac{\pi^2 (210 \times 10^3)}{200}} = 102$$

镍钢(含镍 3.5%)：$E \approx 2.15 \times 10^5\ \text{MPa}, \sigma_p \approx 490\ \text{MPa}$，则

$$\lambda_p = \sqrt{\frac{\pi^2 (2.15 \times 10^5)}{490}} = 65.8$$

以 λ 为横坐标轴，σ_{cr} 为纵坐标轴，则欧拉公式(11.6)的图像是一条双曲线，如图11.8(a)所示，其中只有实线部分适用，虚线部分表示中柔度压杆，这类压杆横截面上的应力已经超过比例极限，故称为**非弹性屈曲**。

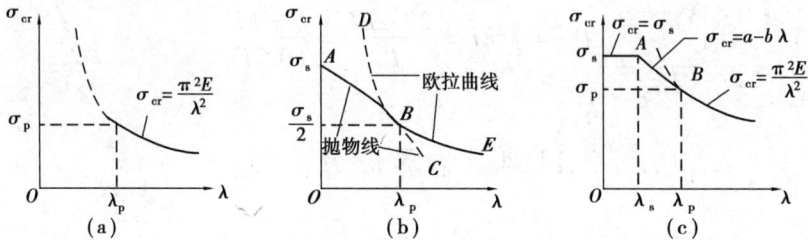

图 11.8

对于中长杆与粗短压杆，目前在设计中多采用经验公式计算其临界应力。下面介绍几种常用工程材料压杆的设计公式。

(1)结构钢

①对于细长压杆，由欧拉公式得到的结果：

$$\sigma_{cr} = \frac{\pi^2 E}{\lambda^2} \quad (\lambda \geq \lambda_p) \tag{11.9}$$

②对于中长压杆与粗短压杆，由抛物线公式得到的结果

$$\sigma_{cr} = \sigma_0 - k\lambda^2 \quad (\lambda \leq \lambda_p) \tag{11.10}$$

在 $\lambda O\sigma_{cr}$ 坐标中作出式(11.9)和式(11.10)所表示 σ_{cr}-λ 的关系曲线如图 11.8(b)所示,称为**临界应力曲线**或**临界应力总图**(figures of critical stresses)。式(11.10)中的 σ_0 和 k 可以由图 11.8(b)所示抛物线端点 A,B 的坐标值确定。

(2)铸铁、铝合金与木材

①对于细长压杆,临界应力仍然采用由欧拉公式得到的结果,即

$$\sigma_{cr} = \frac{\pi^2 E}{\lambda^2} \quad (\lambda \geqslant \lambda_p) \tag{11.11}$$

②对于粗短压杆,临界应力为

$$\sigma_{cr} = \sigma_s \text{ 或 } \sigma_{cr} = \sigma_b \quad (\lambda \leqslant \lambda_s) \tag{11.12}$$

③对于中长压杆,采用直线经验公式

$$\sigma_{cr} = a - b\lambda \quad (\lambda_s \leqslant \lambda \leqslant \lambda_p) \tag{11.13}$$

由上述三式所确定的 σ_{cr}-λ 曲线如图 11.8(c)所示。与 λ_p,λ_s 对应的临界应力值分别为比例极限和屈服极限(或强度极限 σ_b)。据此,不难确定各种材料的 λ_p 和 λ_s 值。

此外,式(11.13)中常数 a 与 b 均与材料有关。表 11.1 中列出了 3 种材料的 a,b 值。

表 11.1　直线经验公式中常数值

材　料	a / MPa	b / MPa
铸　铁	332.3	1.454
铝合金	373	2.15
木　材	28.7	0.19

例 11.5　图 11.9 所示两端铰支(球形铰)的圆截面压杆,该杆用 3 号钢制成,$E = 210$ GPa,$\sigma_p = 200$ MPa,已知杆的直径 $d = 100$ mm,问:杆长 l 为多大时,方可用欧拉公式计算该杆的临界力?

解　当 $\lambda \geqslant \lambda_p$ 时,才能用欧拉公式计算该杆的临界力

$$\lambda = l_0/i = \frac{\mu l}{\sqrt{\dfrac{I}{A}}} = \frac{1 \times l}{\dfrac{d}{4}} = \frac{4l}{d}$$

$$\lambda_p = \sqrt{\frac{\pi^2 E}{\sigma_p}} = \sqrt{\frac{\pi^2 \times 210 \times 10^3}{200}} = 102$$

由

$$\lambda = \frac{4l}{d} \geqslant \lambda_p = 102 \text{ 得}$$

$$l \geqslant \frac{102}{4}d = 2\,550 \text{ mm} = 2.55 \text{ m}$$

即当该杆的长度大于 2.55 m 时,才能用欧拉公式计算临界力。

例 11.6　图 11.10 所示钢压杆,材料的弹性模量 $E = 200$ GPa,比例极限 $\sigma_p = 265$ MPa,其两端约束分别为:下端固定;上端:在 xOy 平面内为夹支,在 xOz 平面内为自由端。(1)计算该压杆的临界力;(2)从该压杆的稳定角度(在满足 $\lambda \geqslant \lambda_p$ 情况下),b 与 h 的比值应等于多少才合理?

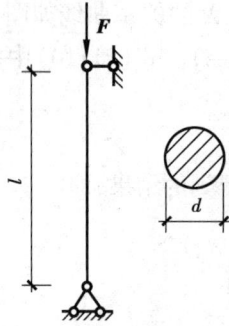

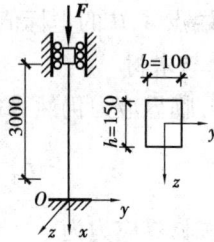

图 11.9   图 11.10

解 （1）计算临界力

在 x-y 平面内弯曲时，因一端固定，一端夹支，所以 $l_{01} = 0.5 l = 1\,500$ mm；因弯曲的中性轴为 z 轴，惯性矩应取 I_z，惯性半径取 i_z

$$（\lambda）_{xy} = \frac{l_{01}}{i_z} = \frac{l_{01}}{\sqrt{I_z/(bh)}} = \frac{l_{01}}{b\sqrt{1/12}} = 52$$

在 x-z 平面内弯曲时，因一端固定，一端自由，所以 $l_{02} = 2 l = 6\,000$ mm，因弯曲的中性轴为 y 轴，惯性矩应取 I_y，惯性半径取 i_y

$$（\lambda）_{xz} = \frac{l_{02}}{i_y} = \frac{l_{02}}{\sqrt{I_y/(bh)}} = \frac{l_{02}}{h\sqrt{1/12}} = 138.56 > （\lambda）_{xy}$$

所以 $（\lambda）_{xz}$ 起决定作用，由

$$\lambda_p = \sqrt{\frac{\pi^2 E}{\sigma_p}} = \sqrt{\frac{\pi^2 \times 200 \times 10^3}{265}} = 86.31 < （\lambda）_{xz}$$

欧拉公式成立，所以

$$F_{cr} = （F_{cr}）_{xz} = \frac{\pi^2 E I_y}{（l_{02}）^2} = \frac{\pi^2 \times 200 \times 10^3 \text{ MPa} \times \frac{1}{12} \times 100 \text{ mm} \times 150^3 \text{ mm}^3}{6\,000^2 \text{ mm}^2}$$

$$= 1.54 \times 10^6 \text{ N} = 1.54 \times 10^3 \text{ kN}$$

（2）确定合理的 b 与 h 比值

在满足 $\lambda \geqslant \lambda_p$ 情况下，合理的截面应为

$$（F_{cr}）_{xy} = （F_{cr}）_{xz} \text{ 或 } （\lambda）_{xy} = （\lambda）_{xz}，即$$

$$\frac{l_{01}}{i_z} = \frac{l_{02}}{i_y} \text{ 得 } \frac{1\,500}{b\sqrt{1/12}} = \frac{6\,000}{h\sqrt{1/12}}$$

所以 $h/b = 6\,000/1\,500 = 4$

11.5   压杆的稳定计算

11.5.1   安全系数法

前几节中我们学习了理想压杆的临界力 F_{cr} 及临界应力 σ_{cr} 的求解方法，但是对于实际压

杆,如以 F_{cr} 作为轴向外力的控制值,这显然是不安全的。所以,为安全起见,使实际压杆具有足够的稳定性,应该考虑一定的安全储备,**稳定条件**(stability condition)为:

$$F \leqslant \frac{F_{cr}}{n_{st}} \tag{11.14}$$

或

$$F \leqslant \frac{\sigma_{cr}A}{n_{st}} \tag{11.15}$$

式中,F 为压杆的轴向外力,F_{cr} 为压杆的临界力,σ_{cr} 为压杆的临界应力,A 为压杆的横截面面积。

式(11.14)和(11.15)中的 n_{st} 为规定的稳定安全系数,可以从设计规范或设计手册中查到。一般来说,n_{st} 取值比强度安全系数略高,这是因为实际压杆与理想压杆相比存在有诸多缺陷。以钢压杆为例,其缺陷可以归纳为 3 种:初弯曲、荷载偏心和残余应力(压杆截面上存在的自相平衡的初始应力),这些缺陷都会降低压杆的临界力。

例 11.7　三角架受力如图 11.11(a)所示,其中 BC 杆为 10 号工字钢。其弹性模量 $E = 200$ GPa,比例极限 $\sigma_p = 200$ MPa,若稳定安全系数 $n_{st} = 2.2$,试从 BC 杆的稳定考虑,求结构的许用荷载 $[F]$。

解　考察 BC 杆,其 λ_p 为:

$$\lambda_p = \sqrt{\frac{\pi^2 E}{\sigma_p}} = \sqrt{\frac{\pi^2 \times 200 \times 10^3 \text{ MPa}}{200 \text{ MPa}}} = 99.3$$

其截面为 10 号工字钢,查型钢表得

$$i_{min} = i_z = 1.52 \text{ cm} = 15.2 \text{ mm}$$

$$A = 14.345 \text{ cm}^2 = 1\ 434.5 \text{ mm}^2$$

其杆端约束为两端铰支,长细比 λ 为

$$\lambda = \frac{l_0}{i_z} = \frac{1 \times l}{i_z} = \frac{1 \times \sqrt{2} \times 1.5 \times 10^3 \text{ mm}}{15.2 \text{ mm}} = 139.6$$

$\lambda > \lambda_p$,可以用欧拉公式计算其临界力,故

$$[F_{NBC}] = \frac{F_{cr}}{n_{st}} = \frac{\pi^2 EA}{\lambda^2 n_{st}} = \frac{\pi^2 \times 200 \times 10^3 \text{ MPa} \times 1\ 434.5 \text{ mm}^2}{139.6^2 \times 2.2} = 66 \text{ kN}$$

最后考察结点 B 的平衡,如图 11.11(b)所示,可得

$$F = \frac{\sqrt{2}}{2} F_{NBC}$$

所以

$$[F] = \frac{\sqrt{2}}{2}[F_{NBC}] = 46.7 \text{ kN}$$

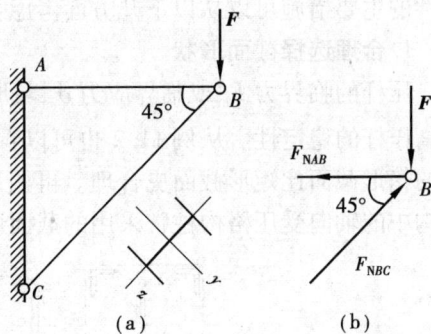

图 11.11

11.5.2　稳定系数法

对于轴向受压的压杆,由式(11.15)可得

$$\frac{F}{A} \leqslant \frac{\sigma_{cr}}{n_{st}}$$

在桥梁、木结构、钢结构和起重机械的设计中,常将上式中的 σ_{cr}/n_{st} 用材料的许用应力 $[\sigma]$ 乘

以一个折减系数的方式来表示,即

$$\frac{\sigma_{cr}}{n_{st}} = \varphi[\sigma]$$

式中的 φ 称为压杆的稳定系数或折减系数,且 $\varphi < 1$。这样,压杆的稳定条件为:

$$\frac{F}{A} \le \varphi[\sigma] \text{ 或 } \frac{F}{A\varphi} \le [\sigma] \tag{11.16}$$

稳定系数 φ 是由压杆的材料、长度、横截面形状和尺寸、杆端约束形式等因素决定的,λ 越大则 φ 越小。φ 可由设计规范中的稳定系数表查得。

11.6 提高压杆稳定性的措施

由压杆的临界力及临界应力公式即 $F_{cr} = \dfrac{\pi^2 EI}{(\mu l)^2}$、$\sigma_{cr} = \dfrac{\pi^2 E}{\lambda^2}$ 或 $\sigma_{cr} = a - b\lambda$ 可知,压杆的稳定性取决于以下因素:长度、横截面形状与尺寸、约束情况和材料的力学性能。所以,提高压杆稳定性的主要措施可以从以下几方面考虑:

1. 合理选择截面形状

压杆的临界力 F_{cr} 或临界应力 σ_{cr} 与形心主惯性矩 I 成正比,因此采用 I 值较大的截面可以提高压杆的稳定性。从例 11.2 也可以看出,圆管截面比矩形、等边角钢更合理。同理,相同面积的箱形截面比矩形截面更合理。再如,建筑施工中的脚手架就是由空心圆管搭接而成的,钢结构中的轴向受压格构柱常采用的截面形式如图 11.12 所示。

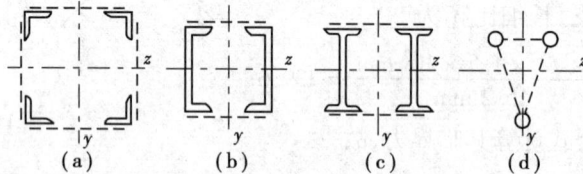

图 11.12

此外,压杆的截面形状设计中,应尽量实现对两个形心主轴的等稳定性。例如,当压杆的杆端约束沿各方向相同时,应使 $I_y = I_z$,则满足 $\lambda_y = \lambda_z$,见图 11.12(a)。当压杆的杆端约束沿两个形心主惯性平面的约束不同时,可以采用图 11.12(b)、(c)所示截面形式,通过调整 z 方向的尺寸以满足 $\lambda_y = \lambda_z$。

2. 加强压杆的约束

压杆的杆端约束刚性越强,则长度系数 μ 越小,其临界力越大。因此,应尽可能加强杆端约束的刚性,提高压杆的稳定性。例如框架柱中,刚接柱脚比铰接柱脚的约束更强一些。

3. 减小压杆的长度

压杆的长度越小,其临界力越大,所以应尽可能减小压杆的长度以提高稳定性。当长度无法改变时,可以在压杆的中部增加横向约束,如脚手架与墙体的连接即是提高其稳定性的举措之一。

4.合理选择材料

压杆的临界力与材料的弹性模量 E 成正比,E 越大,压杆的稳定性越好。但须注意,各种钢材的 E 区别不大,但是对于中、小柔度压杆,高强钢在一定程度上可以提高临界应力。

思 考 题

11.1 一张硬纸片,用图 11.13 所示 3 种方式竖放在桌面上,试比较三者的稳定性,并说明理由。

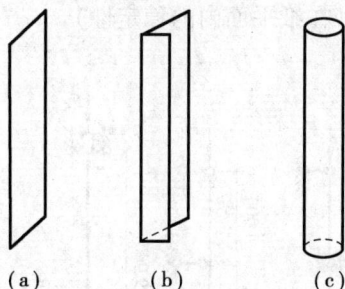

图 11.13

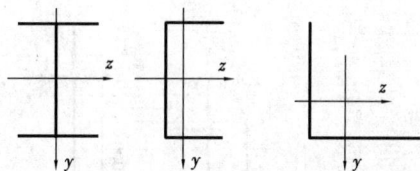

图 11.14

11.2 对于理想细长压杆,稳定的平衡、临界平衡及不稳定的平衡如何区分? 其特点分别是什么?

11.3 欧拉公式的推导过程中(11.2 节),使用了梁挠曲线的近似微分方程,即 $EIy'' = -M(x)$,试问这一方法和求梁变形的二次积分法有何区别?

11.4 欧拉公式 $F_{cr} = \dfrac{\pi^2 EI}{l^2}$ 中,I 的含义是什么? I 如何取值? 对于两端球铰约束的细长压杆,截面分别为图 11.14 所示 3 种情况,则 I 如何取值?

11.5 一中心压杆的横截面为等腰三角形,如图 11.15 所示,试分析压杆失稳时将绕何轴弯曲? 图中 C 为截面形心。

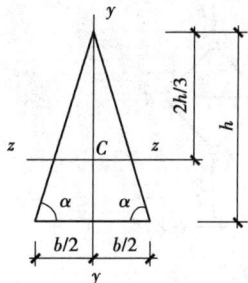

图 11.15

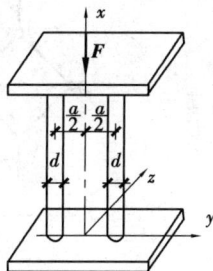

图 11.16

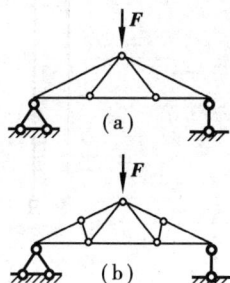

图 11.17

11.6 为何压杆的 $\lambda \geqslant \lambda_p$ 时,该杆为细长杆即可以用欧拉公式? $\lambda \geqslant \lambda_p$ 代表的本质含义是什么?

11.7 图 11.16 示两根直径均为 d 的细长立柱,下端固定于底座上,上端与一刚性板刚结,并承受竖向力 F 作用,试分析其可能的失稳形式,并求临界力。

11.8 试从受压杆的稳定角度比较图 11.17 所示两种桁架结构的承载力。并分析承载力大的结构采用了何种措施来提高其受压构件的稳定性。

习　题

11.1 试用 11.2 节中的方法推导一端固定、一端自由的中心压杆的临界力。

11.2 试用 11.2 节中的方法推导一端固定、一端夹支的中心压杆的临界力。

11.3 题 11.3 图所示诸细长压杆的材料相同,截面也相同,但长度和支承不同,试比较它们的临界力的大小,并从大到小排出顺序(只考虑压杆在纸平面内的稳定性)。

答:(d)(b)(a)(e)(f)(c)

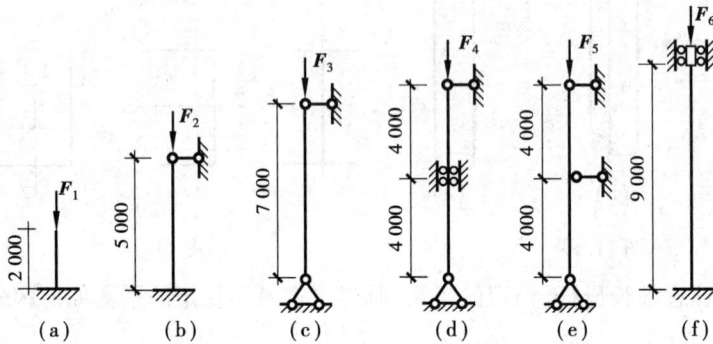

题 11.3 图

11.4 矩形截面细长压杆如题 11.4 图所示,其两端约束情况为:在纸平面内为两端铰支,在出平面内一端固定、一端夹支(不能水平移动与转动)。已知 $b = 2.5a$,试问 F 逐渐增加时,压杆将于哪个平面内失稳?

答:出平面内先失稳。

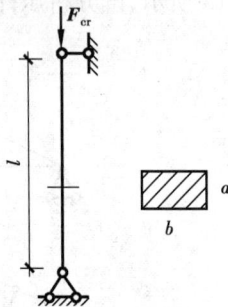

题 11.4 图

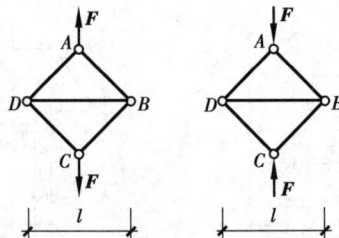

题 11.6 图

11.5 题 11.4 中的压杆,试分析其横截面高度 b 和宽度 a 的合理比值。

答:2

11.6 五杆相互铰接组成一个正方形和一条对角线的结构如题 11.6 图所示,设五杆材料相同、截面相同,对角线 BD 长度为 l,求图示两种加载情况下 F 的临界值。

答:(a)$\pi^2 EI/l^2$;(b)$2\sqrt{2}\pi^2 EI/l^2$

11.7　一木柱长 3 m,两端铰支,截面直径 $d = 100$ mm,弹性模量 $E = 10$ GPa,比例极限 $\sigma_p = 20$ MPa,求其可用欧拉公式计算临界力的最小长细比 λ_p 及临界力 F_{cr}。

答:$\lambda_p = 70$, $F_{cr} = 53.4$ kN

11.8　一两端铰支压杆长 4 m,用工字钢 I20a 制成,材料的比例极限 $\sigma_p = 200$ MPa,弹性模量 $E = 200$ GPa,求其临界应力和临界荷载。

答:$\sigma_{cr} = 55.5$ MPa, $F_{cr} = 194.9$ kN

11.9　题图 11.9 所示支架中压杆 AB 的长度为 1 m,直径 28 mm,材料是 3 号钢,$E = 200$ GPa,$\sigma_p = 200$ MPa。试求其临界轴力及相应荷载 F。

答:59.6 kN,$[F] = 31.8$ kN

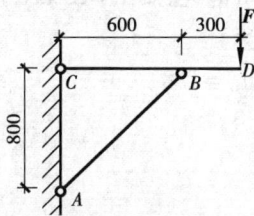
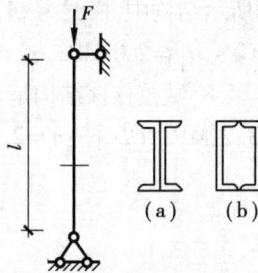

题 11.9 图　　　　　　　　题 11.10 图

11.10　两端铰支(球铰)的压杆是由两个 18a 号槽钢组成,槽钢按题 11.10(a)图和题 11.10(b)图所示两种方式布置,已知 $l = 7.2$ m,材料的弹性模量 $E = 200$ GPa,比例极限 $\sigma_p = 200$ MPa。试:(1)从稳定考虑,分析 a,b 两种布置中哪种布置合理;(2)求合理布置下该杆的临界力。

答:548.7 kN

11.11　题 11.11 图所示结构中杆 1 和杆 2 材料相同,截面相同。假设结构因在图平面失稳而丧失承载能力,求使 F 值为最大的 θ 角。

答:$\arctan(\cot^2\alpha)$

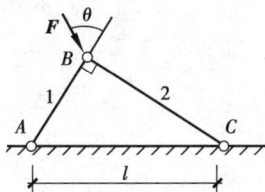
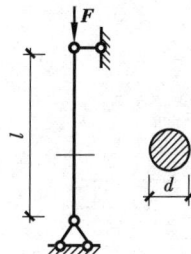

题 11.11 图　　　　　　　　题 11.12 图

11.12　圆形截面铰支(球铰)压杆如题 11.12 图所示,已知杆长 $l = 1$ m,直径 $d = 26$ mm,材料的弹性模量 $E = 200$ GPa,比例极限 $\sigma_p = 200$ MPa。如稳定安全系数 $n_{st} = 2$,试求该杆的许用荷载 $[F]$。

答:22.1 kN

11.13　某自制简易起重机如题 11.13 图所示,其 BD 杆为 20 号槽钢,材料为 A3 钢,$E = 200$ GPa,$\sigma_p = 200$ MPa。起重机最大起吊重量是 $F = 40$ kN。若规定稳定安全系数 $n_{st} = 5$,试校

核 *BD* 杆的稳定性。

答:$n = 5.3 > n_{st} = 5$

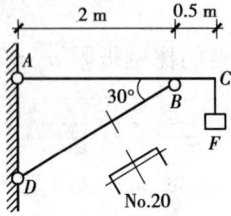

题 11.13 图

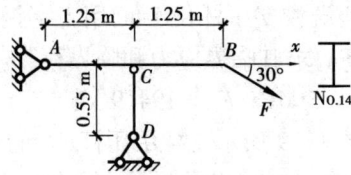

题 11.14 图

11.14　题 11.14 图所示结构中,横梁为 14 号工字钢,竖杆为圆截面直杆,直径 $d = 20$ mm,二杆材料均为 A3 钢,$E = 200$ GPa,$\sigma_p = 200$ MPa,$\sigma_s = 235$ MPa。已知:$F = 25$ kN,强度安全系数 $K = 1.45$,规定的稳定安全系数 $n_{st} = 1.8$,试校核该结构是否安全。

答:*AB* 梁 $\sigma_{max} = 163.2$ MPa,*CD* 杆:$n = 2.05 > n_{st} = 1.8$

附　录

附录 A　简单荷载作用下梁的转角和挠度

序号	支承和荷载情况	梁端转角	最大挠度	挠曲线方程式
1		$\theta_B = \dfrac{Fl^2}{2EI}$	$y_{max} = \dfrac{Fl^3}{3EI}$	$y = \dfrac{Fx^2}{6EI}(3l - x)$
2		$\theta_B = \dfrac{Fa^2}{2EI}$	$y_{max} = \dfrac{Fa^2}{6EI}(3l - a)$	$y = \dfrac{Fx^2}{6EI}(3a - x)$,　$0 \leqslant x \leqslant a$　$y = \dfrac{Fa^2}{6EI}(3x - a)$,　$a \leqslant x \leqslant l$
3		$\theta_B = \dfrac{ql^3}{6EI}$	$y_{max} = \dfrac{ql^4}{8EI}$	$y = \dfrac{qx^2}{24EI}(x^2 + 6l^2 - 4lx)$
4		$\theta_B = \dfrac{M_e l}{EI}$	$y_{max} = \dfrac{M_e l^2}{2EI}$	$y = \dfrac{M_e x^2}{2EI}$

续表

序号	支承和荷载情况	梁端转角	最大挠度	挠曲线方程式
5		$\theta_A = -\theta_B$ $= \dfrac{Fl^2}{16EI}$	$y_{max} = \dfrac{Fl^3}{48EI}$	$y = \dfrac{Fx}{48EI}(3l^2 - 4x^2)$, $0 \leqslant x \leqslant \dfrac{l}{2}$
6		$\theta_A = -\theta_B$ $= \dfrac{ql^3}{24EI}$	$y_{max} = \dfrac{5ql^4}{384EI}$	$y = \dfrac{qx}{24EI}(l^3 - 2lx^2 + x^3)$
7		$\theta_A =$ $\dfrac{Fab(l+b)}{6lEI}$ $\theta_B =$ $\dfrac{-Fab(l+a)}{6lEI}$	设 $a > b$ $y_{max} =$ $\dfrac{Fb}{9\sqrt{3}lEI}(l^2 - b^2)^{3/2}$ 在 $x =$ $\dfrac{\sqrt{l^2 - b^2}}{3}$处	$y = \dfrac{Fbx}{6lEI}(l^2 - b^2 - x^2)$, $0 \leqslant x \leqslant a$ $y = \dfrac{F}{EI}\left[\dfrac{b}{6l}(l^2 - b^2 - x^2)x + \dfrac{1}{6}(x-a)^3\right]$, $a \leqslant x \leqslant l$
8		$\theta_A = \dfrac{M_e l}{6EI}$ $\theta_B = -\dfrac{M_e l}{3EI}$	$y_{max} = \dfrac{M_e l^2}{9\sqrt{3}\,EI}$ 在 $x = \dfrac{1}{\sqrt{3}}$处	$y = \dfrac{M_e x}{6lEI}(l^2 - x^2)$

附录 B　型钢表

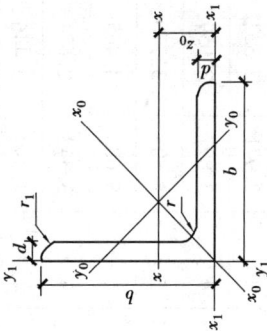

附表1　热扎等边角钢(GB 9787—1988)

符号意义:b——边宽度;
d——边厚度;
r——内圆弧半径;
r_1——边端内圆弧半径;
I——惯性矩;
i——惯性半径;
W——截面系数;
z_0——重心距离。

角钢号数	尺寸/mm b	d	r	截面面积/cm²	理论质量/(kg·m⁻¹)	外表面积/(m²·m⁻¹)	I_x/cm⁴	i_x/cm	W_x/cm³	I_{x0}/cm⁴	i_{x0}/cm	W_{x0}/cm³	I_{y0}/cm⁴	i_{y0}/cm	W_{y0}/cm³	I_{x1}/cm⁴	z_0/cm
2	20	3	3.5	1.132	0.889	0.078	0.40	0.59	0.29	0.63	0.75	0.45	0.17	0.39	0.20	0.81	0.60
		4		1.459	1.145	0.077	0.50	0.58	0.36	0.78	0.73	0.55	0.22	0.38	0.24	1.09	0.64
2.5	25	3		1.432	1.124	0.098	0.82	0.76	0.46	1.29	0.95	0.73	0.34	0.49	0.33	1.57	0.73
		4		1.859	1.459	0.097	1.03	0.74	0.59	1.62	0.93	0.92	0.43	0.48	0.40	2.11	0.76
3.0	30	3		1.749	1.373	0.117	1.46	0.91	0.68	2.31	1.15	1.09	0.61	0.59	0.51	2.71	0.85
		4	4.5	2.276	1.786	0.117	1.84	0.90	0.87	2.92	1.13	1.37	0.77	0.58	0.62	3.63	0.89
3.6	36	3		2.109	1.656	0.141	2.58	1.11	0.99	4.09	1.39	1.61	1.07	0.71	0.76	4.68	1.00
		4		2.756	2.163	0.141	3.29	1.09	1.28	5.22	1.38	2.05	1.37	0.70	0.93	6.25	1.04
		5		3.382	2.654	0.141	3.95	1.08	1.56	6.24	1.36	2.45	1.65	0.70	1.09	7.84	1.07

续表

角钢号数	尺寸/mm b	尺寸/mm d	尺寸/mm r	截面面积/cm²	理论质量/(kg·m⁻¹)	外表面积/(m²·m⁻¹)	$x-x$ I_x/cm⁴	$x-x$ i_x/cm	$x-x$ W_x/cm³	x_0-x_0 I_{x_0}/cm⁴	x_0-x_0 i_{x_0}/cm	x_0-x_0 W_{x_0}/cm³	y_0-y_0 I_{y_0}/cm⁴	y_0-y_0 i_{y_0}/cm	y_0-y_0 W_{y_0}/cm³	x_1-x_1 I_{x_1}/cm⁴	z_0/cm
4.0	40	3	5	2.359	1.852	0.157	3.59	1.23	1.23	5.69	1.55	2.01	1.49	0.79	0.96	6.41	1.09
		4		3.086	2.422	0.157	4.60	1.22	1.60	7.29	1.54	2.58	1.91	0.79	1.19	8.56	1.13
		5		3.791	2.976	0.156	5.53	1.21	1.96	8.76	1.52	3.10	2.30	0.78	1.39	10.74	1.17
4.5	45	3	5	2.659	2.088	0.177	5.17	1.40	1.58	8.20	1.76	2.58	2.14	0.89	1.24	9.12	1.22
		4		3.486	2.736	0.177	6.65	1.38	2.05	10.56	1.74	3.32	2.75	0.89	1.54	12.18	1.26
		5		4.292	3.369	0.176	8.04	1.37	2.51	12.74	1.72	4.00	3.33	0.88	1.81	15.25	1.30
		6		5.076	3.985	0.176	9.33	1.36	2.95	14.76	1.70	4.64	3.89	0.88	2.06	18.36	1.33
5	50	3	5.5	2.971	2.332	0.197	7.18	1.55	1.96	11.37	1.96	3.22	2.98	1.00	1.57	12.50	1.34
		4		3.897	3.059	0.197	9.26	1.54	2.56	14.70	1.94	4.16	3.82	0.99	1.96	16.69	1.38
		5		4.803	3.770	0.196	11.21	1.53	3.13	17.79	1.92	5.03	4.64	0.98	2.31	20.90	1.42
		6		5.688	4.465	0.196	13.05	1.52	3.68	20.68	1.91	5.85	5.42	0.98	2.63	25.14	1.46
5.6	56	3	6	3.343	2.624	0.221	10.19	1.75	2.48	16.14	2.20	4.08	4.24	1.13	2.02	17.56	1.48
		4		4.390	3.446	0.220	13.18	1.73	3.24	20.92	2.18	5.28	5.46	1.11	2.52	23.43	1.53
		5		5.415	4.251	0.220	16.02	1.72	3.97	25.42	2.17	6.42	6.61	1.10	2.98	29.33	1.57
		8		8.367	6.568	0.219	23.63	1.68	6.03	37.37	2.11	9.44	9.89	1.09	4.16	47.24	1.68

参考数值

6.3	63	4	7	4.978	3.907	0.248	19.03	1.96	4.13	30.17	2.46	6.78	7.89	1.26	3.29	33.35	1.70
		5		6.143	4.822	0.248	23.17	1.94	5.08	36.77	2.45	8.25	9.57	1.25	3.90	41.73	1.74
		6		7.288	5.721	0.247	27.12	1.93	6.00	43.03	2.43	9.66	11.20	1.24	4.46	50.14	1.78
		8		9.515	7.469	0.247	34.46	1.90	7.75	54.56	2.40	12.25	14.33	1.23	5.47	67.11	1.85
		10		11.657	9.151	0.246	41.09	1.88	9.39	64.85	2.36	14.56	17.33	1.22	6.36	84.31	1.93
7	70	4	8	5.570	4.372	0.275	26.39	2.18	5.14	41.80	2.74	8.44	10.99	1.40	4.17	45.74	1.86
		5		6.875	5.397	0.275	32.21	2.16	6.32	51.08	2.73	10.32	13.34	1.39	4.95	57.21	1.91
		6		8.160	6.406	0.275	37.77	2.15	7.48	59.93	2.71	12.11	15.61	1.38	5.67	68.73	1.95
		7		9.424	7.398	0.275	43.09	2.14	8.59	68.35	2.69	13.81	17.82	1.38	6.34	80.29	1.99
		8		10.667	8.373	0.274	48.17	2.12	9.68	76.37	2.68	15.43	19.98	1.37	6.98	91.92	2.03
7.5	75	5	9	7.412	5.818	0.295	39.97	2.33	7.32	63.30	2.92	11.94	16.63	1.50	5.77	70.56	2.04
		6		8.797	6.905	0.294	46.95	2.31	8.64	74.38	2.90	14.02	19.51	1.49	6.67	84.55	2.07
		7		10.160	7.976	0.294	53.57	2.30	9.93	84.96	2.89	16.02	22.18	1.48	7.44	98.71	2.11
		8		11.503	9.030	0.294	59.96	2.28	11.20	95.07	2.88	17.93	24.86	1.47	8.19	112.97	2.15
		10		14.126	11.089	0.293	71.98	2.26	13.64	113.92	2.84	21.48	30.05	1.46	9.56	141.71	2.22
8	80	5	9	7.912	6.211	0.315	48.79	2.48	8.34	77.33	3.13	13.67	20.25	1.60	6.66	85.36	2.15
		6		9.397	7.376	0.314	57.35	2.47	9.87	90.98	3.11	16.08	23.72	1.59	7.65	102.50	2.19
		7		10.860	8.525	0.314	65.58	2.46	11.37	104.07	3.10	18.40	27.09	1.58	8.58	119.70	2.23
		8		12.303	9.658	0.314	73.49	2.44	12.83	116.60	3.08	20.61	30.39	1.57	9.46	136.97	2.27
		10		15.126	11.874	0.313	88.43	2.42	15.64	140.09	3.04	24.76	36.77	1.56	11.08	171.74	2.35

续表

角钢号数	尺寸/mm			截面面积 /cm²	理论质量 /(kg·m⁻¹)	外表面积 /(m²·m⁻¹)	参考数值											
							$x-x$			x_0-x_0			y_0-y_0			x_1-x_1	z_0	
	b	d	r				I_x /cm⁴	i_x /cm	W_x /cm³	I_{x_0} /cm⁴	i_{x_0} /cm	W_{x_0} /cm³	I_{y_0} /cm⁴	i_{y_0} /cm	W_{y_0} /cm³	I_{x_1} /cm⁴	/cm
9	90	6	10	10.637	8.350	0.354	82.77	2.79	12.61	131.26	3.51	20.63	34.28	1.80	9.95	145.87	2.44
		7		12.301	9.656	0.354	94.83	2.78	14.54	150.47	3.50	23.64	39.18	1.78	11.19	170.30	2.48
		8		13.944	10.946	0.353	106.47	2.76	16.42	168.97	3.48	26.55	43.97	1.78	12.35	194.80	2.52
		10		17.167	13.476	0.353	128.58	2.74	20.07	203.90	3.45	32.04	53.26	1.76	14.52	244.07	2.59
		12		20.306	15.940	0.352	149.22	2.71	23.57	236.21	3.41	37.12	62.22	1.75	16.49	293.76	2.67
10	100	6	12	11.932	9.366	0.393	114.95	3.01	15.68	181.98	3.90	25.74	47.92	2.00	12.69	200.07	2.67
		7		13.796	10.830	0.393	131.86	3.09	18.10	208.97	3.89	29.55	54.74	1.99	14.26	233.54	2.71
		8		15.638	12.276	0.393	148.24	3.08	20.47	235.07	3.88	33.24	61.41	1.98	15.75	267.09	2.76
		10		19.261	15.120	0.392	179.51	3.05	25.06	284.68	3.84	40.26	74.35	1.96	18.54	334.48	2.84
		12		22.800	17.898	0.391	208.90	3.03	29.48	330.95	3.81	46.80	86.84	1.95	21.08	402.34	2.91
		14		26.256	20.611	0.391	236.53	3.00	33.73	374.06	3.77	52.90	99.00	1.94	23.44	470.75	2.99
		16		29.627	23.257	0.390	262.53	2.98	37.82	414.16	3.74	58.57	110.89	1.94	25.63	539.80	3.06
11	110	7	12	15.196	11.928	0.433	177.16	3.41	22.05	280.94	4.30	36.12	73.38	2.20	17.51	310.64	2.96
		8		17.238	13.532	0.433	199.46	3.40	24.95	316.49	4.28	40.69	82.42	2.19	19.39	355.20	3.01
		10		21.261	16.690	0.432	242.19	3.38	30.60	384.39	4.25	49.42	99.98	2.17	22.91	444.65	3.09
		12		25.200	19.782	0.431	282.55	3.35	36.05	448.17	4.22	57.62	116.93	2.15	26.15	534.60	3.16
		14		29.056	22.809	0.431	320.71	3.32	41.31	508.01	4.18	65.31	133.40	2.14	29.14	625.16	3.24

型号		d														
12.5 125		8	19.750	15.504	0.492	297.03	3.88	32.52	470.89	4.88	53.28	123.16	2.50	25.86	521.01	3.37
		10	24.373	19.133	0.491	361.67	3.85	39.97	573.89	4.85	64.93	149.46	2.48	30.62	651.93	3.45
		12	28.912	22.696	0.491	423.16	3.83	41.17	671.44	4.82	75.96	174.88	2.46	35.03	783.42	3.53
		14	33.367	26.193	0.490	481.65	3.80	54.16	763.73	4.78	86.41	199.57	2.45	39.13	915.61	3.61
14 140	14	10	27.373	21.488	0.551	514.65	4.34	50.58	817.27	5.46	82.56	212.04	2.78	39.20	915.11	3.82
		12	32.512	25.522	0.551	603.68	4.31	59.80	958.79	5.43	96.85	248.57	2.76	45.02	1 099.28	3.90
		14	37.567	29.490	0.550	688.81	4.28	68.75	1 093.56	5.40	110.47	284.06	2.75	50.45	1 284.22	3.98
		16	42.539	33.393	0.549	770.24	4.26	77.46	1 221.81	5.36	123.42	318.67	2.74	55.55	1 470.07	4.06
16 160	16	10	31.502	24.729	0.630	779.53	4.98	66.70	1 237.30	6.27	109.36	321.76	3.20	52.76	1 365.33	4.31
		12	37.441	29.391	0.630	916.58	4.95	78.98	1 455.68	6.24	128.67	377.49	3.18	60.74	1 639.57	4.39
		14	43.296	33.987	0.629	1 048.36	4.92	90.95	1 665.02	6.20	147.17	431.70	3.16	68.24	1 914.68	4.47
		16	49.067	39.518	0.629	1 175.08	4.89	102.63	1 865.57	6.17	164.89	484.59	3.14	75.31	2 190.82	4.55
18 180	18	12	42.241	33.159	0.710	1 321.35	5.59	100.82	2 100.10	7.05	165.00	542.61	3.58	78.41	2 332.80	4.89
		14	48.896	38.383	0.709	1 514.48	5.56	116.25	2 407.42	7.02	189.14	625.53	3.56	88.38	2 723.48	4.97
		16	55.467	43.542	0.709	1 700.99	5.54	131.13	2 703.37	6.98	212.40	698.60	3.55	97.83	3 115.29	5.05
		18	61.955	48.634	0.708	1 875.12	5.50	145.64	2 988.24	6.94	234.78	762.01	3.51	105.14	3 502.43	5.13
20 200	18	14	54.642	42.894	0.788	2 103.55	6.20	144.70	3 343.26	7.82	236.40	863.83	3.98	111.82	3 734.10	5.46
		16	62.013	48.680	0.788	2 366.15	6.18	163.65	3 760.89	7.79	265.93	971.41	3.96	123.96	4 270.39	5.54
		18	69.301	54.401	0.787	2 620.64	6.15	182.22	4 164.54	7.75	294.48	1 076.74	3.94	135.52	4 808.13	5.62
		20	76.505	60.056	0.787	2 867.30	6.12	200.42	4 554.55	7.72	322.06	1 180.04	3.93	146.55	5 347.51	5.69
		24	90.611	71.168	0.785	3 338.25	6.07	236.17	5 294.97	7.64	374.41	1 381.53	3.90	166.65	6 457.16	5.87

注：截面图中 $r_1 = 1/3d$ 的及表中 r 值的数据用于孔形设计，不作交货条件。

附表 2　热轧不等边角钢（GB 9788—1988）

符号意义：B——长边宽度；　b——短边宽度；
d——边厚度；　r——内圆弧半径；
r_1——边端内圆弧半径；　I——惯性矩；
i——惯性半径；　W——截面系数；
x_0——重心距离；　y_0——重心距离。

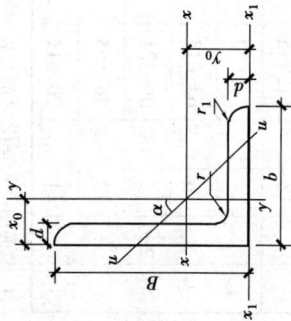

角钢号数	尺寸/mm				截面面积/cm²	理论质量/(kg·m⁻¹)	外表面积/(m²·m⁻¹)	参考数值													
								$x-x$			$y-y$			x_1-x_1		y_1-y_1		$u-u$			
	B	b	d	r				I_x /cm⁴	i_x /cm	W_x /cm³	I_y /cm⁴	i_y /cm	W_y /cm³	I_{x_1} /cm⁴	y_0 /cm	I_{y_1} /cm⁴	x_0 /cm	I_u /cm⁴	i_u /cm	W_u /cm³	$\tan\alpha$
2.5/1.6	25	16	3	3.5	1.162	0.912	0.080	0.70	0.78	0.43	0.22	0.44	0.19	1.56	0.86	0.43	0.42	0.14	0.34	0.16	0.392
			4		1.499	1.176	0.079	0.88	0.77	0.55	0.27	0.43	0.24	2.09	0.90	0.59	0.46	0.17	0.34	0.20	0.381
3.2/2	32	20	3	3.5	1.492	1.717	0.102	1.53	1.01	0.72	0.46	0.55	0.30	3.27	1.08	0.82	0.49	0.28	0.43	0.25	0.382
			4		1.939	1.522	0.101	1.93	1.00	0.93	0.57	0.54	0.39	4.37	1.12	1.12	0.53	0.35	0.42	0.32	0.374
4/2.5	40	25	3	4	1.890	1.484	0.127	3.08	1.28	1.15	0.93	0.70	0.49	5.39	1.32	1.59	0.59	0.56	0.54	0.40	0.385
			4		2.467	1.936	0.127	3.93	1.26	1.49	1.18	0.69	0.63	8.53	1.37	2.14	0.63	0.71	0.54	0.52	0.381
4.5/2.8	45	28	3	5	2.149	1.687	0.143	4.45	1.44	1.47	1.34	0.79	0.62	9.10	1.47	2.23	0.64	0.80	0.61	0.51	0.383
			4		2.806	2.203	0.143	5.69	1.42	1.91	1.70	0.78	0.80	12.13	1.51	3.00	0.68	1.02	0.60	0.66	0.380
5/3.2	50	32	3	5.5	2.431	1.908	0.161	6.24	1.60	1.84	2.02	0.91	0.82	12.49	1.60	3.31	0.73	1.20	0.70	0.68	0.404
			4		3.177	2.494	0.160	8.02	1.59	2.39	2.58	0.90	1.06	16.65	1.65	4.45	0.77	1.53	0.69	0.87	0.402
5.6/3.6	56	36	3	6	2.743	2.153	0.181	8.88	1.80	2.32	2.92	1.03	1.05	17.54	1.78	4.70	0.80	1.73	0.79	0.87	0.408
			4		3.590	2.818	0.180	11.45	1.79	3.03	3.76	1.02	1.37	23.39	1.82	6.33	0.85	2.23	0.79	1.13	0.408
			5		4.415	3.466	0.180	13.86	1.77	3.71	4.49	1.01	1.65	29.25	1.87	7.94	0.88	2.67	0.78	1.36	0.404

角钢号数	B	b	d	r	A (cm²)	理论重量 (kg/m)	外表面积 (m²/m)	I_x	i_x	W_x	I_y	i_y	W_y	I_{x1}	y_0	I_{y1}	x_0	I_u	i_u	W_u	$\tan\alpha$
10/6.3	100	63	6	10	9.617	7.550	0.320	99.06	3.21	14.64	30.94	1.79	6.35	199.71	3.24	50.50	1.43	18.42	1.38	5.25	0.394
10/6.3	100	63	7	10	11.111	8.722	0.320	113.45	3.20	16.88	35.26	1.78	7.29	233.00	3.28	59.14	1.47	21.00	1.38	6.02	0.394
10/6.3	100	63	8	10	12.584	9.878	0.319	127.37	3.18	19.08	39.39	1.77	8.21	266.32	3.32	67.88	1.50	23.50	1.37	6.78	0.391
10/6.3	100	63	10	10	15.467	12.142	0.319	153.81	3.15	23.32	47.12	1.74	9.98	333.06	3.40	85.73	1.58	28.33	1.35	8.24	0.387
10/8	100	80	6	10	10.637	8.350	0.354	107.04	3.17	15.19	61.24	2.40	10.16	199.83	2.95	102.68	1.97	31.65	1.72	8.37	0.627
10/8	100	80	7	10	12.301	9.656	0.354	122.73	3.16	17.52	70.08	2.39	11.71	233.20	3.00	119.98	2.01	36.17	1.72	9.60	0.626
10/8	100	80	8	10	13.944	10.946	0.353	137.92	3.14	19.81	78.58	2.37	13.21	266.61	3.04	137.37	2.05	40.58	1.71	10.80	0.625
10/8	100	80	10	10	17.167	13.476	0.353	166.87	3.12	24.24	94.65	2.35	16.12	333.63	3.12	172.48	2.13	49.10	1.69	13.12	0.622
11/7	110	70	6	10	10.637	8.350	0.354	133.37	3.54	17.85	42.92	2.01	7.90	265.78	3.53	69.08	1.57	25.36	1.54	6.53	0.403
11/7	110	70	7	10	12.301	9.656	0.354	153.00	3.53	20.60	49.01	2.00	9.09	310.07	3.57	80.82	1.61	28.95	1.53	7.50	0.402
11/7	110	70	8	10	13.944	10.946	0.353	172.04	3.51	23.30	54.87	1.98	10.25	354.39	3.62	92.70	1.65	32.45	1.53	8.45	0.401
11/7	110	70	10	10	17.167	13.476	0.353	208.39	3.48	28.54	65.88	1.96	12.48	443.13	3.70	116.83	1.72	39.20	1.51	10.29	0.397
12.5/8	125	80	7	11	14.096	11.066	0.403	227.98	4.02	26.86	74.42	2.30	12.01	454.99	4.01	120.32	1.80	43.81	1.76	9.92	0.408
12.5/8	125	80	8	11	15.989	12.551	0.403	256.77	4.01	30.41	83.49	2.28	13.56	519.99	4.06	137.85	1.84	49.15	1.75	11.18	0.407
12.5/8	125	80	10	11	19.712	15.474	0.402	312.04	3.98	37.33	100.67	2.26	16.56	650.09	4.14	173.40	1.92	59.45	1.74	13.64	0.404
12.5/8	125	80	12	11	23.351	18.330	0.402	364.41	3.95	44.01	116.67	2.24	19.43	780.39	4.22	209.67	2.00	69.35	1.72	16.01	0.400
14/9	140	90	8	12	18.038	14.160	0.453	365.64	4.50	38.48	120.69	2.59	17.34	730.53	4.50	195.79	2.04	70.83	1.98	14.31	0.411
14/9	140	90	10	12	22.261	17.475	0.452	445.50	4.47	47.31	140.03	2.56	21.22	913.20	4.58	245.92	2.12	85.82	1.96	17.48	0.409
14/9	140	90	12	12	26.400	20.724	0.451	521.59	4.44	55.87	169.79	2.54	24.95	1096.09	4.66	296.89	2.19	100.21	1.95	20.54	0.406
14/9	140	90	14	12	30.456	23.908	0.451	591.10	4.42	64.18	192.10	2.51	28.54	1279.26	4.74	348.82	2.27	114.13	1.94	23.52	0.403
16/10	160	100	10	13	25.315	19.872	0.512	668.69	5.14	62.13	205.03	2.85	26.56	1362.89	5.24	336.59	2.28	121.74	2.19	21.92	0.390
16/10	160	100	12	13	30.054	23.592	0.511	784.91	5.11	73.49	239.06	2.82	31.28	1635.56	5.32	405.94	2.36	142.33	2.17	25.79	0.388
16/10	160	100	14	13	34.709	27.247	0.510	896.30	5.08	84.56	271.20	2.80	35.83	1908.50	5.40	476.42	2.43	162.23	2.16	29.56	0.385
16/10	160	100	16	13	39.281	30.835	0.510	1003.04	5.05	95.33	301.60	2.77	40.24	2181.79	5.48	548.22	2.51	182.57	2.16	33.44	0.382

续表

角钢号数	尺寸/mm				截面面积/cm²	理论质量/(kg·m⁻¹)	外表面积/(m²·m⁻¹)	参考数值														
								$x-x$			$y-y$			x_1-x_1		y_1-y_1		$u-u$			
	B	b	d	r				I_x/cm⁴	i_x/cm	W_x/cm³	I_y/cm⁴	i_y/cm	W_y/cm³	I_{x_1}/cm⁴	y_0/cm	I_{y_1}/cm⁴	x_0/cm	I_u/cm⁴	i_u/cm	W_u/cm³	$\tan\alpha$
18/11	180	110	10		28.373	22.273	0.571	956.25	5.80	78.96	278.11	3.13	32.49	1 940.40	5.89	447.22	2.44	166.50	2.42	26.88	0.376
			12		33.712	26.464	0.571	1124.72	5.78	93.53	325.03	3.10	38.32	2 328.38	5.98	538.94	2.52	194.87	2.40	31.66	0.374
			14	14	38.967	30.589	0.570	1 286.91	5.75	107.76	369.55	3.08	43.97	2 716.60	6.06	631.95	2.59	222.30	2.39	36.32	0.372
			16		44.139	34.649	0.569	1 443.06	5.72	121.64	411.85	3.06	49.44	3 105.15	6.14	726.46	2.67	248.94	2.38	40.87	0.369
20/12.5	200	125	12		37.912	29.761	0.641	1 570.90	6.44	116.73	483.16	3.57	49.99	3 193.85	6.54	787.74	2.83	285.79	2.74	41.23	0.392
			14	14	43.867	34.436	0.640	1 800.97	6.41	134.65	550.83	3.54	57.44	3 726.17	6.02	922.47	2.91	326.58	2.73	47.34	0.390
			16		49.739	39.045	0.639	2 023.35	6.38	152.18	615.44	3.52	64.69	4 258.86	6.70	1 058.86	2.99	366.21	2.71	53.32	0.388
			18		55.526	43.588	0.639	2 238.30	6.35	169.33	677.19	3.49	71.74	4 792.00	6.78	1 197.13	3.06	404.83	2.70	59.18	0.385

注:1. 括号内型号不推荐使用。

2. 截面图中 $r_1=1/3d$ 及表中 r 值的数据用于孔形设计,不作交货条件。

附表 3　热扎槽钢（GB 707——1988）

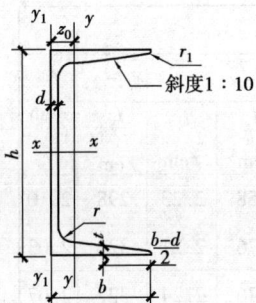

符号意义：h——高度；　　　　　　r_1——腿端圆弧半径；

b——腿宽度；　　　　　　I——惯性矩；

d——腰厚度；　　　　　　W——截面系数；

t——平均腿厚度；　　　　i——惯性半径；

r——内圆弧半径；　　　　z_0—— $y-y$ 轴与 y_1-y_1 轴间距。

型号	尺寸/mm						截面面积 /cm²	理论质量 /(kg·m⁻¹)	参考数值							
									$x-x$			$y-y$			y_1-y_1	z_0 /cm
	h	b	d	t	r	r_1			W_x /cm³	I_x /cm⁴	i_x /cm	W_y /cm³	I_y /cm⁴	i_y /cm	I_{y1} /cm⁴	
5	50	37	4.5	7	7.0	3.5	6.928	5.438	10.4	26.0	1.94	3.55	8.30	1.10	20.9	1.35
6.3	63	40	4.8	7.5	7.5	3.8	8.451	6.634	16.1	50.8	2.45	4.50	11.9	1.19	28.4	1.36
8	80	43	5.0	8	8.0	4.0	10.248	8.045	25.3	101	3.15	5.79	16.6	1.27	37.4	1.43
10	100	48	5.3	8.5	8.5	4.2	12.748	10.007	39.7	198	3.95	7.8	15.6	1.41	54.9	1.52
12.6	126	53	5.5	9	9.0	4.5	15.692	12.318	62.1	391	4.95	10.2	38.0	1.57	77.1	1.59
14a	140	58	6.0	9.5	9.5	4.8	18.516	14.535	80.5	564	5.52	13.0	53.2	1.70	1.07	1.71
14b	140	60	8.0	9.5	9.5	4.8	21.316	16.733	87.1	609	5.35	14.1	61.1	1.69	121	1.67
16a	160	63	6.5	10	10.0	5.0	21.962	17.240	108	866	6.28	16.3	73.3	1.83	144	1.80
16	160	65	8.5	10	10.0	5.0	25.162	19.752	117	935	6.10	17.6	83.4	1.82	161	1.75
18a	180	68	7.0	10.5	10.5	5.2	25.699	20.174	141	1 270	7.04	20.0	98.6	1.96	190	1.88
18	180	70	9.0	10.5	10.5	5.2	29.299	23.000	152	1 370	6.84	21.5	111	1.95	210	1.84
20a	200	73	7.0	11	11.0	5.5	28.837	22.637	178	1 780	7.86	24.2	128	2.11	244	2.01
20	200	75	9.0	11	11.0	5.5	32.837	25.777	191	1 910	7.64	25.9	144	2.09	268	1.95

续表

型号	尺寸/mm						截面面积 /cm²	理论质量 /(kg·m⁻¹)	参考数值							
									$x-x$			$y-y$			y_1-y_1	z_0 /cm
	h	b	d	t	r	r_1			W_x /cm³	I_x /cm⁴	i_x /c	W_y /cm³	I_y /cm⁴	i_y /cm	I_{y1} /cm⁴	
22a	220	77	7.0	11.5	11.5	5.8	31.846	24.999	218	2 390	8.67	28.2	158	2.23	298	2.10
22	220	79	9.0	11.5	11.5	5.8	36.246	28.453	234	2 570	8.42	30.1	176	2.21	326	2.03
25a	250	78	7.0	12	12.0	6.0	34.917	27.410	270	3 370	9.82	30.6	176	2.24	322	2.07
25b	250	80	9.0	12	12.0	6.0	39.917	31.335	282	3 530	9.41	32.7	196	2.22	353	1.98
25c	250	82	11.0	12	12.0	6.0	44.917	35.260	295	3 690	9.07	35.9	218	2.21	384	1.92
28a	280	82	7.5	12.5	12.5	6.2	40.034	31.427	340	4 760	10.9	35.7	218	2.33	388	2.10
28b	280	84	9.5	12.5	12.5	6.2	45.634	35.823	366	5 130	10.6	37.9	242	2.30	428	2.02
28c	280	86	11.5	12.5	12.5	6.2	51.234	40.219	393	5 500	10.4	40.3	268	2.29	463	1.95
32a	320	88	8.0	14	14.0	7.0	48.513	38.083	475	7 600	12.5	46.5	305	2.50	552	2.24
32b	320	90	10.0	14	14.0	7.0	54.913	43.107	509	8 140	12.2	49.2	336	2.47	593	2.16
32c	320	92	12.0	14	14.0	7.0	61.313	48.131	543	8 690	11.9	52.6	374	2.47	643	2.09
36a	360	96	9.0	16	16.0	8.0	60.910	47.814	660	11 900	14.0	63.5	455	2.73	818	2.44
36b	360	98	11.0	16	16.0	8.0	68.110	53.466	703	12 700	13.6	66.9	497	2.70	880	2.37
36c	360	100	13.0	16	16.0	8.0	75.310	59.118	746	13 400	13.4	70.0	536	2.67	948	2.34
40a	400	100	10.5	18	18.0	9.0	75.068	58.928	879	17 600	15.3	78.8	592	2.81	1 070	2.49
40b	400	102	12.5	18	18.0	9.0	83.068	65.208	932	18 600	15.0	82.5	640	2.78	1 140	2.44
40c	400	104	14.5	18	18.0	9.0	91.068	71.488	986	19 700	14.7	86.2	688	2.75	1 220	2.42

注:截面图和表中标注的圆弧半径 r,r_1 的数据用于孔形设计,不作交货条件。

附表 4　热扎工字钢(GB 706——1988)

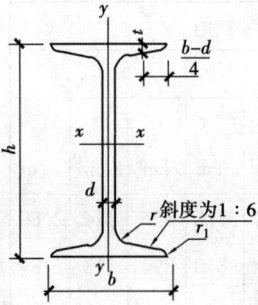

符号意义: h——高度；　　　　　　r_1——腿端圆弧半径；

　　　　　b——腿宽度；　　　　　　I——惯性矩；

　　　　　d——腰厚度；　　　　　　W——截面系数；

　　　　　t——平均腿厚度；　　　　i——惯性半径；

　　　　　r——内圆弧半径；　　　　S——半截面的静矩。

型号	尺寸/mm						截面面积 /cm²	理论质量 /(kg·m⁻¹)	参考数值						
									$x-x$				$y-y$		
	h	b	d	t	r	r_1			I_x /cm⁴	W_x /cm³	i_x /cm	$I_x:S_x$ /cm	I_y /cm⁴	W_y /cm³	i_y /cm
10	100	68	4.5	7.6	6.5	3.3	14.345	11.261	245	49.0	4.14	8.59	33.0	9.72	1.52
12.6	126	74	5.0	8.4	7.0	3.5	18.118	14.223	488	77.5	5.20	10.8	46.9	12.7	1.61
14	140	80	5.5	9.1	7.5	3.8	21.516	16.890	712	102	5.76	12.0	64.4	16.1	1.73
16	160	88	6.0	9.9	8.0	4.0	26.131	20.513	1 130	141	6.58	13.8	93.1	21.2	1.89
18	180	94	6.5	10.7	8.5	4.3	30.756	24.143	1 660	185	7.36	15.4	122	26.0	2.00
20a	200	100	7.0	11.4	9.0	4.5	35.578	27.929	2 370	237	8.15	17.2	158	31.5	2.12
20b	200	102	9.0	11.4	9.0	4.5	39.578	31.069	2 500	250	7.96	16.9	169	33.1	2.06
22a	220	110	7.5	12.3	9.5	4.8	42.128	33.070	3 400	309	8.99	18.9	225	40.9	2.31
22b	220	112	9.5	12.3	9.5	4.8	46.528	36.524	3 570	325	8.78	18.7	239	42.7	2.27
25a	250	116	8.0	13.0	10.0	5.0	48.541	38.105	5 020	402	10.2	21.6	280	48.3	2.40
25b	250	118	10.0	13.0	10.0	5.0	53.541	42.030	5 280	423	9.94	21.3	309	52.4	2.40
28a	280	122	8.5	13.7	10.5	5.3	55.404	43.492	7 110	508	11.3	24.6	345	56.6	2.50
28b	280	124	10.5	13.7	10.5	5.3	61.004	47.888	7 480	534	11.1	24.2	379	61.2	2.49
32a	320	130	9.5	15.0	11.5	5.8	67.156	52.747	11 100	692	12.8	27.5	460	70.8	2.62
32b	320	132	11.5	15.0	11.5	5.8	73.556	57.741	11 600	726	12.6	27.1	502	76.0	2.61
32c	320	134	13.5	15.0	11.5	5.8	79.956	62.765	12 200	760	12.3	26.8	544	81.2	2.61
36a	360	136	10.0	15.8	12.0	6.0	76.480	60.037	15 800	875	14.4	30.7	552	81.2	2.69
36b	360	138	12.0	15.8	12.0	6.0	83.680	65.689	16 500	919	14.1	30.3	582	84.3	2.64
36c	360	140	14.0	15.8	12.0	6.0	90.880	71.341	17 300	962	13.8	29.9	612	87.4	2.60
40a	400	142	10.5	16.5	12.5	6.3	86.112	67.598	21 700	1 090	15.9	34.1	660	93.2	2.77
40b	400	144	12.5	16.5	12.5	6.3	94.112	73.878	22 800	1 140	15.6	33.6	692	96.2	2.71
40c	400	146	14.5	16.5	12.5	6.3	102.112	80.158	23 900	1 190	15.2	33.2	727	99.6	2.65

续表

型号	尺寸/mm						截面面积 /cm²	理论质量 /(kg·m⁻¹)	参考数值						
									$x-x$				$y-y$		
	h	b	d	t	r	r_1			I_x /cm⁴	W_x /cm³	i_x /cm	$I_x:S_x$ /cm	I_y /cm⁴	W_y /cm³	i_y /cm
45a	450	150	11.5	18.0	13.5	6.8	102.446	80.420	32 200	1 430	17.7	38.6	855	114	2.89
45b	450	152	13.5	18.0	13.5	6.8	111.446	87.485	33 800	1 500	17.4	38.0	894	118	2.84
45c	450	154	15.5	18.0	13.5	6.8	120.446	94.550	35 300	1 570	17.1	37.6	938	122	2.79
50a	500	158	12.0	20.0	14.0	7.0	119.304	93.656	46 500	1 860	19.7	42.8	1 120	142	3.07
50b	500	160	14.0	20.0	14.0	7.0	129.304	104.504	48 600	1 940	19.4	42.4	1 170	146	3.01
50c	500	162	16.0	20.0	14.0	7.0	139.304	109.354	50 600	2 080	19.0	41.8	1 220	151	2.96
56a	560	166	12.5	21.0	14.5	7.3	135.435	106.316	65 600	2 340	22.0	47.7	1 370	165	3.18
56b	560	168	14.5	21.0	14.5	7.3	146.635	115.108	68 500	2 450	21.6	47.2	1 490	174	3.16
56c	560	170	16.5	21.0	14.5	7.3	157.835	123.900	71 400	2 550	21.3	46.7	1 560	183	3.16
63a	630	176	13.0	22.0	15.0	7.5	154.658	121.407	93 900	2 980	24.5	54.2	1 700	193	3.31
63b	630	178	15.0	22.0	15.0	7.5	167.258	131.298	98 100	3 160	24.3	53.5	1 810	204	3.29
63c	630	180	17.0	22.0	15.0	7.5	179.858	141.189	102 000	3 300	23.8	52.9	1 920	214	3.27

注:截面图和表中标注的圆弧半径 r,r_1 的数据用于孔形设计,不作交货条件。

参考文献

［1］邹昭文,程光均,张祥东.建筑力学第一分册:理论力学[M].4 版.北京:高等教育出版社,2006.

［2］干光瑜,秦惠民.建筑力学第二分册:材料力学[M].4 版.北京:高等教育出版社,2006.

［3］孙仁博,王天明.材料力学[M].北京:建筑工业出版社,1996.

［4］肖明葵.理论力学[M].北京:机械工业出版社,2007.

［5］武建华.材料力学[M].重庆:重庆大学出版社,2001.

［6］张祥东.理论力学[M].重庆:重庆大学出版社,2001.

［7］范钦珊.工程力学教程(Ⅰ)[M].北京:高等教育出版社,1999.

［8］Buchanan,George R. Mechanics of Materials[M]. Holt,Rinehart And Winston,INC,1988.

［9］R C Hibbeler. Mechanics of Materials[M]. 3rd ed. Prentice Hall,1997.